物理学の扉

竹内秀夫

セミナーで学ぶ

力学入門

現代数学社

はしがき

　この本では，教師と数名の学生による仮想的なあるセミナーの様子が描かれています．そこでは，力学学習の道のりの道標となるような問題を考えていきます．教師によって基本事項のまとめや重要ポイントの解説がなされたり，学生が自由に自分で気づいたことを述べたりしています．教師から宿題が出されたりもします．セミナーは，一回一章ずつ行い，十回で終ります．この本を読まれている皆さんも，この架空のセミナーに参加しているメンバーの一人であると思って，取り上げられている問題を一緒に考えてみてください．

　物理の世界の現象を数式として表す「定式化」のプロセス，その数式を数学の世界の規則にしたがって計算する「数学的解析」のプロセス，得られた結果を再び物理の世界に戻って考える「物理的解釈」のプロセス，を通して問題が解かれていきます．力学で現れる法則を学び様々な手法を身につけるためには，設定された問題をいろいろな観点から考えてみることが大切です．一つの問題を解いていくのに，いくつもの道筋があります．問題の解答例としてあげられている解き方と別の方法で解くことを試みることが，本当の実力をつける上で効果的です．また，一つの問題で得られた結果が，別の問題を解くときに利用されることもしばしばあります．物理学は，一つの問題がわかると次の問題がより考えやすくなってくるという面をもっていますので，一つ一つの問題をおろそかにしないことが，力学を身につける早道でもあります．

　物理学の問題は，ある条件のもとに解かれるために，うっかり条件を見間違うと別の結果に行きついてしまうことがあります．そのようなトリックにかからないように注意が書かれている問題もありますが，なかには，問題設定であえてトラップを仕掛けて読者の注意力を試している箇所もあります．賢明な読者諸氏は，それを見抜き，間違うことなく正解を得るものと思います．

　物理学では，自然現象を認識するためにいろいろな「概念」を導入して，そこで成り立つ「法則」を見出していきます．現象を一度単純化したり理想化したりすることによって，本質的に重要となる事柄を取り出し，その結果を使って今度は複雑な対象そのままの振る舞いを解明していきます．「力学」は，そうした物理学の手法が端的にかつ身近な例を通して示される，物理学への入り口となっている学問です．これから物理学や理工学を順次学んでいこうという人

にとって，まず力学をしっかり修得しておくことが大切となるゆえんです．

　力学の学びかたはいろいろとあると思いますが，個別事項を修得することと並行して全体を貫いて流れるストーリーを読み取ることも必要です．それによって，自分の目指すものと，今まで通ってきた道のりとがつながり，進むほどに濃くなっていく霧があるとき突然消えて，今まで歩んできた道筋の全体の単純な構造が見渡せるような地点に到達できるはずです．この本を読み終える頃には，載せてある力学の問題間のつながりもよく見えるようになっていると思います．ぜひ，その満足感を味ってください．

　この本は，竹内秀夫著『基礎から学ぶ力学 (現代数学社, 2013 年)』の姉妹書としての演習書になっています．合わせて読んでいただくと学習効果も相乗的に高くなると思います．読者諸氏が力学で学力をつけて，その先の広い学問の世界に力強く旅立つことを願っています．

　いつも貴重なアドバイスを下さる数学者愛知教育大学名誉教授小寺平治氏，編集・出版に大変お世話いただいた現代数学社社長富田淳氏に，厚くお礼を申し上げます．

　　　2015 年 1 月　　　　　　　　　　　　　　　　　　竹内秀夫

目 次

1 運動学 1
- 1.1 力学で必要な基礎数学公式 1
- 1.2 テイラー展開 9
- 1.3 双曲線関数 13
- 1.4 運動とベクトル 15
- 1.5 極座標 28
- 1.6 接線・法線加速度 32

2 運動の法則 35
- 2.1 運動の法則 35
- 2.2 放物運動 36
- 2.3 抵抗力を受ける放物体 44

3 振動 50
- 3.1 単振動 50
- 3.2 外力を受ける振動 56
- 3.3 減衰振動 59
- 3.4 強制振動 62
- 3.5 連成振動 64
- 3.6 束縛運動 68

4 運動とエネルギー 71
- 4.1 偏微分 71
- 4.2 保存力とポテンシャル・エネルギー 74

5 中心力 82
- 5.1 中心力 82
- 5.2 万有引力 88
- 5.3 角運動量 93
- 5.4 有効ポテンシャル 100

6 質点系の運動 　　　　　　　　　　　　　　　　　　　　106
6.1 質点系の運動を特徴づける物理量 106
6.2 質点系の並進運動 111
6.3 質点系の回転運動 116

7 剛体の運動 　　　　　　　　　　　　　　　　　　　　121
7.1 剛体の運動方程式 121
7.2 固定軸をもつ剛体の運動 130
7.3 剛体の慣性主軸 136

8 剛体の平面運動 　　　　　　　　　　　　　　　　　　141
8.1 棒の運動 141
8.2 球・円柱の運動 145

9 非慣性系における運動 　　　　　　　　　　　　　　157
9.1 並進座標系 157
9.2 回転座標系 162
9.3 地球表面に固定した座標系 170

10 固定点のまわりの剛体の運動 　　　　　　　　　　175
10.1 主軸座標系での剛体の運動方程式 175
10.2 こまの運動 179

練習問題解答 　　　　　　　　　　　　　　　　　　　184
参考 　　　　　　　　　　　　　　　　　　　　　　237
索引 　　　　　　　　　　　　　　　　　　　　　　238

セミナー1日目

—— イントロダクション ——

ここは，誰でも参加できる力学について語り合う仮想的なあるオープン・セミナー室です．登場人物は，以下のようになっています．

　　浅川あい (女子)，西澤けいこ (女子)，

　　岸辺ゆうき (男子)，小林たかし (男子)，

　　大山えいたろう (セミナー主催者，進行役).

ニュートン力学について順次議論を行っていき，十回でひとわたりの内容が取り上げられて終る予定となっています．

力学で必要となる基礎的な数学公式から入っていきます．そこからは，所どころで必要なアイテムを手に入れてパワー・アップしていきます．あなたも参加して一緒に問題を考えてみてください．セミナーが終る十回目にはきっと，ずいぶん色々なことがわかってきた，と感じてもらえるものと思います．

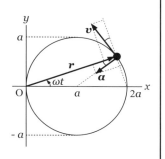

1　運動学

1.1　力学で必要な基礎数学公式

大山　きょうから十回にわたり，皆さんと力学の演習問題を題材にしながら自由参加のセミナーを行っていきます．セミナー中に，なにか気づいたことがあったら，どんどん自由に述べてください．セミナーのあとには宿題も用意してあります．きょうは初日なので，これから力学を学ぶときによく使う高校数学の公式について，初めに確認したいと思います．

基本的な三角関数の公式. Oxy 平面上の点 A の直交座標を (x, y) とし,原点からの距離 OA$\equiv r$,線分 OA と x 軸正方向のなす角を α する.三角関数について次の関係が成り立つ (n は整数).

(1) $\sin \alpha = \dfrac{y}{r}, \quad \cos \alpha = \dfrac{x}{r}, \quad \tan \alpha = \dfrac{\sin \alpha}{\cos \alpha}$

(2) $\sin(\alpha + 2n\pi) = \sin \alpha, \quad \cos(\alpha + 2n\pi) = \cos \alpha, \quad \tan(\alpha + n\pi) = \tan \alpha$

(3) $\sin(-\alpha) = -\sin \alpha, \quad \cos(-\alpha) = \cos \alpha, \quad \tan(-\alpha) = -\tan \alpha$

(4) $\sin^2 \alpha + \cos^2 \alpha = 1$

(5) $\sin(\alpha + \beta) = \sin \alpha \cos \beta + \cos \alpha \sin \beta$

(6) $\sin(\alpha - \beta) = \sin \alpha \cos \beta - \cos \alpha \sin \beta$

(7) $\cos(\alpha + \beta) = \cos \alpha \cos \beta - \sin \alpha \sin \beta$

(8) $\cos(\alpha - \beta) = \cos \alpha \cos \beta + \sin \alpha \sin \beta$

(9) $\tan(\alpha + \beta) = \dfrac{\tan \alpha + \tan \beta}{1 - \tan \alpha \tan \beta}$

(10) $\tan(\alpha - \beta) = \dfrac{\tan \alpha - \tan \beta}{1 + \tan \alpha \tan \beta}$

(11) $\sin \theta + \sin \varphi = 2 \sin \dfrac{\theta + \varphi}{2} \cdot \cos \dfrac{\theta - \varphi}{2}$

(12) $\sin \theta - \sin \varphi = 2 \cos \dfrac{\theta + \varphi}{2} \cdot \sin \dfrac{\theta - \varphi}{2}$

(13) $\cos \theta + \cos \varphi = 2 \cos \dfrac{\theta + \varphi}{2} \cdot \cos \dfrac{\theta - \varphi}{2}$

(14) $\cos \theta - \cos \varphi = -2 \sin \dfrac{\theta + \varphi}{2} \cdot \sin \dfrac{\theta - \varphi}{2}$

(15) $\sin 2\alpha = 2 \sin \alpha \cos \alpha, \quad \cos 2\alpha = \cos^2 \alpha - \sin^2 \alpha$

(16) $\cos^2 \alpha = \dfrac{1 + \cos 2\alpha}{2}, \quad \sin^2 \alpha = \dfrac{1 - \cos 2\alpha}{2}$

(17) $\sin 3\alpha = 3\sin\alpha - 4\sin^3\alpha, \quad \cos 3\alpha = -3\cos\alpha + 4\cos^3\alpha$

岸辺 公式 (5)-(8) でスィータ $\theta \equiv \alpha + \beta$, ファイ $\varphi \equiv \alpha - \beta$ とおいて和または差をとってから変形すると，(11)-(14) が得られる．

浅川 $\beta = \alpha$ とおくと (15) の 倍角の公式 が得られる．それと (4), (15) から (16) が出てくるね．

西澤 公式 (17) は，まず (5), (7) で $\beta = 2\alpha$ とおくことで導けます．

大山 はい．それでは，次の極限と指数関数，対数関数の公式に移りましょう．

基本的な極限と指数関数，対数関数の公式．底（てい）が e である対数 $\log_e x$ を**自然対数** (natural logarithm) という．底が e の場合は $\log x$ と e を省略したり，自然対数であることを明示するために $\ln x$ と表したりすることもある．c を定数，$u(x), v(x)$ を変数 x の関数とする．

(1) $\displaystyle\lim_{x \to a} cu(x) = c \lim_{x \to a} u(x)$

(2) $\displaystyle\lim_{x \to a}\bigl[u(x) + v(x)\bigr] = \lim_{x \to a} u(x) + \lim_{x \to a} v(x)$

(3) $\displaystyle\lim_{x \to a}\bigl[u(x) \cdot v(x)\bigr] = \Bigl[\lim_{x \to a} u(x)\Bigr] \cdot \Bigl[\lim_{x \to a} v(x)\Bigr]$

(4) $\displaystyle\lim_{x \to a} \frac{u(x)}{v(x)} = \frac{\lim_{x \to a} u(x)}{\lim_{x \to a} v(x)}$ （ただし $\displaystyle\lim_{x \to a} v(x) \neq 0$）

(5) $a^x \cdot a^y = a^{x+y}, \quad \dfrac{a^x}{a^y} = a^{x-y}, \quad (a^x)^y = a^{xy}$

(6) $\log_a x + \log_a y = \log_a(xy), \quad \log_a x - \log_a y = \log_a \dfrac{x}{y}$

(7) $b \log_a x = \log_a(x^b), \quad \log_a x = \dfrac{\log_b x}{\log_b a} \quad (a, b, x > 0\,;\, a \neq 1, b \neq 1)$

浅川 (2) で $\infty - \infty$，(3) で $0 \cdot \infty$，(4) で $\dfrac{0}{0}$，$\dfrac{\infty}{\infty}$ となる場合を不定形っていうんですよね．

岸辺 不定形は式を $\frac{0}{0}$ に変形してから考えるといい．

大山 極限が $\frac{0}{0}$ の**不定形**となる場合には，$x=a$ 近傍で $u(x)$, $v(x)$ が微分可能なら

$$\lim_{x \to a} \frac{u}{v} = \lim_{x \to a} \frac{u'}{v'} \quad \left(ただし\ u' \equiv \frac{du}{dx},\ v' \equiv \frac{dv}{dx} \right)$$

のようにして不定形の極限を計算する方法があります．**ロピタルの定理**と呼ばれています．例えば

$$\lim_{x \to 0} \frac{e^x - 1}{x} = \lim_{x \to 0} \frac{(e^x - 1)'}{(x)'} = \lim_{x \to 0} \frac{e^x}{1} = \frac{1}{1} = 1$$

のように使います．$\frac{\infty}{\infty}$ の不定形の場合も同様です．

西澤 それでもまだ不定形のときはどうなるんですか．

大山 何度でも繰り返しこの公式を使います．皆さんも，今後そのような問題に出会うでしょう．次は，微分公式を見てみましょう．

基本的な微分の公式． 変数 x の関数 $y = f(x)$ の点 A における接線の勾配 $\frac{dy}{dx}$ を，点 A における**微分係数**という．点 A を変えればその点の微分係数も変るので，$\frac{dy}{dx}$ もまた x の関数となっている．これを $f(x)$ の **1 階導関数**という．1 階導関数は $y' = \frac{dy}{dx} = f'(x)$ のようにいろいろな記号で表される．関数 $y = f(x)$ を x で次々と微分していくとより高い階の導関数が得られる．n 回微分した関数を，もとの関数の **n 階導関数**といい $y^{(n)} = \frac{d^n y}{dx^n} = f^{(n)}(x)$ と表す．また，n 階導関数 $y^{(n)} = f^{(n)}(x)$ において，x の値を a とおいたときの n 階導関数の関数値を **n 階微分係数**といい $\left(y^{(n)} \right)_{x=a} = \left(\frac{d^n y}{dx^n} \right)_{x=a} = f^{(n)}(a)$ と表す．

a, b, c は x によって変らない定数とする．

(1) $y = a \ \to \ y' = 0$

(2) $y = au(x) \ \to \ y' = au'(x)$

(3) $y = u(x) + v(x) \ \to \ y' = u'(x) + v'(x)$

(4) $y = au(x) + bv(x) \ \to \ y' = au'(x) + bv'(x)$

(5) $y = x^n \to y' = nx^{n-1}$ ($n = 0$ のときは $y' = 0$)

(6) $y = \sin x \to y' = \cos x$, $y = \cos x \to y' = -\sin x$

(7) $y = e^x \to y' = e^x$, $y = \log x \to y' = \dfrac{1}{x}$ ($x > 0$)

合成微分の公式. y が θ の関数 $y = y(\theta)$ であり，θ が t の関数 $\theta = \theta(t)$ であるとき，y を t で微分したものは $\boxed{\dfrac{dy}{dt} = \dfrac{dy}{d\theta} \cdot \dfrac{d\theta}{dt}}$ と計算できる．

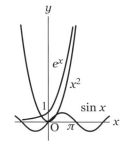

積の微分公式. y が x の二つの関数 $u(x), v(x)$ の積 $y(x) = u \cdot v$ であるとき，$\boxed{y' = u'v + uv'}$．

商の微分公式. y が x の関数 u, v の商 $y = \dfrac{u}{v}$ であるとき，$\boxed{y' = \dfrac{u'v - uv'}{v^2}}$．

逆数の微分公式. y が x の関数 v の逆数 $y = \dfrac{1}{v}$ であるとき，$\boxed{y' = -\dfrac{v'}{v^2}}$．

西澤 合成微分の公式は，この先どんなところで使われるんですか．

大山 もうすぐ，関数 $y = \sin \omega t$ を t で微分するというような計算がでてきます．ここで ω は定数としています．ω は角度が増える速さを表しているわけです．これは**角速度**と呼ばれて，時刻 t とともに角度が増えるとき正，減るとき負の値をとります．このとき

$$y = \sin \theta \text{ を微分して } \dfrac{dy}{d\theta} = \cos \theta, \qquad \theta = \omega t \text{ を微分して } \dfrac{d\theta}{dt} = \omega$$

と計算できるので，合成微分により

$$\dfrac{dy}{dt} = \dfrac{dy}{d\theta} \cdot \dfrac{d\theta}{dt} = (\cos \theta) \cdot \omega = \omega \cos \omega t$$

と得られます．

岸辺 二つの変化率の掛け算をすることになるんですね．

大山 そうです．公式を右から見ると，t によって θ がどれだけ変るか，そして θ が変ると y がどれだけ増えるか，ということなので，$\boxed{\text{変化率の掛け算}}$ になるのです．

浅川 最後のところで ω を $\cos\omega t$ の前にもってきたのは，うっかりコサインの中に ω を余分に入れるような計算間違いを避けるためですね．

大山 ええ，後ろに書いたままでも誤りではないですが，慣例的にこう書きます．今の場合では θ ですが，こういう関数記号の右に入る部分を**真数**と呼びます．三角関数のときは，特に**位相**といい，単位はラジアンです．力学で現れる量は，通常，質量，長さ，時間を組み合わせてできる物理的次元をもった量になります．角度の単位であるラジアンは，円弧の長さを半径で割った量なので，**物理的な次元をもたない**ですね．次元という目で式を見れば，計算ミスにも気づきやすいと思います．

これまで $\dfrac{dy}{dt}$ は導関数としてひとまとまりの記号として扱ってきたと思いますが，これから学ぶ物理学では dy と dt をそれぞれが**単独で意味をもつ「微分」**と呼ばれる量として考えます．微分は微小量ですが，**物理学ではたいていの場合に，微分を無限小量と考えています**．つまり，導関数は微分 dy を微分 dt で割った商の極限と考えられるので，普通の分数の計算のように，合成微分の公式 $\dfrac{dy}{dt} = \dfrac{dy}{d\theta} \cdot \dfrac{d\theta}{dt}$ も右辺では微分 dy を微分 $d\theta$ で割って，分子にも微分 $d\theta$ をかけたとみなすことができるのです．

西澤 無限小量と微小量の違いはありますか．

大山 はっきりと決まった正または負の値をもつ量を**有限な量**といいます．**微小量**といったときは，普通は絶対値の小さな有限な量をさします．それに対して，**無限小量**は正である場合は，どんな有限な正の量よりも小さな量として考えます．無限小量は負の場合もあります．0 はどれだけ足し合わせても 0 でしかないんですが，0 でない場合の無限小量をある変数区間にわたって足し合わせると有限な量になります．

商の微分公式を使う例として，関数 $y = \tan x = \dfrac{\sin x}{\cos x}$ を微分してみましょう．

$$\frac{dy}{dx} = \frac{\cos x \cdot \cos x - \sin x \cdot (-\sin x)}{\cos^2 x} = \frac{1}{\cos^2 x} = \sec^2 x$$

と計算できますね．

浅川 えっ，一番右の記号は何ですか．

大山 $\sec x \equiv \dfrac{1}{\cos x}$ と定義された関数で「セカント・エックス」と読みま

す．ちなみに，$\operatorname{cosec} x \equiv \dfrac{1}{\sin x}$，$\cot x \equiv \dfrac{1}{\tan x}$ と定義して，それぞれ「コセカント・エックス」および「コタンジェント・エックス」と読みます．ときどき出てくるので，覚えておいてください．最後に，積分公式を見てみましょう．

基本的な不定積分の公式．関数 $y = f(x)$ を x で1回積分した連続関数を，もとの関数の**不定積分**といい $F(x) \equiv \int f(x)\,dx$ と表す．$f(x)$ を**被積分関数**という．$u(x), v(x)$ を変数 x の関数とする．a, c は x によって変らない定数とする．以下の式で，c は**積分定数**と呼ばれ，任意の定数値をとりうる定数である．そのため，不定積分は積分定数の分だけ値が不定となる．

(1) $\displaystyle\int a\,dx = ax + c$,   (2) $\displaystyle\int au\,dx = a\int u\,dx$

(3) $\displaystyle\int (u+v)\,dx = \int u\,dx + \int v\,dx$

(4) $\displaystyle\int x^n\,dx = \dfrac{1}{n+1} x^{n+1} + c \quad (n \neq -1)$

(5) $\displaystyle\int \sin x\,dx = -\cos x + c$,   (6) $\displaystyle\int \cos x\,dx = \sin x + c$

(7) $\displaystyle\int e^x\,dx = e^x + c$,   (8) $\displaystyle\int \dfrac{1}{x}\,dx = \log|x| + c \quad (x \neq 0)$

基本的な定積分の公式．関数 $y = f(x)$ の不定積分を $F(x)$ とする．関数 $y = f(x)$ を区間 $a \leq x \leq b$ (または $a \geq x \geq b$) で積分した値を，もとの関数の区間 $a \leq x \leq b$ (または $a \geq x \geq b$) における**定積分**といい，次のように表す．

$$\int_a^b f(x)\,dx = \Big[F(x)\Big]_a^b = F(b) - F(a)$$

部分積分の公式．二つの関数 $f(x), g(x)$ とその導関数の間に次の関係が成り立つ．

$$\int_a^b f'(x)g(x)\,dx = \Big[f(x)g(x)\Big]_a^b - \int_a^b f(x)g'(x)\,dx$$

浅川 不定積分では，微分したとき被積分関数になるものを探せばいい，ということですね．

大山 はい．それに定数を加えて微分しても，定数の微分は0になってしまうので，そのぶん積分されたものが不定になるわけです．

西澤 部分積分は，力学ではよく使われるんですか．

大山 被積分関数が $re^{-\beta r}$ のような2種類の関数の積になっているときなどに役立つ公式ですね．結構いろんなところで出てきます．例えば

$$\int_\infty^r re^{-\beta r}\, dr = \left[-\frac{1}{\beta}re^{-\beta r}\right]_\infty^r - \int_\infty^r \left(-\frac{1}{\beta}e^{-\beta r}\right) dr$$

$$= -\frac{1}{\beta^2}(\beta r + 1)e^{-\beta r} \quad (\beta は正の定数)$$

のように使います．

あと，よく使われるものに**変数変換**があります．積分を行うとき，**積分変数を別のものに変えると積分が簡単にできることがある**んです．例として，定積分 $\int_0^\pi \sin^3\theta\, d\theta$ を考えてみましょう．$y = \cos\theta$ とおいて積分変数を θ から y へ変換します．変換の式を θ で微分すると $\dfrac{dy}{d\theta} = -\sin\theta$ ですから，両辺に微分 $d\theta$ を掛けると $dy = -\sin\theta\, d\theta$ となります．もとの式に代入すると

$$\int_0^\pi \sin^3\theta\, d\theta = \int_0^\pi \sin^2\theta \cdot \sin\theta\, d\theta = \int_1^{-1}(1-y^2)(-dy)$$

となります．

ここで，θ が 0 から π まで変るとき，y は 1 から -1 まで変化するので，**積分の初めと終りを正しく対応させる必要があります**．積分区間の範囲では1対1対応となってないといけないので，積分区間やその方向を誤らないためには図のように**変数変換の式 $y = \cos\theta$ のグラフを描いて確認する**とよいでしょう．続きの積分は次のように計算されます．

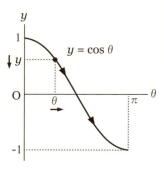

$$\int_1^{-1}(1-y^2)(-dy) = \int_{-1}^1 (1-y^2)dy = 2\int_0^1 (1-y^2)dy = \frac{4}{3}$$

定積分での変数変換の例を示しましたが，不定積分でも変数変換はよく使われます．高校数学の公式はこれくらいにして，いよいよ力学の話に入っていきたいところですが，力学の世界に踏み込む前にもう少し数学力を準備しておく必要があります．1日目は，それをしっかり身につけてもらおうと思います．

1.2 テイラー展開

大山 まず初めに，テイラー展開を使えるようにしましょう．変数 x の関数 $f(x)$ が $x = a$ において**十分滑らかで無限回微分可能**である場合に，次のように $f(x)$ を $x = a$ の近傍において級数に展開できます．

$$f(x) = \sum_{n=0}^{\infty} \frac{f^{(n)}(a)}{n!} (x-a)^n \quad (\text{ただし } 0! \equiv 1)$$

これを**テイラー (Taylor) 展開**といいます．$x = 0$ の近傍での展開の場合には

$$f(x) = \sum_{n=0}^{\infty} \frac{f^{(n)}(0)}{n!} x^n$$

と表されることになります．実際にはこちらのほうがよく使われます．

□□□ **テイラー展開** □□□

問題 1.2A 関数 $f(x) = \sqrt{1+x}$ を $x = 0$ の近傍でテイラー展開し，x^3 の項まで残して求めよ．また，関数のグラフを描き，$x = 0$ における接線を描き加えよ．

【解】 $x = 0$ での関数値と3階までの微分係数を計算すると

$$f(x) = (1+x)^{\frac{1}{2}}, \quad f(0) = 1,$$

○ x で微分して $x = 0$ とおく

$$f'(x) = \frac{1}{2}(1+x)^{-\frac{1}{2}}, \quad f'(0) = \frac{1}{2},$$

$$f''(x) = -\frac{1}{4}(1+x)^{-\frac{3}{2}}, \quad f''(0) = -\frac{1}{4},$$

$$f'''(x) = \frac{3}{8}(1+x)^{-\frac{5}{2}}, \quad f'''(0) = \frac{3}{8}$$

となるから，テイラー展開された級数は

$$f(x) = 1 + \frac{1}{2}\cdot\frac{1}{1!}x + \left(-\frac{1}{4}\right)\frac{1}{2!}x^2 + \frac{3}{8}\cdot\frac{1}{3!}x^3 - \cdots$$
$$= 1 + \frac{1}{2}x - \frac{1}{8}x^2 + \frac{1}{16}x^3 - \cdots$$

と得られる．$x = 0$ における接線の式は $y = 1 + \frac{1}{2}x$ である．【終】

浅川 $|x|$ が小さいときは $\sqrt{1+x} \simeq 1 + \frac{1}{2}x$ と近似できると，高校で物理を勉強したとき出てきました．

大山 はい．テイラー展開を使うと，式を近似することができます．$|x|$ が小さいというとき，何と比べてということになりますが，$|x|$ が 1 と比べて非常に小さい，つまり $|x| \ll 1$ だと，x の次数 n が上がるほど $|x|^n$ は小さくなっていきますので，ある次数までの和でもとの関数を近似できることになります．

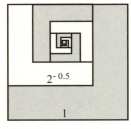

面積は ▨ =? □ =?

浅川 $x = 0$ 近傍で展開して1次の項まで残して近似することは，グラフでいえば $x = 0$ での接線 で関数曲線を直線近似していることになってるんですね．

大山 そうです．一番荒く近似しようと思えば，0次の項だけで $x = 0$ の付近ではどこも 1 として扱うことになりますが，1次もしくは2次，場合によっては3次の項まで残す近似が使われることが多いです．

小林 $x = 0.2$ のときの値を計算してみると

$$\sqrt{1+x} \fallingdotseq 1.0954, \quad 1 + \frac{1}{2}x = 1.1000, \quad 1 + \frac{1}{2}x - \frac{1}{8}x^2 = 1.0950$$

となり，確かに**展開の高次の項を含めていくと近似値が関数値に近づいていき**ます．

西澤 次数の違う項を足し合わせてしまっているのですが，物理的次元はどうなるのですか．

大山 通常は，**展開パラメータ** x **は物理的次元のない量**としています．展開パラメータが次元をもつ場合には，展開の係数により各項が同じ次元になるように展開されます．例えば，$\sin x$ や $\cos x$ の $x = 0$ の近傍でのテイラー展開は

$$\sin x = x - \frac{x^3}{3!} + \frac{x^5}{5!} - \cdots$$

◯ x の奇数次だけ現れる

$$\cos x = 1 - \frac{x^2}{2!} + \frac{x^4}{4!} - \cdots$$

◯ x の偶数次だけ現れる

となります．このときの x はラジアン単位ですから**物理的次元がありません**．また，指数関数 e^x の $x=0$ のまわりでのテイラー展開は

$$e^x = 1 + x + \frac{x^2}{2!} + \frac{x^3}{3!} + \frac{x^4}{4!} + \cdots$$

となります．このときも x は物理的次元がありません．

岸辺 テイラー展開の公式は x が複素数の場合にも使えるんですね．

大山 ええ．一つ例をあげてみると，e^x において $x = i\theta$ とします．ここで θ を実数とすると，x は純虚数です．この場合もテイラー展開の公式は成り立ちますから，e^x の展開式の両辺に代入してみると

$$e^{i\theta} = 1 + i\theta + \frac{(i\theta)^2}{2!} + \frac{(i\theta)^3}{3!} + \frac{(i\theta)^4}{4!} + \cdots$$

となります．展開には i の偶数乗と奇数乗の項が交互に現れるので，項を入れ替えて実数の項と純虚数の項にまとめてみます．そうすると

$$e^{i\theta} = \left(1 - \frac{\theta^2}{2!} + \frac{\theta^4}{4!} - \cdots\right) + i\left(\theta - \frac{\theta^3}{3!} + \frac{\theta^5}{5!} - \cdots\right)$$

となって，右辺のかっこの中は，それぞれ $\cos\theta$ と $\sin\theta$ を展開したものになっていることがわかります．つまり

$$e^{i\theta} = \cos\theta + i\sin\theta$$

が成り立ちます．これは**オイラーの公式**と呼ばれ，今後重要となってきます．

また，$\sin x$ の展開で $|x|$ をどんどん小さくしていくと x の１次の項だけで十分近似がよくなり，さらに $|x|$ を無限小にした極限では $\sin x$ と x は**等しいものとしてよい**，ということがわかります．図で考えてみると，半径 a で中心角 x の扇形において，弧の一端の点から向かい合う半径に下ろした垂線の長さ $a\sin x$ と弧の長さ ax を等しいとみなすことに相当しています．

ここで，もとの角度 x とその関数 $\sin x$ は無次元の量です．x を小さくしていくと，垂線の長さと弧の長さが近づいていき，x を無限小にした極限ではふたつの長さが等しいものとみなせるようになります．もう 1 問見てみましょう．

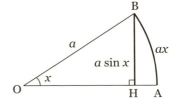

□□□ テイラー展開 □□□

> **問題 1.2B** $x = 0$ の近傍でのテイラー展開 $\dfrac{1}{1-x} = 1 + x + x^2 + x^3 + \cdots$ を利用して，関数 $f(x) = \dfrac{1}{1 - 4x + 4x^2}$ を $x = 0$ の近傍でテイラー展開し，x^4 の項まで残して求めよ． ○ $\dfrac{1}{1-x}$ の展開式は，初項 1，公比 x の等比級数の式

【解】 $\dfrac{1}{1 - 4x + 4x^2} = \left(\dfrac{1}{1 - 2x}\right)^2$ と変形してみる．x が微小量 ($|x| \ll 1$) であれば 2x も微小量 なので，テイラー展開 $\dfrac{1}{1-x} = 1 + x + x^2 + x^3 + x^4 + \cdots$ において，$x \to 2x$ と置き換えてから，その 2 乗の展開計算をする．展開において x^4 の項まで残すと

$$f(x) = (1 + 2x + 4x^2 + 8x^3 + 16x^4 + \cdots)^2$$
$$= (1 + 4x^2 + 16x^4) + 2(2x + 4x^2 + 8x^3 + 16x^4 + 8x^3 + 16x^4) + \cdots$$
$$= 1 + 4x + 12x^2 + 32x^3 + 80x^4 + \cdots$$

と得られる．【終】

岸辺 すでにわかっている公式を利用すると，簡単に計算できるわけですね．

大山 はい．答にいたる道はいくつもありますから，オーソドックスに展開公式で計算できるようになったら，簡単に計算できる別の方法も考えてみましょう．

浅川 2 通りの方法で計算してみれば計算ミスにも気づけるから安心です．

大山 はい．宿題の練習問題 (☆ の問題) もやってみてください．級数には，x のべき x^n に展開するべき級数 以外に，三角関数で展開する フーリエ級数 など，いろいろな展開形式があります．次は，双曲線関数を見てみましょう．

☆ **練習 1.21** 次の x の関数を $x = 0$ の近傍でテイラー展開し，x^3 の項まで残して求めよ．

(1) $(1-x)^3$ (2) $\dfrac{1}{(1-x)^2}$ (3) $\dfrac{x}{1-x^2}$

☆ **練習 1.22** a を正の定数とする．実数 x の関数 $f(x) = -a\sqrt{1 - \dfrac{x^2}{4a^2}}$ において $|x| \ll a$ のとき，$y = f(x)$ のグラフはある放物線 $y = g(x)$ で近似できる．この放物線の式を求めよ．また，$x = 0$ の近傍でこの放物線で近似できる円の方程式を求めよ．

1.3 双曲線関数

大山 三角関数によく似た**双曲線関数** (Hyperbolic function) は，x を複素数として次の式により定義されます．

$$\cosh x \equiv \frac{e^x + e^{-x}}{2}, \quad \sinh x \equiv \frac{e^x - e^{-x}}{2}$$

$$\tanh x \equiv \frac{\sinh x}{\cosh x}, \quad \operatorname{sech} x \equiv \frac{1}{\cosh x}$$

浅川 x が実数の場合を考えると，$y = \cosh x$ と $y = \sinh x$ のグラフは，二つの指数関数を足したり引いたりすれば描けるね．

小林 $x = 0$ の近傍でテイラー展開すると

$$\cosh x = 1 + \frac{x^2}{2!} + \frac{x^4}{4!} + \frac{x^6}{6!} + \cdots$$

$$\sinh x = x + \frac{x^3}{3!} + \frac{x^5}{5!} + \frac{x^7}{7!} + \cdots$$

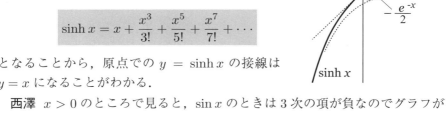

となることから，原点での $y = \sinh x$ の接線は $y = x$ になることがわかる．

西澤 $x > 0$ のところで見ると，$\sin x$ のときは 3 次の項が負なのでグラフが接線 $y = x$ の下側にあるけど，$\sinh x$ では 3 次の項が正なのでグラフが接線の

上側になってる.

岸辺 $\cosh x$ は偶関数, $\sinh x$ は奇関数だから, テイラー展開したとき, それぞれ x の偶数べきか奇数べきだけが現れるんですね.

大山 そうです. その点は, 普通の三角関数 $\cos x$ と $\sin x$ に似ています. ついでに $\tanh x$ も $x = 0$ の近傍でテイラー展開すると

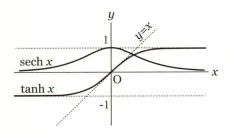

$$\tanh x = x - \frac{1}{3}x^3 + \frac{2}{15}x^5 - \cdots$$

となります.

$y = \tanh x$ も, $x = 0$ では $y = x$ を接線としてもちます. $\dfrac{\sinh x}{\cosh x}$ で定義されているから, やはり, 奇関数ですね. それでは, 加法定理を調べてみましょう.

□□□ 双曲線関数の加法定理 □□□

> **問題 1.3A** $\sinh(\alpha+\beta)$, $\cosh(\alpha+\beta)$ を $\sinh\alpha, \cosh\alpha, \sinh\beta, \cosh\beta$ を用いて表せ.

【解】 定義にしたがって, 指数関数に戻して計算すると, 次のように得られる.

$$\begin{aligned}
\sinh(\alpha+\beta) &= \frac{e^{\alpha+\beta} - e^{-(\alpha+\beta)}}{2} \\
&= \frac{e^\alpha - e^{-\alpha}}{2} \cdot \frac{e^\beta + e^{-\beta}}{2} + \frac{e^\alpha + e^{-\alpha}}{2} \cdot \frac{e^\beta - e^{-\beta}}{2} \\
&= \sinh\alpha \cosh\beta + \cosh\alpha \sinh\beta
\end{aligned}$$

同様に計算すると

$$\begin{aligned}
\cosh(\alpha+\beta) &= \frac{e^{\alpha+\beta} + e^{-(\alpha+\beta)}}{2} \\
&= \frac{e^\alpha + e^{-\alpha}}{2} \cdot \frac{e^\beta + e^{-\beta}}{2} + \frac{e^\alpha - e^{-\alpha}}{2} \cdot \frac{e^\beta - e^{-\beta}}{2} \\
&= \cosh\alpha \cosh\beta + \sinh\alpha \sinh\beta
\end{aligned}$$

○ マイナスは現れない

と得られる. 【終】

浅川　三角関数の加法定理とよく似ていますけど，コサインで右辺は差にならないですね．

大山　はい．$\tanh(\alpha + \beta)$ についての加法定理は，次のようになります．

$$\tanh(\alpha + \beta) = \frac{\sinh\alpha \cosh\beta + \cosh\alpha \sinh\beta}{\cosh\alpha \cosh\beta + \sinh\alpha \sinh\beta} = \frac{\tanh\alpha + \tanh\beta}{1 + \tanh\alpha \tanh\beta}$$

ここでもマイナス記号は出てこないですね．双曲線関数を微分すると，結果は

$$(\cosh x)' = \sinh x, \quad (\sinh x)' = \cosh x, \quad (\tanh x)' = \mathrm{sech}^2 x$$

となります．やはりマイナス記号は出てこないです．

小林　$\cosh^2 x - \sinh^2 x = 1$ でマイナスが現れますね．

大山　そうです．三角関数では $\cos^2 x + \sin^2 x = 1$ でしたが，似ているということは違うということなので，これらの暗黙の関係式の違いに注意しましょう．双曲線関数は，物理学ではこれから本当によく出てきますよ．

浅川　必須アイテムですね．

大山　テイラー展開に続いて 2 番目のね．いよいよベクトルの話に移ります．

☆ **練習 1.31** 関数 $f(x) = \dfrac{2}{1 + \cosh 2x}$ がある．

(1) $f(x)$ を $\cosh x$ だけを用いて表せ．

(2) $f(x)$ を $\tanh x$ だけを用いて因数分解された形で表せ．

(3) $f(x)$ を $x = 0$ の近傍でテイラー展開し，x^2 の項まで残して求めよ．

1.4　運動とベクトル

大山　物理学で運動というときは，物体の状態が時刻とともに変化することを指していいます．1 日目のきょうは，どうして運動が起こるのか，という運動の原因となるものには触れずに，運動の様態をどのように量的に表現するかについて見ていきましょう．実際の物体は大きさと質量をもちますが，大きさをもた

ずに 質量だけをもつ理想的な物体 を考えて，これを **質点** と呼ぶことにします．

物体の運動を記述するために，空間内の一点を座標原点 O として，その点を通る 互いに直交した3方向 に **右手系** と呼ばれる x, y, z 座標軸をとる方法を用います．このようにして選ばれた座標系 $\mathrm{O}xyz$ を **3次元直交座標系** または **デカルト座標系** と呼びます．

3成分 (A_x, A_y, A_z) をもつ一般のベクトル $\boldsymbol{A}$ の大きさは

$$A \equiv |\boldsymbol{A}| \equiv \sqrt{A_x^2 + A_y^2 + A_z^2}$$

スカラー c 倍は

$$c\boldsymbol{A} \equiv (cA_x, cA_y, cA_z)$$

○ $\boldsymbol{A}$ の各成分を c 倍したベクトル

と定義されます．$\boldsymbol{A} = (A_x, A_y, A_z)$ と $\boldsymbol{B} = (B_x, B_y, B_z)$ との和は

$$\boldsymbol{A} + \boldsymbol{B} \equiv (A_x + B_x, A_y + B_y, A_z + B_z)$$

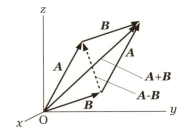

と定義されるので，図形的には，始点を同じにした $\boldsymbol{A}$ と $\boldsymbol{B}$ を二辺とする平行四辺形を作図したとき，同じ始点から出て平行四辺形の対角位置にできる頂点を終点とするベクトルによって表されます．　○ 平行移動したベクトルは等価

ベクトル $\boldsymbol{A}$ と同じ向きを向いた単位ベクトルを $\boldsymbol{e}_A$ と表せば

$$\boldsymbol{A} = A\boldsymbol{e}_A$$

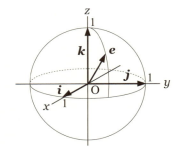

と書けるから，ベクトル $\boldsymbol{A}$ は大きさ A と向き $\boldsymbol{e}_A$ の積です．このように，ベクトルは単位ベクトルのスカラー倍で表されますから，ベクトルを扱うときは，単位ベクトルがどの向きを向いているかを考えて計算することがキー・ポイントになります．

特に，各座標が単独で増える向きを向いた単位ベクトルを，座標系の **基本ベクトル** といいます．デカルト座標系では，x 軸，y 軸，z 軸の正方向を向いた基

本ベクトルを，それぞれ順に i, j, k と表します．$A = (A_x, A_y, A_z)$ は

$$A = A_x\, i + A_y\, j + A_z\, k$$

と書くことができます．

基本ベクトルは物理的次元をもっていません．A_x, A_y, A_z が物理的次元をもつことになります．

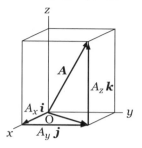

☆☆☆ 以後このセミナーのなかで，特に断りなく i, j, k をデカルト座標系 $Oxyz$ の基本ベクトルとして使うことにします．☆☆☆

岸辺 ベクトル A と B が等しいためには，A と B の x, y, z 成分どうしがそれぞれ等しいことが必要十分条件ですね．

大山 はい．それは大事なことです．

2つのベクトル A と B からつくられる内積は，それらのベクトルのなす角度を θ として

$$A \cdot B \equiv AB \cos\theta$$

で定義され，成分を使って表せば

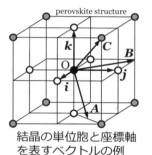

結晶の単位胞と座標軸を表すベクトルの例

$$A \cdot B = A_x B_x + A_y B_y + A_z B_z$$

となります．基本ベクトルでは，次の式が成り立っています．

$$i \cdot i = j \cdot j = k \cdot k = 1, \quad i \cdot j = j \cdot k = k \cdot i = 0$$

小林 $B = A$ の場合には

$$A \cdot A = A^2 = |A|^2 \equiv A^2$$

といろいろな書き方がありますね．直交するベクトルでは $\cos\theta = 0$ だから，内積が 0 になる．

大山 3次元ベクトルになると，ベクトルの**外積** $A \times B$ が出てきます．外積は，大きさが

$$AB \sin \theta,$$

向きが

A から B へ右ねじを回転したとき，ねじの進む向き

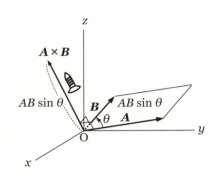

となるベクトルです．

外積ではベクトルのなす角 θ を $0 \leq \theta \leq \pi$ の範囲で考え，**ねじの回転**はこの θ に沿った向きに回します．

$A \times B$ では，A から B へ回したとき右ねじが進む向きを向いたベクトルになりますが，B から A へと逆向きに回した場合には，ねじの進む向きが逆になり，外積 $B \times A$ の向きとなります．

西澤 そのことから $B \times A = -A \times B$ が成り立ちますね．

小林 平行なベクトルの外積は，$\sin \theta = 0$ のため，ゼロ・ベクトル 0 になる．

大山 デカルト座標系の基本ベクトルについては

$$i \times i = j \times j = k \times k = 0,$$

$$i \times j = k, \quad j \times k = i, \quad k \times i = j$$

となることがわかります．i, j, k に関して**サイクリック** (cyclic)，日本語で循環的，ですね．外積を成分表示すると

$$A \times B = (A_y B_z - A_z B_y) i + (A_z B_x - A_x B_z) j + (A_x B_y - A_y B_x) k$$

と書けます．外積の成分表示の公式も，x, y, z に関してサイクリックですので覚えるのはやさしいでしょう．

浅川 本当ですね．サイクリックだと覚えやすいです．

大山 今後よく使うので，この公式は頭に入れておいてください．まず，具体的な計算例を見てみましょう．

□□□ ベクトルのなす角 □□□

問題 1.4A 次の 3 つのベクトル A, B, C がある.
$$A = i + j + k, \quad B = i - j + k, \quad C = i - k$$

(1) $A \times B$, $B \times A$, $C \cdot (A \times B)$ を計算せよ.

(2) ベクトル A と B のなす角 ψ [deg] を, 有効数字 3 桁の数値で求めよ ($0 < \psi < \pi$).

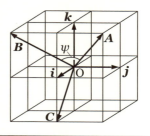

【解】(1) 基本ベクトルの演算により, 次のように得られる.

$$A \times B = i \times (-j) + i \times k + j \times i + j \times k + k \times i + k \times (-j)$$
$$= -k - j - k + i + j + i \quad \boxed{\circ \ i \times k = -k \times i = -j}$$
$$= 2(i - k)$$

$$B \times A = i \times j + i \times k - j \times i - j \times k + k \times i + k \times j$$
$$= k - j + k - i + j - i$$
$$= -2(i - k)$$

上の結果を利用して

$$C \cdot (A \times B) = (i - k) \cdot [2(i - k)] = 2[(i \cdot i) - k \cdot (-k)] = 4$$

と得られる.

(2) ベクトル A, B の内積を計算する.

$$A \cdot B = \sqrt{3}\sqrt{3} \cos\psi = i \cdot i + j \cdot (-j) + k \cdot k$$

より $\cos\psi = \frac{1}{3}$ となるから $\psi \fallingdotseq 70.5 \,\mathrm{deg}$ と得られる. 【終】

浅川 分配法則を使って各項に分けたとき, $i \times i = j \times j = k \times k = 0$ になるから, $j \times i = -i \times j$ 等になることを注意して残る項を計算すればいいですね.

大山 はい. ベクトルの三重積について

$$\boxed{\boldsymbol{A}\cdot(\boldsymbol{B}\times\boldsymbol{C})=\boldsymbol{B}\cdot(\boldsymbol{C}\times\boldsymbol{A})=\boldsymbol{C}\cdot(\boldsymbol{A}\times\boldsymbol{B})}$$

が一般的に成り立ちます．この具体的な例で確かめてみてください．

□□□ **ベクトルの内積と外積** □□□

> **問題 1.4B** 2つのベクトル $\boldsymbol{A}=-12\boldsymbol{i}+9\boldsymbol{j}$ および $\boldsymbol{B}=12\boldsymbol{i}+5\boldsymbol{j}$ がある．ベクトルのなす角度を $\theta\,(0<\theta<\pi)$ とする．
>
> (1) ベクトルの内積 $\boldsymbol{A}\cdot\boldsymbol{B}$ および外積 $\boldsymbol{A}\times\boldsymbol{B}$ を求めよ
>
> (2) $\cos\theta,\,\sin\theta$ および θ を求めよ．

【解】(1) 内積と外積を計算すると，次のように得られる．

$$\boldsymbol{A}\cdot\boldsymbol{B}=-144\,\boldsymbol{i}\cdot\boldsymbol{i}+45\,\boldsymbol{j}\cdot\boldsymbol{j}=-99$$

$$\boldsymbol{A}\times\boldsymbol{B}=-60\,\boldsymbol{i}\times\boldsymbol{j}+108\,\boldsymbol{j}\times\boldsymbol{i}=-168\,\boldsymbol{k}$$

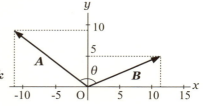

(2) (1) の結果を用いて

$$\cos\theta=\frac{\boldsymbol{A}\cdot\boldsymbol{B}}{A\cdot B}=\frac{-99}{15\cdot 13}=-\frac{33}{65}$$

となる．また，$\boldsymbol{A}\times\boldsymbol{B}=-168\,\boldsymbol{k}$ なので $|\boldsymbol{A}\times\boldsymbol{B}|=168$ であり

$$\sin\theta=\frac{|\boldsymbol{A}\times\boldsymbol{B}|}{A\cdot B}=\frac{168}{15\cdot 13}=\frac{56}{65}$$

となる．これより $\theta=\cos^{-1}\left(-\frac{33}{65}\right)\fallingdotseq 120.5°$ と得られる．【終】

岸辺 2つのベクトルの大きさと内積が分れば，ベクトルのなす角度 θ が決定できますね．

大山 はい．それともう一つ，これからよく出てくることとして，原点のまわりに座標軸を回転したとき，古い座標系の基本ベクトルと新しい座標系の基本ベクトルの間に成り立つ関係があります．

z 軸を固定して，x, y 軸をそのまわりに角度 φ だけ回転するとき，右ねじの進む向きが z 軸正方向と同じになる回転方向を φ の **正回転の向き** とします．古い座標系の基本ベクトル i, j, k と新しい座標系 $\mathrm{O}'x'y'z'$ の基本ベクトル i', j', k' との間に次の関係式が成り立ちます．

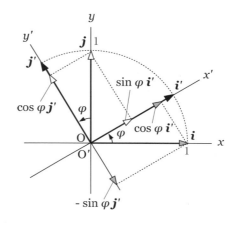

$$i = \cos\varphi\, i' - \sin\varphi\, j',$$

$$j = \sin\varphi\, i' + \cos\varphi\, j',$$

$$k = k'$$

小林 この関係式は，単位ベクトル i と j のそれぞれを x' 軸と y' 軸に射影したときの先端の座標を新しい座標軸の成分とすれば導けますね．

大山 そうです．次の問題を考えてみましょう．

□□□ 座標軸回転と基本ベクトル □□□

問題 1.4C 座標系 $\mathrm{O}xyz$ の基本ベクトルを i, j, k とし，z 軸のまわりに角度 φ だけ回転した座標系 $\mathrm{O}'x'y'z'$ の基本ベクトルを i', j', k' とする．

xy 面内にあるベクトル $\boldsymbol{A} = A_x\, i + A_y\, j$ を $\mathrm{O}'x'y'z'$ の基本ベクトルを用いて表したものを $\boldsymbol{A}'$ とする．$\boldsymbol{A}'$ を求めよ．

【解】 座標軸回転における基本ベクトルの間の関係式

$$i = \cos\varphi\, i' - \sin\varphi\, j',$$
$$j = \sin\varphi\, i' + \cos\varphi\, j',$$
$$k = k'$$

を用いて

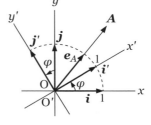

$$\boldsymbol{A}' = A_x\, (\cos\varphi\, i' - \sin\varphi\, j') + A_y\, (\sin\varphi\, i' + \cos\varphi\, j')$$
$$= (A_x \cos\varphi + A_y \sin\varphi)\, i' + (-A_x \sin\varphi + A_y \cos\varphi)\, j'$$
$$(= A'_x\, i' + A'_y\, j')$$

と得られる．ここで

$$A'^2 = A'^2_x + A'^2_y$$
$$= (A_x \cos\varphi + A_y \sin\varphi)^2 + (-A_x \sin\varphi + A_y \cos\varphi)^2$$
$$= A_x^2 + A_y^2 = A^2$$

すなわち $A' = A$ となるので，座標軸回転によって，ベクトルは大きさを変えないまま座標軸に対する向きが座標系により変ることがわかる．【終】

大山 この変換ではベクトルの大きさは変らず，座標軸に対する向きが変るだけであるということを，頭の隅にメモしておいてください．

次に，ベクトルの微分について簡単に整理しておきましょう．座標系 $Oxyz$ にのって観測すると，質点が運動するとき，基本ベクトル i, j, k は変化しませんが質点の位置座標 x, y, z が時刻とともに変化するので，位置ベクトルも時刻 t により $r(t) = x(t)\,i + y(t)\,j + z(t)\,k$ と変ります．これを時間微分して得られるベクトル

$$\boxed{\bm{v} = \frac{d\bm{r}}{dt} = \frac{dx}{dt}\bm{i} + \frac{dy}{dt}\bm{j} + \frac{dz}{dt}\bm{k}} \qquad \text{○ 成分は位置座標の時間微分}$$

は，その時刻における**速度ベクトル**と呼ばれます．

浅川 速さはその大きさだから，$v = \sqrt{v_x^2 + v_y^2 + v_z^2}$ で計算できますね．

大山 その通りです．一般に速度ベクトルも時刻とともに変るので，さらに時間微分すると**加速度ベクトル**

$$\boxed{\bm{\alpha} = \frac{d\bm{v}}{dt} = \frac{d^2\bm{r}}{dt^2} = \frac{dv_x}{dt}\bm{i} + \frac{dv_y}{dt}\bm{j} + \frac{dv_z}{dt}\bm{k}}$$

が得られます．一般のベクトル $\bm{A}(t) = A_x(t)\,\bm{i} + A_y(t)\,\bm{j} + A_z(t)\,\bm{k}$ も，デカルト座標系 $Oxyz$ にのって記述する場合には $\bm{i}, \bm{j}, \bm{k}$ は時間的変化をしませんから

$$\boxed{\frac{d\bm{A}}{dt} = \frac{dA_x}{dt}\bm{i} + \frac{dA_y}{dt}\bm{j} + \frac{dA_z}{dt}\bm{k}}$$

と時間微分を行うことができます．

岸辺 速度ベクトルや加速度ベクトルは，一般のベクトルの時間微分の特別な場合ですね．

大山 はい．時刻 t の関数 $u(t)$ とベクトル $\boldsymbol{A}(t)$ との積 $u\boldsymbol{A}$ の時間微分は

$$\frac{d(u\boldsymbol{A})}{dt} = \frac{d(uA_x)}{dt}\boldsymbol{i} + \frac{d(uA_y)}{dt}\boldsymbol{j} + \frac{d(uA_z)}{dt}\boldsymbol{k} = \frac{du}{dt}\boldsymbol{A} + u\frac{d\boldsymbol{A}}{dt}$$

と計算でき，ベクトル $\boldsymbol{A}$, $\boldsymbol{B}$ の和の時間微分は

$$\frac{d(\boldsymbol{A}+\boldsymbol{B})}{dt} = \frac{d(A_x+B_x)}{dt}\boldsymbol{i} + \frac{d(A_y+B_y)}{dt}\boldsymbol{j} + \frac{d(A_z+B_z)}{dt}\boldsymbol{k} = \frac{d\boldsymbol{A}}{dt} + \frac{d\boldsymbol{B}}{dt}$$

となります．具体的な問題で調べてみましょう．

❏❏❏ 円運動 ❏❏❏

問題 1.4D 原点を中心とする半径 a の xy 面内にある円周上を，質点が一定の角速度 $\omega\,(>0)$ で反時計まわりに運動している．$t=0$ のとき質点は点 $(a,0)$ にあった．後の時刻 t での次の量のデカルト座標系における式を求めよ．

(1) 位置ベクトル $\boldsymbol{r}$ および位置ベクトルの大きさ r

(2) 速度ベクトル $\boldsymbol{v}$ および速度ベクトルの大きさ v

(3) 加速度ベクトル $\boldsymbol{\alpha}$ および加速度ベクトルの大きさ α

(4) 内積 $\boldsymbol{r}\cdot\boldsymbol{v}$ および内積 $\boldsymbol{v}\cdot\boldsymbol{\alpha}$

【解】 (1) 題意より，位置ベクトルは

$$\boldsymbol{r}(t) = a\cos\omega t\,\boldsymbol{i} + a\sin\omega t\,\boldsymbol{j}$$

である．大きさは

$$r = \sqrt{(a\cos\omega t)^2 + (a\sin\omega t)^2} = a = 一定$$

となる． ❍ ベクトルは**太字**，大きさは細字で表すことに注意！

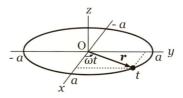

(2) 位置ベクトル r を時間微分して

$$\boldsymbol{v} = a\omega(-\sin\omega t\, \boldsymbol{i} + \cos\omega t\, \boldsymbol{j})$$

と得られる．大きさは次のようになる．

$$v = \sqrt{(-a\omega\sin\omega t)^2 + (a\omega\cos\omega t)^2} = a\omega = 一定$$

(3) 速度ベクトル v を時間微分して

$$\boldsymbol{\alpha} = -a\omega^2(\cos\omega t\, \boldsymbol{i} + \sin\omega t\, \boldsymbol{j}) = -\omega^2 \boldsymbol{r}$$

と得られる．あらゆる時刻において $\boldsymbol{\alpha}$ は原点方向を向いている．大きさは次のようになる

$$\alpha = \sqrt{(-a\omega^2\cos\omega t)^2 + (-a\omega^2\sin\omega t)^2}$$
$$= a\omega^2 = 一定$$

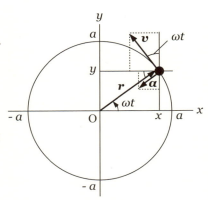

(4) 上の結果を利用して

$$\boldsymbol{r}\cdot\boldsymbol{v} = a\cos\omega t \cdot (-a\omega\sin\omega t) + a\sin\omega t \cdot (a\omega\cos\omega t)$$
$$= -a^2\omega\sin\omega t\cos\omega t + a^2\omega\sin\omega t\cos\omega t = 0$$

と得られる．あらゆる時刻において $\boldsymbol{r}\perp\boldsymbol{v}$ である．また

$$\boldsymbol{v}\cdot\boldsymbol{\alpha} = (-a\omega\sin\omega t)(-a\omega^2\cos\omega t) + (a\omega\cos\omega t)(-a\omega^2\sin\omega t)$$
$$= a^2\omega^3\sin\omega t\cos\omega t - a^2\omega^3\sin\omega t\cos\omega t = 0$$

と得られる．あらゆる時刻において $\boldsymbol{v}\perp\boldsymbol{\alpha}$ である．【終】

浅川　これは，等速円運動ですよね．加速度ベクトルは位置ベクトルと逆向きになるから，いつも原点を向いている．**速度と違う方向の加速度があると，直進せず軌道がそちらへ曲がっていくことがわかります．**

西澤　位置ベクトル，速度ベクトル，加速度ベクトルが同じ xy 面内に描かれているのですが，これでかまわないでしょうか．

大山　基本ベクトル i, j, k をそれぞれスカラー倍して，それらの和をとったもので，ベクトル A が表されます．その集合全体でベクトル空間を形成することになりますから，位置ベクトル，速度ベクトル，加速度ベクトルは，それぞれ 別のベクトル空間の量 ということになります．しかし，位置ベクトル，速度ベクトル，加速度ベクトルの 基本ベクトル i, j, k は共通ですから，3 つの ベクトル空間が重なり合った図 と解釈すれば，同じ xy 平面に描かれていてもいいだろう，ということになります．したがって，互いのベクトルの向きの関係は意味をもちますが，矢印の長さの比較は同じベクトル空間のベクトルどうしだけで意味をもつことになります．

□□□ 楕円運動 □□□

問題 1.4E 時刻 t における質点の位置ベクトルが $r(t) = 3a\cos\omega t\, i + a\sin\omega t\, j$ と表される (a, ω は正の定数)．

(1) 時刻 t における速度ベクトル $v(t)$ および加速度ベクトル $\alpha(t)$ を求めよ．

(2) デカルト座標で表した軌道の式を，右辺が 1 となるように求めよ．また，軌道のグラフを描け．

(3) この運動における速さ v の最小値 $v_{\min}$ と最大値 $v_{\max}$ を求めよ．

【解】(1) 位置ベクトルを時間微分して，次のようになる．

$$v = -3a\omega\sin\omega t\, i + a\omega\cos\omega t\, j,$$
$$\alpha = -3a\omega^2\cos\omega t\, i - a\omega^2\sin\omega t\, j = -\omega^2 r$$

(2) パラメータ (媒介変数) 表示 された軌道の式

$$x = 3a\cos\omega t, \quad y = a\sin\omega t$$

からパラメータ t を消去して，デカルト座標で表した軌道の式が

$$\left(\frac{x}{3a}\right)^2 + \left(\frac{y}{a}\right)^2 = 1 \qquad \bigcirc\ 楕円の標準形は右辺を 1 とする$$

と得られる．

(3) 時刻 t における速さは
$$v = a\omega\sqrt{(-3\sin\omega t)^2 + \cos^2\omega t}$$
$$= a\omega\sqrt{5 - 4\cos 2\omega t}$$

となるから，速さの最小値と最大値は
$$v_{\min} = a\omega\sqrt{5-4} = a\omega \quad (x\text{軸上}), \quad v_{\max} = a\omega\sqrt{5+4} = 3a\omega \quad (y\text{軸上})$$

と得られる．【終】

岸辺 時刻 $t = 0$ のとき
$$r = 3a\,i, \quad v = a\omega\,j, \quad \alpha = -3a\omega^2\,i$$

だから，x 軸上にあって速度ベクトルは y 軸正方向を，加速度ベクトルは原点を向いている．

浅川 質点は楕円軌道を運動しているけど，この楕円運動の場合も，加速度はいつも原点の方を向いていて，不思議．

小林 しかも，等速円運動と違って，軌道上の位置で速さが変っている．

大山 いろいろ疑問があるようですが，理由はあとからわかると思いますから，先に進みましょう．

□□□ 位置ベクトルの円錐面内の運動 □□□

問題 1.4F 時刻 t において $r(t) = a\sin\theta\cos\omega t\,i + a\sin\theta\sin\omega t\,j + a\cos\theta\,k$ と，質点の位置ベクトルが表される (a, ω は正の定数；θ は $0 \leq \theta \leq \pi$ である定数)．大きさ ω をもつ z 軸正方向を向いたベクトルを $\boldsymbol{\omega} = \omega\,\boldsymbol{k}$ と表す．

(1) 時刻 t における速度ベクトル $v(t)$ および加速度ベクトル $\alpha(t)$ を求めよ．

(2) $v = \boldsymbol{\omega} \times r$ が成り立つことを示せ．

【解】(1) 位置ベクトルを時間微分して，次のようになる．

$$v = a\omega \sin\theta \, (-\sin\omega t \, i + \cos\omega t \, j),$$
$$\alpha = -a\omega^2 \sin\theta \, (\cos\omega t \, i + \sin\omega t \, j)$$

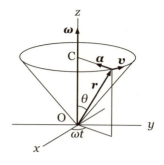

(2) 外積を計算すると，次のように，求める関係式が得られる．

$$\omega \times r = \omega k \times (a\sin\theta\cos\omega t \, i + a\sin\theta\sin\omega t \, j + a\cos\theta \, k)$$
$$= a\omega\sin\theta \, (\cos\omega t \, j - \sin\omega t \, i) = v$$

【終】

小林 位置ベクトルの先端が z 軸のまわりに等速円運動していますね．

大山 ここで出てきた ω は，角速度ベクトルと呼ばれて，回転の角速度の大きさと回転軸方向をまとめて表しています．なおかつ，回転したときに右ねじの進む向きになっていますので，**回転の向きもこのベクトルで表せます**．

浅川 すごく便利なベクトルですね．

大山 はい．位置ベクトルだけでなく，一般的なベクトル A についても，始点を固定して終点が ω のまわりを一定の角度 θ をなして同じように円運動する場合には

$$\frac{dA}{dt} = \omega \times A$$

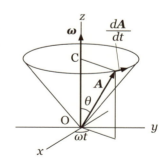

が成り立ちます．

西澤 今後どんなところで使われるのでしょうか．

大山 剛体の運動 や 非慣性系での運動 を扱うときに，よく使われます．とても大事な関係式です．再び出会うまでのあいだ，頭の隅に残しておいてください．ここで，デカルト座標以外での運動の記述法として極座標を見てみます．

☆ **練習 1.41** ベクトル $\boldsymbol{A} = \boldsymbol{i} + \boldsymbol{j} + \boldsymbol{k}$ と $\boldsymbol{B} = \boldsymbol{i} + \boldsymbol{j} - \boldsymbol{k}$ がある．ベクトル $\boldsymbol{A}$ と $\boldsymbol{B}$ の両方に直交する単位ベクトルを求めよ．

☆ **練習 1.42** 時刻 t での位置ベクトルが $\boldsymbol{r}(t) = 3a\cosh\omega t\,\boldsymbol{i} + a\sinh\omega t\,\boldsymbol{j}$ と表される (a, ω は正の定数)．

(1) 時刻 t における速度ベクトル $\boldsymbol{v}(t)$ および加速度ベクトル $\boldsymbol{\alpha}(t)$ を求めよ．

(2) デカルト座標で表した軌道の式を求めよ．また，軌道のグラフを描け．

☆ **練習 1.43** 時刻 t での位置ベクトルが $\boldsymbol{r}(t) = a\sin\omega t\,\boldsymbol{i} - a\cos 2\omega t\,\boldsymbol{j}$ と表される (a, ω は正の定数)．

(1) 時刻 t における速度ベクトル $\boldsymbol{v}(t)$ および加速度ベクトル $\boldsymbol{\alpha}(t)$ を求めよ．

(2) デカルト座標で表した軌道の式を求めよ．また，軌道のグラフを描き，時刻 $t = 0$ における位置ベクトル，速度ベクトル，加速度ベクトルを記入せよ．

1.5 極座標

大山 運動は一般的には3次元空間で行われるので，3次元極座標を使って運動を記述することができます．

これは，点Pの原点Oからの距離を r，線分 OP が z 軸から傾いた角度を θ，点Pを xy 平面へ射影した点をHとし，線分 OH が x 軸となす角度を φ として，3つの座標 (r, θ, φ) で質点の位置を表す方法です．

ここで，半直線 Oz を**極軸**と呼びます．変数は

$\boxed{0 \leq r}, \quad \boxed{0 \leq \theta \leq \pi}, \quad \boxed{0 \leq \varphi < 2\pi}$

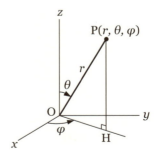

の範囲の値をとります．デカルト座標との関係は

$x = r\sin\theta\cos\varphi,$

$y = r\sin\theta\sin\varphi,$

$z = r\cos\theta$

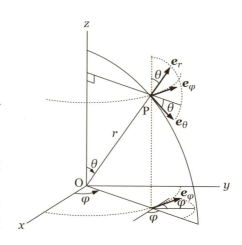

となります．

　極座標の基本ベクトルは，動径 r が増える向きに e_r，天頂角 θ が増える向きに e_θ，方位角 φ が増える向きに e_φ をとります．これらは互いに直交しています．

　位置ベクトル，速度ベクトル，加速度ベクトルの式は，次のように表せます．

$\boldsymbol{r} = r\,\boldsymbol{e}_r,$

$\boldsymbol{v} = \dot{r}\,\boldsymbol{e}_r + r\dot{\theta}\,\boldsymbol{e}_\theta + r\dot{\varphi}\sin\theta\,\boldsymbol{e}_\varphi,$

$\boldsymbol{\alpha} = (\ddot{r} - r\dot{\theta}^2 - r\dot{\varphi}^2\sin^2\theta)\,\boldsymbol{e}_r + (r\ddot{\theta} + 2\dot{r}\dot{\theta} - r\dot{\varphi}^2\sin\theta\cos\theta)\,\boldsymbol{e}_\theta$

$\qquad + (r\ddot{\varphi}\sin\theta + 2\dot{r}\dot{\varphi}\sin\theta + 2r\dot{\theta}\dot{\varphi}\cos\theta)\,\boldsymbol{e}_\varphi$

ここで，文字の上のドット記号は時間微分の階数を表していて，$\dot{r} \equiv \dfrac{dr}{dt}$，$\ddot{r} \equiv \dfrac{d^2r}{dt^2}$ などを意味しています．「$\theta = \frac{\pi}{2} = $ 一定」とおけば，x 軸を極軸とした平面極座標の式に移行します．平面極座標 (r, φ) に対しては

$\boldsymbol{r} = r\,\boldsymbol{e}_r,$

$\boldsymbol{v} = \dot{r}\,\boldsymbol{e}_r + r\dot{\varphi}\,\boldsymbol{e}_\varphi,$

$\boldsymbol{\alpha} = (\ddot{r} - r\dot{\varphi}^2)\,\boldsymbol{e}_r + (2\dot{r}\dot{\varphi} + r\ddot{\varphi})\,\boldsymbol{e}_\varphi$

となります．また，3次元極座標の式で「$\varphi = $ 一定」とすれば，(r, θ) を用いた平面極座標の式に移行します．

　☆☆☆ 以後このセミナーのなかで，特に断りなく e_r, e_θ, e_φ を極座標の基本ベクトルとして使うことにします．☆☆☆

□□□ 極座標による角度計算 □□□

問題 1.5A z 軸正方向を極軸とする極座標で表された点 $P(r_1, \theta_1, \varphi_1)$ と点 $Q(r_2, \theta_2, \varphi_2)$ がある．

(1) $\angle POQ \equiv \psi$ とするとき，$\cos\psi$ の式を求めよ．

(2) 極座標で表した点 $A(\sqrt{3}, \theta, \frac{\pi}{4})$ と点 $B(\sqrt{3}, \theta, \frac{7\pi}{4})$ がある．これらの点と原点でつくる $\angle AOB = \psi$ [deg] を，有効数字 3 桁の数値で求めよ．ただし $\cos\theta = \frac{1}{\sqrt{3}}$, $\sin\theta = \sqrt{\frac{2}{3}}$ である．

【解】(1) 選ばれた点 P と点 Q のデカルト座標 $P(x_1, y_1, z_1)$, $Q(x_2, y_2, z_2)$ と極座標の関係は

$$x_1 = r_1 \sin\theta_1 \cos\varphi_1, \quad y_1 = r_1 \sin\theta_1 \sin\varphi_1,$$
$$z_1 = r_1 \cos\theta_1,$$
$$x_2 = r_2 \sin\theta_2 \cos\varphi_2, \quad y_2 = r_2 \sin\theta_2 \sin\varphi_2,$$
$$z_2 = r_2 \cos\theta_2$$

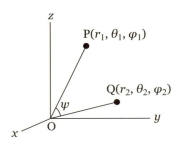

となるので，点 P および Q の位置ベクトル $\boldsymbol{r}_1$, $\boldsymbol{r}_2$ の内積を 2 通りに表して

$$r_1 r_2 \cos\psi = r_1 r_2 (\sin\theta_1 \cos\varphi_1 \cdot \sin\theta_2 \cos\varphi_2$$
$$+ \sin\theta_1 \sin\varphi_1 \cdot \sin\theta_2 \sin\varphi_2 + \cos\theta_1 \cdot \cos\theta_2)$$

となる．これより $\cos\psi$ は次のように表せる．

$$\cos\psi = \cos\theta_1 \cos\theta_2 + \sin\theta_1 \sin\theta_2 \cos(\varphi_1 - \varphi_2)$$

(2) 上で得られた公式を用いると

$$\cos\psi = \cos^2\theta + \sin^2\theta \cos\left(\frac{\pi}{4} - \frac{7\pi}{4}\right) = \frac{1}{3}$$

となるので $\psi \fallingdotseq 70.5$ deg と計算される．【終】

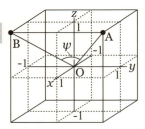

浅川 これって，前にデカルト座標を使った位置ベクトルで計算したのと同じ角度を求める問題ですよね．

岸辺 2 点の極座標がわかっていれば，すぐに角度が計算できてしまうね．

大山 この公式は，3 次元極座標を使うことが多い 量子力学 で役に立ちますので，ここで知っておいてもらうといいと思いまして．それでは，次の問題です．

□□□ 平面極座標 □□□

問題 1.5B x 軸正方向を極軸として xy 平面内にとった平面極座標 (r, φ) の基本ベクトルを $\boldsymbol{e}_r, \boldsymbol{e}_\varphi$ とする．この平面内を運動する質点の平面極座標が，時刻 $t\left(0 \leq t \leq \frac{\pi}{2\omega}\right)$ の関数として，$r(t) = 2a\cos\omega t$, $\varphi(t) = \omega t$ で与えられる (a, ω は正の定数)．

(1) 位置ベクトル $\boldsymbol{r}(t)$，速度ベクトル $\boldsymbol{v}(t)$，加速度ベクトル $\boldsymbol{\alpha}(t)$ を平面極座標の基本ベクトルを用いて表せ．

(2) 極座標で表した軌道の式，およびデカルト座標 x, y で表した軌道の式を求めよ．

【解】(1) 変数の時間微分は

$$\dot{r} = -2a\omega\sin\omega t, \quad \ddot{r} = -2a\omega^2\cos\omega t, \quad \dot{\varphi} = \omega, \quad \ddot{\varphi} = 0$$

となるので ○ 公式に代入

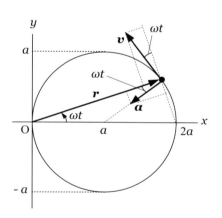

$$\boldsymbol{r} = 2a\cos\omega t\, \boldsymbol{e}_r,$$
$$\boldsymbol{v} = 2a\omega(-\sin\omega t\, \boldsymbol{e}_r + \cos\omega t\, \boldsymbol{e}_\varphi),$$
$$\boldsymbol{\alpha} = -4a\omega^2(\cos\omega t\, \boldsymbol{e}_r + \sin\omega t\, \boldsymbol{e}_\varphi)$$

と得られる．

(2) 極座標で表した軌道の式は，$r(t), \varphi(t)$ から t を消去して

$$r = 2a\cos\varphi$$

と得られる．これを

$$r^2 = 2ar\cos\varphi \quad \rightarrow \quad x^2 + y^2 = 2ax \quad \rightarrow \quad (x^2 - 2ax) + y^2 = 0$$

と変形して，デカルト座標を用いた軌道の式が，

$$\left(\frac{x-a}{a}\right)^2 + \left(\frac{y}{a}\right)^2 = 1$$

と得られる．【終】

浅川 図で中心角は $2\omega t$ だから，原点を通る等速円運動だということがわかるね．

岸辺 v, α の式の ( ) の中は，それぞれ単位ベクトルになっている．

小林 加速度ベクトル α が円の中心を向いていることが，式からもわかる．

西澤 $r = 2a\cos\omega t\, e_r$ を時間微分して，$\dot{e}_r = \dot\varphi e_\varphi, \dot{e}_\varphi = -\dot\varphi e_r$ の関係式を利用することによっても，v と α の式を導くことができました．

大山 その方法もいいですね．それでは，円運動に関係してよく使われる接線・法線加速度について，次に見てみましょう．

☆ **練習 1.51** 質点が xy 平面内を運動している．時刻 t における質点の位置は，平面極座標 (r, φ) により $r = a\omega t, \varphi = \omega t$ と表される（a, ω は正の定数）．

(1) 時刻 $t (\geq 0)$ における位置ベクトル，速度ベクトル，加速度ベクトルを平面極座標の基本ベクトル e_r, e_φ を用いて表せ．

(2) 質点の軌道のグラフを描け．

(3) 時刻 t における位置ベクトルと速度ベクトルのなす角を ψ とするとき，$\cos\psi$ を求めよ．

1.6 接線・法線加速度

大山 質点の軌道上のある点 A から軌道に沿って測った座標を s と表します．質点が時刻 t で点 P にあるとき，その点の近傍の軌道の曲がり具合を 点 P で内接するある円の円弧 によって近似します．

速度方向の単位ベクトルを e_v，内接円の中心方向の単位ベクトルを e_n と書くことにします．質点の速度を $v = v e_v$，内接円の曲率半径を ρ とすると，質点の加速度ベクトルが

$$\alpha = \dot{v} e_v + \frac{v^2}{\rho} e_n$$

○ e_n は曲率中心 C に向かう単位ベクトル

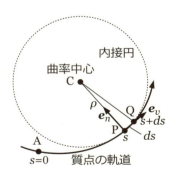

と表せます．右辺の第1項を**接線加速度**，第2項を**法線加速度**と呼びます．

岸辺 接点近傍 (PQ) の軌道の曲がり具合によって，それに合う内接円の半径 ρ が決まっているわけですね．

大山 はい．円軌道以外の一般の曲線軌道では，軌道上の点ごとに内接円の曲率半径は違ってくることになります．直線軌道の場合は，曲率半径は無限大として考えます．次の問題を見てみましょう．

□□□ **接線・法線加速度** □□□

> **問題 1.6A** 半径 a の円周上を質点が運動している．基準点から軌道に沿ってとった座標 s により時刻 t における質点の位置が次のように表されるとき，加速度ベクトルを，それぞれ接線成分 (単位ベクトル $\boldsymbol{e}_v$)，法線成分 (単位ベクトル $\boldsymbol{e}_n$) を用いて表せ (ω, b は正の定数)．
>
> (1) $s = a\omega t$ (2) $s = bt^2$

【解】(1) $s = a\omega t$ より $v = \dot{s} = a\omega, \dot{v} = 0$ となるので，加速度ベクトルは ○ 公式に代入

$$\boldsymbol{\alpha} = \dot{v}\,\boldsymbol{e}_v + \frac{v^2}{\rho}\,\boldsymbol{e}_n = a\omega^2\,\boldsymbol{e}_n$$

と得られる．加速度は常に曲率中心方向を向いている．
(2) $s = bt^2$ より $v = \dot{s} = 2bt, \dot{v} = 2b$ となるから，加速度ベクトルは

$$\boldsymbol{\alpha} = 2b\,\boldsymbol{e}_v + \frac{4b^2}{a}t^2\,\boldsymbol{e}_n$$

と求められる． ○ 接線方向にも加速度をもつ円運動
【終】

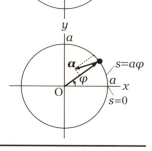

大山 (1) の等速円運動のときは加速度がいつも円の中心方向を向いていますが，等速でない (2) の場合は加速度方向が円の中心から外れてきます．

浅川 (2) では，$\varphi = \dfrac{b}{a}t^2$ なので，角速度は $\dot{\varphi} = \dfrac{2b}{a}t$ となって，時刻とともに

増大していきますね.

☆ **練習 1.61** 質点が直線上を運動している．基準点から軌道に沿ってとった座標 s により質点の位置が $s = at^2$ と表されるとき，速度ベクトルおよび加速度ベクトルを接線成分，法線成分方向の単位ベクトル e_v, e_n を用いた式で表せ（a は正の定数）．

セミナー2日目

── 初めの力学 ──

ここまで，大きな助走を行ってきて，力学を学ぶために必須となる数学的な道具立てを手に入れることができました．いよいよ力学の世界に飛び上ります．初めに，運動の法則について確認してから放物運動の問題を見ていきます．

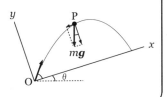

2 運動の法則

2.1 運動の法則

大山 これから，質点の力学に入っていきます．質点の運動はその位置 r，速度 v，加速度 a などの物理量によって特徴づけられます．物理量を各時刻 t で測るためには，**空間の中に基準となる座標系を選ぶ必要があります**．ニュートン力学では，基準座標系として，慣性系と呼ばれる座標系を選びます．慣性系にのって運動を記述するとき，ニュートンの**運動の三法則**が成り立ちます．

そのなかで**第二法則は運動方程式です**．質点の慣性質量を m とすれば，運動量ベクトルは $p \equiv mv$ と定義されます．物体の運動量を変化させる原因として力と呼ばれる概念を導入します．「運動量に変化が生じたとき，物体に力というものが作用した」と考えるわけです．質点に作用する力を F と表すと，**慣性系で観測したとき**

$$\frac{dp}{dt} = F$$

が成り立ちます．これは**ニュートンの運動方程式**と呼ばれ，ニュートン力学の**基礎方程式**となっています．もし，**運動の間に質点の質量が変化しなければ**，上式は次のように書けます．

$$m\frac{dv}{dt} = F \quad \text{または} \quad m\frac{d^2r}{dt^2} = F \quad \text{または} \quad ma = F$$

浅川 どんな座標系なら慣性系なのですか．

大山 惑星の運動を考えるときには，太陽の中心に座標原点 O を選び，互いに直交する 3 つの座標軸方向を恒星に対して変らない方向にとったものを慣性系として用います．

地表に原点 O と x, y 軸をとり，鉛直上方に z 軸をとったデカルト座標系を慣性系として物体の運動を考えることがありますが，これは初めにあげた慣性系に対して公転と自転の回転運動をしていますから厳密には慣性系といえません．

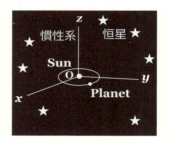

浅川 それなのにニュートンの運動方程式をたてて運動を扱っていいのは，なぜでしょうか．

大山 地表に固定した座標系で物体の運動をみたとき，地球の回転の影響としては公転より自転の方が大きいのですが，自転による効果のうち一部は重力加速度の中に取り込まれます．地表付近の狭い範囲で短い時間の間に起こる運動においては，他の自転の効果はごくわずかなものであるとして無視すると，地表に固定した座標系での運動を，慣性系における運動として近似的に記述していけることになります．

運動への自転の影響を考慮した記述については，9 日目の非慣性系における運動のところで取り上げる予定です．

作用と反作用が同時に働く，という第三法則もいろんなところで出てきますが，特に，質点系の法則 を探すときに大事になります．それでは，運動方程式を解く例として，初めに放物運動を考えてみましょう．

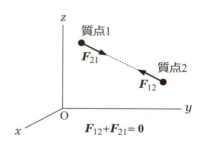

2.2 放物運動

☆☆☆ 以後このセミナーのなかで，特に断りなく g を重力加速度の大きさとして使うことにします．☆☆☆

大山 はじめに水平な地面の点から質点を投げ出す問題を調べてみましょう．

□□□ **放物運動** □□□

問題 **2.2A** 水平な地面の点 O から，質量 m の質点を，水平と角度 φ をなす方向に投げ上げた $(0 < \varphi \leq \frac{\pi}{2})$．点 O を座標原点とし，地面に沿った水平方向に x 軸および z 軸を，鉛直上方に y 軸正方向を選んで考える．重力加速度ベクトルは，どの点においても $-g\boldsymbol{j}$ で与えられる．投げ上げた時刻を $t = 0$ とし，初速度ベクトルは $\boldsymbol{v}_0 = v_0 \cos\varphi \boldsymbol{i} + v_0 \sin\varphi \boldsymbol{j}$ であったとする (v_0 は正の定数)．

(1) 時刻 $t\, (\geq 0)$ における位置ベクトルと速度ベクトルを求めよ．

(2) 質点の軌道の式を求めよ (ただし $0 < \varphi < \frac{\pi}{2}$)．

【解】(1) 質点の運動方程式 $m(\alpha_x \boldsymbol{i} + \alpha_y \boldsymbol{j} + \alpha_z \boldsymbol{k}) = -mg\boldsymbol{j}$ の x, y, z 成分は

$$m\frac{dv_x}{dt} = 0, \quad m\frac{dv_y}{dt} = -mg, \quad m\frac{dv_z}{dt} = 0$$

と書ける．x 成分を積分すると $v_x = c_1$ (c_1 は積分定数) となる．この式は，あらゆる時刻で成り立たなければならないので，$t = 0$ においても成り立っていなければならない．$t = 0$ のときに $v_x = v_0 \cos\varphi$ なので，定数 c_1 は $v_0 \cos\varphi = c_1$ と決定される．したがって，あらゆる時刻で $v_x = v_0 \cos\varphi$ となる．こ

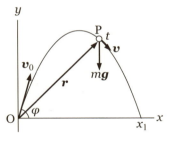

れは

$$\frac{dx}{dt} = v_0 \cos\varphi$$

であるので，両辺に微分 dt をかけると $dx = v_0 \cos\varphi\, dt$ となる．これらの無限小量を足し合わせていく．無限小量の足し算は，$\int$ 記号を左に付けて表す．すなわち

$$\int dx = \int v_0 \cos\varphi\, dt$$

である．積分計算を実行すると

$$x + c_2 = v_0 \cos\varphi \cdot (t + c_3) \quad (c_2, c_3\text{は積分定数})$$

となる．両辺に現れた積分定数の項を右辺に 1 つにまとめると

$$x = v_0 t \cos\varphi + c_4 \quad (c_4\text{は積分定数})$$

と書ける．**初期条件**は「$t = 0$ のとき $x = 0$」であるから，これを満たすためには $c_4 = 0$ でなければならない．よって，解は $x = v_0 t \cos\varphi$ と得られる．

上で行ったように**不定積分をして積分定数を初期条件から決定する**という方法の代わりに，t と x の対応する区間で定積分を行う方法もある．いまの場合，区間 $0 \sim t$ に区間 $0 \sim x$ が対応する ので，定積分は

$$\int_0^x dx = \int_0^t v_0 \cos\varphi \, dt \qquad \bigcirc \text{初期条件が自動的に入っている}$$

を行うことになる．

次に，y 成分の積分にうつる．$\dfrac{dv_y}{dt} = -g$ の両辺に dt をかけて，定積分を行う．

$$\int_{v_{0y}}^{v_y} dv_y = \int_0^t (-g) dt \quad (\text{ただし } v_{0y} \equiv v_0 \sin\varphi)$$

より

$$\frac{dy}{dt} = v_y = -gt + v_0 \sin\varphi$$

となる．さらに dt をかけて積分すると

$$\int_0^y dy = \int_0^t (-gt + v_0 \sin\varphi) \, dt \qquad \text{より} \qquad y = -\frac{1}{2}gt^2 + v_0 t \sin\varphi$$

となる．

z 成分の積分からは $v_z = 0$，$z = 0$ が得られて，初速度ベクトルが xy 面内にあるとき，後の時刻で常に質点がこの面内にあることを示している．これは，質点をこの面内からはずす力が働かないためである．

以上の結果より，時刻 t における位置ベクトル $\boldsymbol{r}$ と速度ベクトル $\boldsymbol{v}$ は

$$\boldsymbol{r} = v_0 t \cos\varphi\, \boldsymbol{i} + \left(-\frac{1}{2}gt^2 + v_0 t \sin\varphi\right)\boldsymbol{j},$$

$$\boldsymbol{v} = v_0 \cos\varphi\, \boldsymbol{i} + (-gt + v_0 \sin\varphi)\boldsymbol{j}$$

である．

(2) $t = \dfrac{x}{v_0 \cos\varphi}$ を $y(t)$ の式に代入して t を消去すると，**軌道の式**が

$$y = -\frac{g}{2v_0^2 \cos^2\varphi} x^2 + \tan\varphi \cdot x$$

と得られる．これは，**放物線**となっている．【終】

大山 空間の各点に一義的に物理量が対応しているとき，**場** (field) といいます．電場や磁場や重力場などがあります．特に，各点での値がみな同じ場合は，**一様な場**といわれます．この問題では，空間の各点に同じ重力加速度ベクトル $\boldsymbol{g}$ が与えられていますので，**一様な重力場**と呼ばれるベクトル場です．

浅川 一義的とは，どういうことですか．

大山 各点には**一つだけの値が決まっている**，ということです．この場合は各点での $\boldsymbol{g}$ というベクトル量ですね．

岸辺 定積分 $\displaystyle\int_0^t v_0 \cos\varphi\, dt$ を行うときに，積分変数と積分区間を表す文字が同じ記号 t になっているのですが，かまわないのでしょうか．

大山 本来は $\displaystyle\int_0^t v_0 \cos\varphi\, du$ などとダミーの変数の記号を使って書くべきところですが，定積分ではダミー変数の文字 u は計算の後には**結果から消えて**しまうので，**何を使ってもいいわけです**．このセミナーでは，混乱がないと考えられる場合には，簡単のために積分変数として積分区間の記号と同じものを使うことにします．それでは，次の問題を考えてみましょう．

☆ **練習 2.21** 問題 2.2A に関して，次の問に答えよ．

(1) 質点が再び地面に達する時刻 t_1 とそのときの x 座標を求めよ．

(2) 初速度の大きさ v_0 を一定として投射角度 φ を変えていく．地面に達したときの x 座標の値が最大となるのは，φ がいくらの場合か．また，とりう

る x 座標の最大値 x_m と y 座標の最大値 y_m の間には，どのような関係が成り立っているか．

□□□ 放物体の運動可能領域 □□□

> **問題 2.2B** 座標原点 O から，水平方向に x 軸，鉛直上方に y 軸正方向をとった鉛直な xy 面内に，質量 m の質点を x 軸正方向と角度 φ をなす方向に初速度の大きさ $v_0 (>0)$ で投げ上げる $(0 < \varphi \leq \frac{\pi}{2})$．重力場は一様である．初速度の大きさ v_0 を同じにして角度 φ を変えて投げ上げたとき，xy 平面内で質点が到達できる領域と到達できない領域がある．これら2つの領域の境界線の式を求めよ．

【解】 前の問題で求めた軌道の式 $y = -\dfrac{g}{2v_0^2 \cos^2\varphi} x^2 + \tan\varphi \cdot x$ を，三角関数の公式 $1 + \tan^2\varphi = \dfrac{1}{\cos^2\varphi}$ を利用して

$$y = -\frac{gx^2}{2v_0^2}(1+\tan^2\varphi) + x\tan\varphi$$

と変形できる．この等式は，$\boxed{\tan\varphi \text{ に関する 2 次方程式}}$ になっている．2次の項の係数が1となるように変形すると

$$\tan^2\varphi - \frac{2v_0^2}{gx}\tan\varphi + 1 + \frac{2v_0^2 y}{gx^2} = 0$$

と表される．質点が運動できるためには，φ が**実数**でなけばならない．したがって，$\tan\varphi$ も実数でなければならない．方程式の判別式は

$$D' = \left(\frac{v_0^2}{gx}\right)^2 - \left(1 + \frac{2v_0^2 y}{gx^2}\right) \geq 0$$

である．これを変形すると

$$y \leq -\frac{g}{2v_0^2}x^2 + \frac{v_0^2}{2g}$$

が，質点の運動できる領域を与える．よって，領域の境界となる曲線は

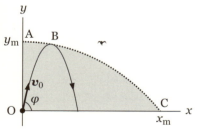

○ 観測される量は実数である

$$y = -\frac{g}{2v_0^2}x^2 + \frac{v_0^2}{2g}$$

と得られる．これは，y 軸上に頂点をもつ放物線である．【終】

浅川 二次方程式を勉強したときに出てきた判別式が，こんな風に使えるんだね．

岸辺 角度が実数でなければならない，というところがこの解法のポイントになっている．

大山 はい．式を変形したり，解の形を探す途中の式では複素数を使って計算することもありますが，実際に観測や測定で求められる量は実数になります．数直線上のどこかにのってくる値 ということです．

小林 境界線が x 軸と y 軸を切る点では，切片が 2:1 の関係 にありますね．

西澤 ここで求めた境界線の式は，点 A から水平方向へ速さ v_0 で質点を投げ出したときに描かれる軌道の式と同じになっていると思うのですが．

大山 気づきましたか．それでは，宿題を出しておきます．

☆ 練習 2.22 同じ質量 m をもつ 2 個の質点 1 と 2 を，一様な重力場の中で運動させる．座標原点 O から水平方向に x 軸，鉛直上方に y 軸正方向をとる．時刻 $t=0$ に，y 軸上の点 $A(0,h)$ から初速度の大きさ v_0 (>0) で，質点 1 を水平と角度 φ_1 をなす方向に，質点 2 を水平と角度 φ_2 をなす方向に投げ上げたところ，どちらの質点も x 軸上の点 $B(a,0)$ に到達した（$0 \leq \varphi_1 \leq \varphi_2 \leq \frac{\pi}{2}$, $h \geq 0$, $a \geq 0$）．質点 1 の到達時刻を t_1，質点 2 の到達時刻を t_2 とする．

(1) $\tan \dfrac{\varphi_1 + \varphi_2}{2}$ を求めよ．

(2) $h=0$ の場合の到達時刻の差 $t_2 - t_1$ を，v_0, g, φ_1 を用いて表せ．

大山 次に，平らな斜面の一点から質点を投げ上げて，質点が空中を運動した後に再び斜面に落ちる場合を見てみましょう．特に断らない限り，空気抵抗は無視できるものとします．この場合には，斜面の最大傾斜方向に x 軸，斜面の法線方向に y 軸をとって方程式をたてると，問題が解きやすくなります．

□□□ 斜面からの物体の投射 □□□

問題 2.2C 水平面と θ $(0 \leq \theta \leq \frac{\pi}{2})$ の角度をなす斜面上の点 O を座標原点として，最大傾斜上方向に x 軸正方向を，斜面の法線方向に y 軸正方向をとる．座標原点から，xy 面内で x 軸と φ $(0 \leq \varphi \leq \frac{\pi}{2} - \theta)$ の角度をなす方向に，時刻 $t=0$ のとき，質量 m の質点を一定の速さ v_0 で投げ上げた．

(1) 時刻 t における速度ベクトルおよび位置ベクトルを求めよ．

(2) 速さ v_0 を同じにしたまま角度 φ を変えたときの，斜面方向の到達距離の最大値 x_m を求めよ．

【解】(1) 運動方程式の x, y 成分は

$$m\ddot{x} = -mg\sin\theta,$$

$$m\ddot{y} = -mg\cos\theta$$

と書ける．x 成分を変形して

$$\frac{dv_x}{dt} = -g\sin\theta$$

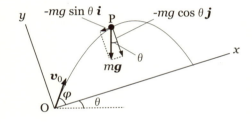

となる．dt をかけて積分すると

$$\int_{v_0\cos\varphi}^{v_x} dv_x = \int_0^t (-g\sin\theta)\,dt \quad \text{より} \quad v_x = -gt\sin\theta + v_0\cos\varphi$$

と得られる．運動方程式の y 成分は

$$\frac{dv_y}{dt} = -g\cos\theta$$

である．dt をかけて積分すると

$$\int_{v_0\sin\varphi}^{v_y} dv_y = \int_0^t (-g\cos\theta)\,dt \quad \text{より} \quad v_y = -gt\cos\theta + v_0\sin\varphi$$

と得られる．よって，時刻 t における速度ベクトルは，次のように表せる．

$$\boldsymbol{v} = (-gt\sin\theta + v_0\cos\varphi)\boldsymbol{i} + (-gt\cos\theta + v_0\sin\varphi)\boldsymbol{j}$$

速度の x 成分 $v_x = \dfrac{dx}{dt} = -gt\sin\theta + v_0\cos\varphi$ に dt をかけて積分すると

$$\int_0^x dx = \int_0^t (-gt\sin\theta + v_0\cos\varphi)\,dt \quad \text{より} \quad x = -\frac{1}{2}gt^2\sin\theta + v_0 t\cos\varphi$$

と得られる．また $v_y = \dfrac{dy}{dt} = -gt\cos\theta + v_0\sin\varphi$ に dt をかけて積分すると

$$\int_0^y dy = \int_0^t (-gt\cos\theta + v_0\sin\varphi)\,dt \quad \text{より} \quad y = -\frac{1}{2}gt^2\cos\theta + v_0 t\sin\varphi$$

と得られる．よって，時刻 t における位置ベクトルは，次のように表せる．

$$\bm{r} = \left(-\frac{1}{2}gt^2\sin\theta + v_0 t\cos\varphi\right)\bm{i} + \left(-\frac{1}{2}gt^2\cos\theta + v_0 t\sin\varphi\right)\bm{j}$$

(2) $y = 0$ となる時刻 $t_\mathrm{f}\,(>0)$ は

$$-\frac{1}{2}gt\cos\theta + v_0\sin\varphi = 0 \quad \text{より} \quad t_\mathrm{f} = \frac{2v_0}{g}\cdot\frac{\sin\varphi}{\cos\theta}$$

のときである．したがって，斜面への落下地点の x 座標は

$$x_\mathrm{f} = \frac{v_0^2}{g\cos^2\theta}\bigl[\sin(\theta + 2\varphi) - \sin\theta\bigr] \qquad \bigcirc\ x_\mathrm{f} \text{ は } \varphi \text{ の関数}$$

と計算される．x_f を最大とするのは $\sin(\theta + 2\varphi) = 1$ より

$$\varphi = \frac{1}{2}\left(\frac{\pi}{2} - \theta\right)$$

の場合となる．x_f の最大値は次のように得られる．

$$x_\mathrm{m} = \frac{v_0^2}{g\cos^2\theta}(1 - \sin\theta) = \frac{v_0^2}{g(1 + \sin\theta)} \quad \text{【終】}$$

　岸辺　解答例では定積分で計算していますね．
　大山　ええ．不定積分をして積分定数を初期条件から決めるのがオーソドックスな方法ですが，慣れてきたら定積分の方が計算が早くできます．**定積分**では

初期条件が積分区間に入っているためです．

西澤 この例で，$\theta = 0$ とおけば，前に解いた水平面上で投げてまた落ちてくる運動の式が全部得られますよね．

岸辺 同じ速さで水平面となす角度を変えて投げ出すと，面と45°をなす角度のときが，投げ出したのと同じ水平面に到達したとき一番遠くなるんだった．

浅川 斜面に沿った最大到達距離を与える角度は，**鉛直上方と斜面とがなす角を二等分した方向の角度**になってるね．

岸辺 だから水平のときは 45° になるわけですか．

小林 $\theta = 0$ だと $x_\mathrm{m} = \dfrac{v_0^2}{g}$ だけど，$\theta = \dfrac{\pi}{2}$ だと $x_\mathrm{m} = \dfrac{v_0^2}{2g}$ になるから，水平面の場合の最大水平到達距離は，鉛直上方へ投げ上げたときの最大上方到達距離のちょうど 2 倍になってることもわかります．

大山 はい．結果の式が導けてほっとすると思いますが，あとはゆっくりその**結果の式の物理的意味を考察する**ことが大事です．どこまで気づけるかはその人次第なので，力が問われますね．

☆ **練習 2.23** 水平面と θ の角度をなす斜面上の点 O から，時刻 $t=0$ に質量 m の質点を速さ v_0 で斜面に垂直な方向 (斜面の法線方向) に投げ上げた．

点 O を原点とし，斜面下方に x 軸，法線方向に y 軸をとって考える．

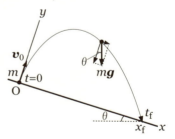

(1) 質点に対する運動方程式を解いて，時刻 t における速度ベクトル $\boldsymbol{v}$ および位置ベクトル $\boldsymbol{r}$ の x 成分および y 成分をそれぞれ求めよ．

(2) 質点が斜面に到達する時刻 t_f および位置 x_f を求めよ．

2.3 抵抗力を受ける放物体

大山 放物体に抵抗力が働かない場合には，放物線を描く運動をすることを見てきましたが，抵抗力が働く場合は運動の様子が違ってきます．**抵抗力が速度に比例する場合**について調べてみましょう．

◻◻◻ 斜面からの垂直投射 ◻◻◻

問題 2.3A 質量 m の質点が，時刻 $t=0$ に速さ v_0 で，水平と角度 θ をなす斜面上の点 (座標原点とする) から斜面の法線方向に投げ出された．質点は速度 $\boldsymbol{v}$ に比例した抵抗力 $-m\beta\boldsymbol{v}$ および重力を受けて空中を運動した後，斜面に到達した (β は正の定数)．原点から落下地点に向かう方向に x 軸を，斜面の法線方向に y 軸を選んで，斜面に到達するまでの間の時刻 t での運動を考える．

(1) 時刻 t における速度の x 成分と y 成分を求めよ．

(2) 時刻 t における質点の x 座標および y 座標を求めよ．

(3) 質点が斜面から最も離れた時刻を求めよ．

【解】(1) 運動方程式の x, y 成分は

$$m\dot{v}_x = mg\sin\theta - m\beta v_x,$$

$$m\dot{v}_y = -mg\cos\theta - m\beta v_y$$

と書ける．x 成分を変形して

$$\dot{v}_x + \beta v_x = g\sin\theta$$

となる．この方程式の同次方程式

$$\dot{v}_x + \beta v_x = 0$$

を変数分離形

$$\frac{dv_x}{v_x} = -\beta\, dt$$

に変形して積分すると

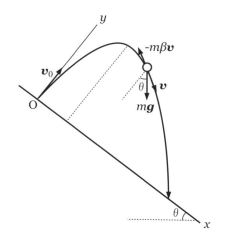

$$\int \frac{dv_x}{v_x} = \int (-\beta)\, dt \quad \text{より} \quad \ln|v_x| = -\beta t + c_1 \quad (c_1 \text{は積分定数})$$

となり，同次方程式の一般解 $v_{x1}(t)$ が $v_{x1} = c_2 e^{-\beta t}$ (c_2 は定数) と得られる．もとの方程式の特解として，定数解 $v_{x2} = \dfrac{g}{\beta}\sin\theta$ を選ぶ．これらより，もとの方程式の一般解は

$$v_x = v_{x1} + v_{x2} = c_2 e^{-\beta t} + \frac{g}{\beta} \sin\theta \qquad \bigcirc\ v_{x1} + v_{x2}\ \text{が一般解}$$

と書ける．**初期条件**「$t=0$ のとき $v_x = 0$」は $0 = c_2 + \frac{g}{\beta}\sin\theta$ より $c_2 = -\frac{g}{\beta}\sin\theta$ のとき満たされるから，解は次のように得られる．

$$v_x = \frac{g}{\beta}\sin\theta\,(1 - e^{-\beta t}) \qquad \bigcirc\ \text{指数関数的に一定値に漸近する}$$

y 成分については，運動方程式が $\dot v_y + \beta v_y = -g\cos\theta$ である．同次方程式 $\dot v_y + \beta v_y = 0$ を変数分離形に変形して積分して，一般解が $v_{y1} = c_3 e^{-\beta t}$ (c_3 は定数) と得られる．もとの方程式の特解として，定数解 $v_{y2} = -\frac{g}{\beta}\cos\theta$ を選ぶ．これらより，もとの方程式の一般解は

$$v_y = v_{y1} + v_{y2} = c_3 e^{-\beta t} - \frac{g}{\beta}\cos\theta$$

と書ける．初期条件「$t=0$ のとき $v_y = v_0$」を適用すると次のように得られる．

$$v_y = \left(v_0 + \frac{g}{\beta}\cos\theta\right)e^{-\beta t} - \frac{g}{\beta}\cos\theta$$

(2) v_x の式 $\dfrac{dx}{dt} = \dfrac{g}{\beta}\sin\theta\,(1 - e^{-\beta t})$ に dt をかけて積分する．

$$\int dx = \int \frac{g}{\beta}\sin\theta\,(1 - e^{-\beta t})\,dt \quad \text{より} \quad x = \frac{g}{\beta}\sin\theta\left(t + \frac{1}{\beta}e^{-\beta t}\right) + c_4$$

となる (c_4 は積分定数)．これに，初期条件「$t=0$ のとき $x=0$」を適用して

$$x = \frac{g}{\beta}\sin\theta\left[t - \frac{1}{\beta}(1 - e^{-\beta t})\right]$$

と得られる．y 成分についても同様に v_y の式

$$\frac{dy}{dt} = \left(v_0 + \frac{g}{\beta}\cos\theta\right)e^{-\beta t} - \frac{g}{\beta}\cos\theta$$

に dt をかけて積分する．

$$\int dy = \int \left[\left(v_0 + \frac{g}{\beta}\cos\theta\right)e^{-\beta t} - \frac{g}{\beta}\cos\theta\right]dt$$

より
$$y = -\frac{1}{\beta}\left(v_0 + \frac{g}{\beta}\cos\theta\right)e^{-\beta t} - \frac{g}{\beta}t\cos\theta + c_5 \qquad (c_5\text{は積分定数})$$
となる．初期条件「$t=0$ のとき $y=0$」を適用して解は次のように得られる．
$$y = \frac{1}{\beta}\left(v_0 + \frac{g}{\beta}\cos\theta\right)(1 - e^{-\beta t}) - \frac{g}{\beta}t\cos\theta$$

(3) 斜面から最も離れる時刻 t_1 では，$v_y = 0$ であるから
$$0 = \left(v_0 + \frac{g}{\beta}\cos\theta\right)e^{-\beta t} - \frac{g}{\beta}\cos\theta$$
より，$t_1 = \dfrac{1}{\beta}\ln\left(1 + \dfrac{\beta v_0}{g\cos\theta}\right)$ と得られる．【終】

大山 この問題では，**非同次線形微分方程式**を解きます．速度の x 成分 v_x は
$$\dot{v}_x + \beta v_x = g\sin\theta$$
の解です．v_x が入っている項はすべて左辺に移します．このとき残った右辺は**外力項**と呼ばれ，一般的には時刻 t の関数 $f(t)$ ですが，この問題では定数となっています．

外力項すなわち右辺を 0 とした微分方程式は，もとの方程式の**同次方程式**といわれます．ここでは $\dot{v}_x + \beta v_x = 0$ ですね．この同次方程式の一般解を $v_{x1}(t)$ とします．また，もとの方程式の特解を $v_{x2}(t)$ とします．すると $v_{x1}(t)$ の中に積分定数が含まれていますから
$$v_x(t) = v_{x1}(t) + v_{x2}(t) \qquad \bigcirc\text{ 特解の集合を表すものが一般解}$$
がもとの微分方程式の**一般解**になります．

浅川 一般解というのは積分定数を含んだ解のことですね．

大山 はい，**積分定数にいろいろな値をいれても微分方程式の解になり得る**ので，一般解と呼ばれるわけです．微分方程式を 1 回積分するごとに，1 つの積分定数が積分された式に入ってきますので，**一般解は最高階の階数だけ積分定数を含んでいる**ことになります．いまの場合は v_x に関して 1 階微分方程式ですから，v_{x1} に 1 個の積分定数を含みますね．

> **計算**
> 　同次微分方程式 $\dot{v}_x + \beta v_x = 0$ の一般解 $v_{x1}(t)$ は 1 個の積分定数を含んでいて，$\dot{v}_{x1} + \beta v_{x1} = 0$ が成り立つ．
> 　非同次微分方程式 $\dot{v}_x + \beta v_x = g\sin\theta$ の特解 $v_{x2}(t)$ について $\dot{v}_{x2} + \beta v_{x2} = g\sin\theta$ が成り立つ．ここで $v_{x3}(t) = v_{x1} + v_{x2}$ とおくと
> $$\begin{aligned}\dot{v}_{x3} + \beta v_{x3} &= \dot{v}_{x1} + \dot{v}_{x2} + \beta v_{x1} + \beta v_{x2}\\ &= (\dot{v}_{x1} + \beta v_{x1}) + (\dot{v}_{x2} + \beta v_{x2})\\ &= g\sin\theta\end{aligned}$$
> となるので，$v_{x3}(t)$ は非同次微分方程式の解である．v_{x1} の中に 1 個の任意定数を含んでいるので，$v_{x3}(t)$ は非同次微分方程式の一般解と言える．

浅川 特解として，どんなものをもってきたらいいんでしょうか．

大山 特解は，もとの方程式を満たしていればどんなものでもいいです．簡単にみつかるような解を使うのが楽ですね．いまの場合でいえば，定数解が見つけやすいのです．微分したら 0 になりますから，$\dot{v}_x = 0$ とおいた $\beta v_x = g\sin\theta$ を解けばいいわけです．$v_{x2} = \dfrac{g}{\beta}\sin\theta$ と得られますから，あとは v_{x1} と v_{x2} を足して一般解 $v_x(t)$ となります．初期条件を適用して積分定数を特定の値に決定してやれば，求める解が得られます．

岸辺 同次方程式の一般解を，変数分離法で求めていますね．

大山 非同次方程式より同次方程式の方が，**外力項がないぶん簡単に解ける**わけです．この場合には変数分離法が使えました．

西澤 v_x の方程式を
$$\frac{dv_x}{dt} = -\beta\left(v_x - \frac{g}{\beta}\sin\theta\right)$$
と変形すると，解答例の方法を使わなくても，**変数分離法で一気に解けてしまい**そうですが．

大山 その通りです．線形微分方程式の解法はいろいろあります．そのうちの一つとして，ここで取りあげた方法を使えるようにしておくといいでしょう．

小林 この問題で $\beta \to 0$ とすると，すぐ前の宿題と同じ方程式になっているようなんです．解についても $\beta \to 0$ とすれば前の宿題と同じになるはずだと思うのですが．でも，$\beta \to 0$ とおいて計算しようと思ったら，v_x, v_y, x, y の極限に不定形が出てくるんです．

大山 そこで，ロピタルの定理とテイラー展開が活躍します．

☆ **練習 2.31** 問題 2.3A において，$\beta \to 0$ の極限を考えたとき，v_x, x はそれぞれどのような値に収束するか．

☆ **練習 2.32** 時刻 $t=0$ に，質量 m の質点を，速さ v_0 で水平と角度 θ をなす斜面上の点 O(座標原点とする) から投げ出した ($0 < \theta < \frac{\pi}{2}$)．初速度の向きは斜面の法線方向から角度 θ だけ斜面下方へ傾いた方向であった．質点は速度 v に比例した抵抗力 $-m\beta v$ および重力を受けて空中を運動した後，斜面に到達した (β は正の定数)．

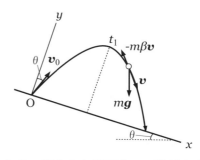

質点が斜面から最も離れた時刻 t_1 とそのときの質点から斜面までの距離を求めよ．

大山 ニュートンの運動方程式によって記述される放物線を描く運動は，身近なところでも見ることのできる運動です．身のまわりでどのような放物線を描く運動があるか，探してみてください．

ジャグリング(放物運動)

セミナー3日目

― 単振動から複雑な振動へ ―

放物運動で，運動方程式を解く基本的な手法を身につけることができましたので，もう一つの代表的運動である振動の現象を取り扱えるようにしていきます．初めは，基本的な単振動 (1次元調和振動) から見ていきます．

3 振動

3.1 単振動

大山 3日目は，運動の例として，**振動**する質点の問題を調べてみましょう．わたし達の身の回りには，振動する現象がたくさんあります．公園のブランコの運動やばねにつながれた物体の振動などは，直接見ることができます．円運動のような**周期運動**も，直交する2方向の振動を重ね合わせたものとして記述できます．

力学的な振動ばかりでなく，電気回路を流れる電流は電気的に振動します．また，媒質が振動すると**波**として振動が伝播していきます．水面に一石を投じると波紋がその表面を伝わっていきます．電磁波は真空中でも電場と磁場が振動して，空間の中を伝播していきます．

これらの振動の基本となるのが**単振動**ですので，まず単振動の振る舞いと記述の仕方を見ていきましょう．

□□□ 単振動 □□□

問題 3.1A 質量 m の質点が復元力 $-kx\,\boldsymbol{i}$ を受けながら x 軸上を運動する (k は正の定数)．初めの時刻 $t=0$ において $x=a, \dot{x}=b$ であった (a, b は正の定数)．時刻 t における位置座標 x および速度 $v\,(=\dot{x})$ を求めよ．

【解】運動方程式は $m\ddot{x}\boldsymbol{i} = -kx\boldsymbol{i}$ であるから

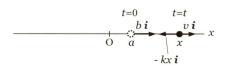

$$\ddot{x} = -\frac{k}{m}x$$

となる．　○ 微分方程式は最高階の係数を1にして考える

系に固有な定数 $\omega \equiv \sqrt{\dfrac{k}{m}}$ を用いて，一般解を

$$x = A\sin(\omega t + \phi)$$

○ 振動の問題ではいきなり一般解をおく

とおく (A, ϕ は定数)．速度は，この式を時間微分して

$$v = \dot{x} = A\omega\cos(\omega t + \phi)$$

となる．$x(t)$ と $v(t)$ に初期条件「$t=0$ のとき $x=a, \dot{x}=b$」を適用して

$$a = A\sin\phi, \qquad b = A\omega\cos\phi$$

となる．解は三角関数の加法定理を利用して

$$x(t) = A\sin\omega t\cos\phi + A\cos\omega t\sin\phi = \frac{b}{\omega}\sin\omega t + a\cos\omega t$$
$$= b\sqrt{\frac{m}{k}}\sin\sqrt{\frac{k}{m}}t + a\cos\sqrt{\frac{k}{m}}t$$

と得られる．速度は，$x(t)$ を時間微分して，次のようになる．

$$v(t) = \dot{x} = b\cos\sqrt{\frac{k}{m}}t - a\sqrt{\frac{k}{m}}\sin\sqrt{\frac{k}{m}}t \qquad 【終】$$

浅川　いままで解いてきた放物体の運動と，解き方がずいぶん違ってるんですけど．積分もせずにいきなり一般解を見つけてしまってますね．これでいいんでしょうか．

大山　微分方程式は方程式ですから，特定のものだけが満たすことができます．それを見つけることができればいいわけで，そのための方法はいろいろあっ

ても，最終的に得られる初期条件を満たした解は同じになります．

浅川 そうなんですか．とにかく見つけてしまえばいいんですね．

大山 はい．一般的に，運動方程式は，位置座標に関する 2 階の微分方程式ですから，位置を時刻 t の関数として得るためには 2 回積分するのがオーソドックスな方法です．1 回積分するごとに，積分定数が一般解に 1 個入ってくるので，**位置変数の一般解は 2 個の積分定数を含むことになりますね**．ですから，**2 個の任意定数を含む解を何らかの方法で見つけてしまえば積分を実際にしなくてもよいことになります**．

浅川 どんな方法を使えば，見つけることができるのでしょうか．

大山 振動系の定数 m, k からつくられる固有定数を $\omega \equiv \sqrt{\dfrac{k}{m}}$ とおいて考えることにすると，運動方程式は $\ddot{x} = -\omega^2 x$ と書けます．このように，**微分方程式を扱うときは最高階の係数を 1 にすると考えやすくなります**．この形は，x を 2 回微分すると自分自身にもどってきて，かつ負符号と定数 ω^2 がかかってくることを表しています．そのような関数はいくつかあります．

岸辺 それが $A\sin(\omega t + \phi)$ なんですね．A と ϕ を 2 個の任意定数として．

西澤 $A\cos(\omega t + \phi)$ でもいいんじゃないでしょうか．

小林 $\sin \omega t$ とか $\cos \omega t$ だけでも，方程式を満たしているけど．

大山 いま出てきたのは，みんな方程式を満たしていますね．それ以外に，複素関数で $e^{i\omega t}$ や $e^{-i\omega t}$ も方程式を満たしています．i はもちろん虚数単位です．$A\sin(\omega t + \phi)$ と $A\cos(\omega t + \phi)$ はすでに 2 個の任意定数を含んでいますから，一般解となります．それ以外のものは，任意定数が含まれていませんね．

浅川 じゃあ，$\sin \omega t$ とか $\cos \omega t$ は使えないんですか．

大山 ところが使えるんですね，実は．2 個の任意定数 c_1, c_2 を使って，**線形結合** $c_1 \sin \omega t + c_2 \cos \omega t$ を作れば，これで定数を 2 個もつことになります．

浅川 ええっ，そんな簡単なことなんですか．

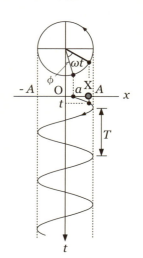

物体Xの単振動

大山　そんな簡単なことなんです．なぜかというと，微分方程式が同次線形微分方程式だからです．いまの場合 x と $\ddot{x}$ の 1 次の項だけですね．外力項もありません．2 階同次線形微分方程式となっています．**同次線形微分方程式では，解を線形結合したものも解になれる**，という大変都合のいいことになっています．つまり，$x_1(t)$ と $x_2(t)$ が解なら $c_1 x_1 + c_2 x_2$ も解になります．ここで c_1, c_2 は任意定数です．もし x_1 と x_2 が線形独立なら，$c_1 x_1 + c_2 x_2$ は**一般解**になれます．したがって，$\sin \omega t, \cos \omega t, e^{i\omega t}, e^{-i\omega t}$ のうちどれか 2 つを線形結合してしまえば，一般解が得られるわけです．

計算

同次線形微分方程式 $\ddot{x} + \omega^2 x = 0$ の独立な解 $x_1(t), x_2(t)$ について $\ddot{x}_1 + \omega^2 x_1 = 0$, $\ddot{x}_2 + \omega^2 x_2 = 0$ が成り立つ．ここで $x_3(t) = c_1 x_1 + c_2 x_2$ (c_1, c_2 は定数) とおくと

$$\begin{aligned}\ddot{x}_3 + \omega^2 x_3 &= c_1 \ddot{x}_1 + c_2 \ddot{x}_2 + c_1 \omega^2 x_1 + c_2 \omega^2 x_2 \\ &= c_1(\ddot{x}_1 + \omega^2 x_1) + c_2(\ddot{x}_2 + \omega^2 x_2) \\ &= 0\end{aligned}$$

となるので，$x_3(t)$ が解であることがわかる．任意に選べる 2 個の定数 c_1, c_2 を含んでいるので，$x_3(t)$ は一般解である．

浅川　線形独立というのは，x_1, x_2 の**片方が他方の定数倍で表せない**ということですね．

大山　はい．よく使われる形は $a_1 \sin \omega t + a_2 \cos \omega t$ ですね．$b_1 e^{i\omega t} + b_2 e^{-i\omega t}$ も使われることがあります．a_1, a_2 は実数定数，b_1, b_2 は複素数の定数です．オイラーの公式を使って変形すれば，両方の形が同等であることが示せます．

西澤　この問題では一般解を $x = A \sin(\omega t + \phi)$ としていますが，なにか理由があるのでしょうか．

大山　初期条件が「$t = 0$ のとき $x = 0$」なら $x = A \sin(\omega t + \phi)$，「$t = 0$ のとき $\dot{x} = 0$」なら $x = A \cos(\omega t + \phi)$ とおけば，いくらか計算が楽になります．

小林　得られた $x(t), v(t)$ が初期条件を満たしてることを確認しました．

大山　そういうチェックは大事ですね．計算ミスを防ぐためにも，今後もぜひ実行してください．

計算
　それぞれの形の一般解を変形すると

(i) $b_1 e^{i\omega t} + b_2 e^{-i\omega t} = (b_1 + b_2)\cos\omega t + i(b_1 - b_2)\sin\omega t$
(ii) $A\sin(\omega t + \phi) = A\sin\omega t\cos\phi + A\cos\omega t\sin\phi$
(iii) $B\cos(\omega t + \phi') = B\cos\omega t\cos\phi' - B\sin\omega t\sin\phi'$

だから

(i) $a_1 = i(b_1 - b_2), \quad a_2 = b_1 + b_2$
(ii) $a_1 = A\cos\phi, \quad a_2 = A\sin\phi$
(iii) $a_1 = -B\sin\phi', \quad a_2 = B\cos\phi'$

と置き換えれば，(i), (ii), (iii) の一般解の形は

(iv) $a_1\sin\omega t + a_2\cos\omega t \quad (a_1, a_2$は実数の定数$)$

と表せる．

岸辺 振動の周期 T [sec] は振動数 ν [sec^{-1}] の逆数だから，$\omega = 2\pi\nu$ の関係から，$T = \dfrac{2\pi}{\omega} = 2\pi\sqrt{\dfrac{m}{k}}$ となりますね．

西澤 角速度の大きさ ω は，原点に引き戻そうとする復元力の強さを表す k と，運動状態を変えまいとする慣性を表す m との比で決まっています．復元力の強さ k が大きければ速く振動し，慣性質量 m が大きければ振動はゆっくりになることがわかります．

浅川 振動が速いか遅いかが，両方の競争で決まるってことですね．

大山 はい．だいぶ理解が進んだところで，次は，ばねが鉛直になっている場合を調べてみましょう．

□□□ ばねに吊るされたおもりの運動 □□□

問題 3.1B 固定点から鉛直に吊るされたばねの下端に質量 m のおもりを取り付けて，ばねが自然長の状態からおもりを静かにはなす．ばね定数を $k(>0)$，おもりをはなした時刻を $t = 0$ とする．おもりをはなした位置を座標原点 O として，鉛直下方に x 軸正方向を選ぶ．時刻 t におけるおもりの位置 $x(t)$，速度 $v(t)$，加速度 $\alpha(t)$ を求めよ．

【解】 質点の運動方程式 $m\dfrac{d^2x}{dt^2} = -kx + mg$ を変形して

$$\dfrac{d^2x}{dt^2} = -\dfrac{k}{m}\left(x - \dfrac{mg}{k}\right)$$

となる．変数 x から変数 z へ変数変換 $z = x - \dfrac{mg}{k}$ を行うと，運動方程式は

$$\dfrac{d^2z}{dt^2} = -\dfrac{k}{m}z$$

と表される．$\omega \equiv \sqrt{\dfrac{k}{m}}$ として，この一般解を

$$z = A\sin(\omega t + \phi) \quad (A, \phi \text{は定数})$$

とおくと，x に対する一般解は

$$x = A\sin(\omega t + \phi) + \dfrac{mg}{k}$$

とすることができる．時間微分して，速度は

$$v = A\omega\cos(\omega t + \phi)$$

となる．初期条件「$t = 0$ のとき $x = 0, v = 0$」を適用すると

$$0 = A\sin\phi + \dfrac{mg}{k}, \quad 0 = A\omega\cos\phi$$

となるので $A = -\dfrac{mg}{k}, \phi = \dfrac{\pi}{2}$ であればよい．したがって，解は

$$x = \dfrac{mg}{k}\left(1 - \cos\sqrt{\dfrac{k}{m}}\,t\right)$$

と得られる．これを時間微分すると，速度は $v = g\sqrt{\dfrac{m}{k}}\sin\sqrt{\dfrac{k}{m}}\,t$ となる．加速度はこれをさらに時間微分して $\alpha = g\cos\sqrt{\dfrac{k}{m}}\,t$ と得られる．**【終】**

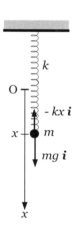

西澤 加速度は，求められた $x(t)$ の形を運動方程式 $\alpha = g - \dfrac{k}{m}x$ に代入しても得ることができました．

　浅川 前の問題と比べて，重力が余分にかかってくるのに，角振動数は同じになってしまうのが，不思議な感じ．

　岸辺 変数変換した z についての運動方程式では，重力がない場合の微分方程式と同じになっているためですね．重力は，平衡点の位置を $\Delta x = \dfrac{mg}{k}$ だけずらすのに使われて，方程式から消えてしまっているわけです．$k\Delta x = mg$ ですから，静かにつり合せたときのばねの伸びだけ自然長の位置から下がった位置に，平衡点が移っています．

　浅川 つまり，外力は振動の平衡点をずらす働きをするわけね．

　西澤 別法として，運動方程式を

$$\ddot{x} + \dfrac{k}{m}x = g$$

と変形してみると，この線形微分方程式の同次方程式を利用して解くこともできると思います．

　浅川 右辺が g だから，特解は定数解を使えば楽に解けそう．

　大山 そうですね．次は外力が時刻 t を含む場合も考えてみましょう．

☆ **練習 3.11** 質量 m の質点が xy 平面内を運動する．時刻 t に質点が受ける力は $\boldsymbol{F} = -ma\omega^2 \cos\omega t\, \boldsymbol{i} - ma\omega^2 \sin\omega t\, \boldsymbol{j}$ である（a, ω は正の定数）．時刻 $t = 0$ のとき $x = a, y = 0, \dot{x} = 0, \dot{y} = a\omega$ とする．時刻 t のときの位置ベクトル $\boldsymbol{r}(t)$ と速度ベクトル $\boldsymbol{v}(t)$ を求めよ．

3.2 外力を受ける振動

　大山 質量 m の質点がばね定数 k のばねからの復元力を受けて x 軸上を単振動するときの運動方程式は，$m\ddot{x} = -kx$ です．この**振動子**，すなわち振動する物体に**復元力以外の時間に依存する力** $mf(t)$ が**外力**として働く場合を考えてみましょう．**固有角振動数** $\omega = \sqrt{\dfrac{k}{m}}$ を用いると，運動方程式は

$$\ddot{x} + \omega^2 x = f(t)$$

○ x を含む項を左辺に集めて考える

と書けます．**外力項** $f(t)$ に具体的な関数形を与えて，その運動を調べてみましょう．

□□□ 外力を受ける振動子の運動 □□□

問題 3.2A 質量 m の質点が，復元力 $-kx\boldsymbol{i}\,(k>0)$ および外力 $(at+b)\boldsymbol{i}$ を受けながら，x 軸上を運動し始めた（a,b は正の定数）．時刻 $t=0$ に座標原点から初速度 0 で運動を始めたとする．時刻 t における位置 $x(t)$ および速度 $v(t)$ を求めよ．

【解】 運動方程式は $m\ddot{x} = -kx + at + b$ である．これを変形して

$$\ddot{x} + \frac{k}{m}x = \frac{a}{m}t + \frac{b}{m}$$

となる．同次方程式の一般解は

$$x_1 = A\sin(\omega t + \phi) \quad \left(A, \phi \text{ は定数}; \omega \equiv \sqrt{\frac{k}{m}}\right)$$

と書ける．もとの方程式の特解として

$$x_2 = c_1 t + c_2 \quad (c_1, c_2 \text{ は定数})$$

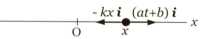

の形のものを探してみる． ○ 外力項が t の1次関数なので特解も1次式

微分して $\dot{x}_2 = c_1$, $\ddot{x}_2 = 0$ であるから，方程式に代入すると

$$0 + \frac{k}{m}(c_1 t + c_2) = \frac{a}{m}t + \frac{b}{m}$$

となる．これがあらゆる時刻で成り立つのは

$$\frac{k}{m}c_1 = \frac{a}{m} \quad \text{かつ} \quad \frac{k}{m}c_2 = \frac{b}{m}$$

となる場合である．これより $c_1 = \dfrac{a}{k},\ c_2 = \dfrac{b}{k}$ と決定されるから，**一般解**は

$$x = A\sin(\omega t + \phi) + \frac{1}{k}(at + b) \quad (A, \phi \text{ は定数})$$

と書ける．微分して $v = A\omega \cos(\omega t + \phi) + \dfrac{a}{k}$ となる．**初期条件**「$t=0$ のとき $x=0, v=0$」は

$$0 = A\sin\phi + \frac{b}{k}, \quad 0 = A\omega\cos\phi + \frac{a}{k}$$

のとき満足されるから $A\sin\phi = -\dfrac{b}{k}$, $A\cos\phi = -\dfrac{a}{\omega k}$ となる．三角関数の**加法定理**を用いて

$$x = A\sin\omega t \cos\phi + A\cos\omega t \sin\phi + \frac{1}{k}(at+b)$$

より ◯ A, ϕ を個別に決めなくても解が得られる

$$x = \frac{a}{k}\left(t - \sqrt{\frac{m}{k}}\sin\sqrt{\frac{k}{m}}t\right) + \frac{b}{k}\left(1 - \cos\sqrt{\frac{k}{m}}t\right)$$

と解が得られる．これを時間微分して，速度は

$$v = \frac{a}{k}\left(1 - \cos\sqrt{\frac{k}{m}}t\right) + \frac{b}{k}\sqrt{\frac{k}{m}}\sin\sqrt{\frac{k}{m}}t$$

となる．質点は振幅 $|A|$ で振動しつつ，振動の中心が $\dfrac{at+b}{k}$ に従って変化していく．【終】

大山 定数 c_1, c_2 を決定するとき，等式のすべての項を左辺に集めて，t の次数による同類項に整理すると $(kc_1 - a)t + (kc_2 - b) = 0$ となりますね．もとの微分方程式の**解はあらゆる時刻で方程式を満たしている**必要があるので，すべての時刻で上の等式が成り立つような定数 c_1, c_2 を選ばなければならないことになります．したがって，t の各次数の項の係数が 0 になるときだけ，条件に合います．

浅川 外力が t の 1 次式で与えられているので，特解を探すときも t の 1 次式を調べてみるのがいいわけですね．

岸辺 その特解のために，振動の平衡位置が時刻とともに，1 次式 $\dfrac{at+b}{k}$ にしたがって**原点からずれていく**ことになっています．

大山 それが 外力の効果 ですね．さて次は，振動系に対して，速度に比例した抵抗力が働く問題です．

3.3　減衰振動

大山　振動子に**速度**に比例した**抵抗力**が働く場合の運動を調べます．まず，次の問題を考えてみましょう．

◻︎◻︎◻︎ **抵抗力が働く振動子の運動** ◻︎◻︎◻︎

> **問題 3.3A**　質量 m の質点が復元力および速度に比例した抵抗力を受けつつ x 軸上を運動しはじめた．運動方程式は $m\ddot{x} = -m\omega^2 x - \frac{6}{5}m\omega\dot{x}$　（ω は正の定数）と表される．運動を始めた時刻 $t=0$ において，$x=0, \dot{x}=v_0\,(>0)$ であった．$x(t)$ および $\dot{x}(t)$ を求めよ．

【解】（1）運動方程式

$$m\ddot{x} = -m\omega^2 x - \frac{6}{5}m\omega\dot{x}$$

を変形して

$$5\ddot{x} + 6\omega\dot{x} + 5\omega^2 x = 0$$

となる．解として $x = e^{\lambda t}$ （λ は定数）の形のものを探してみる．

運動方程式に代入して

$$(5\lambda^2 + 6\omega\lambda + 5\omega^2)e^{\lambda t} = 0$$

となる．これがあらゆる時刻で成り立つためには $5\lambda^2 + 6\omega\lambda + 5\omega^2 = 0$ でなければならない．これより $\lambda = \frac{1}{5}(-3 \pm 4i)\omega$ となる．**一般解**を

$$x = c_1 e^{\frac{1}{5}(-3+4i)\omega t} + c_2 e^{\frac{1}{5}(-3-4i)\omega t}$$

○ 独立な解の線形結合

とおく（c_1, c_2 は定数）．時間微分して，速度は

$$\dot{x} = \frac{1}{5}(-3+4i)\omega\, c_1 e^{\frac{1}{5}(-3+4i)\omega t} + \frac{1}{5}(-3-4i)\omega\, c_2 e^{\frac{1}{5}(-3-4i)\omega t}$$

となる．初期条件「$t=0$ のとき $x=0, \dot{x}=v_0$」を適用して

$$c_1 + c_2 = 0, \quad (-3+4i)\omega\, c_1 + (-3-4i)\omega\, c_2 = 5v_0$$

となる．c_1, c_2 についての上の連立方程式を行列式を用いて解くと

$$c_1 = \frac{\begin{vmatrix} 0 & 1 \\ 5v_0 & (-3-4i)\omega \end{vmatrix}}{\begin{vmatrix} 1 & 1 \\ (-3+4i)\omega & (-3-4i)\omega \end{vmatrix}} = \frac{-5v_0}{-8\omega i} = -\frac{5v_0}{8\omega}i$$

および

$$c_2 = \frac{\begin{vmatrix} 1 & 0 \\ (-3+4i)\omega & 5v_0 \end{vmatrix}}{\begin{vmatrix} 1 & 1 \\ (-3+4i)\omega & (-3-4i)\omega \end{vmatrix}} = \frac{5v_0}{-8\omega i} = \frac{5v_0}{8\omega}i$$

と得られる．よって，解は

$$x = -\frac{5v_0}{8\omega}i\, e^{\frac{1}{5}(-3+4i)\omega t} + \frac{5v_0}{8\omega}i\, e^{\frac{1}{5}(-3-4i)\omega t}$$
$$= \frac{5v_0}{4\omega} e^{-\frac{3}{5}\omega t} \sin \frac{4}{5}\omega t$$

となる．時間微分すると，速度が

$$\dot{x} = \frac{v_0}{4} e^{-\frac{3}{5}\omega t} \left[-3\sin \frac{4}{5}\omega t + 4\cos \frac{4}{5}\omega t \right]$$

と得られる．【終】

浅川 いきなり解を $e^{\lambda t}$ とおいて解き始めてるけど，どうしてこれが解になるってわかるのですか．

大山 解になれるかもしれないと期待して，ためしに方程式に代入してみると，条件 $5\lambda^2 + 6\omega\lambda + 5\omega^2 = 0$ を満たす λ なら解になれることが明らかになります．**微分方程式を解く問題が代数方程式を解く問題に帰着されるわけです．**

浅川 いろいろな関数があるなかで，この形を選んだのはなぜですか．

大山 この場合すべての項が x やその導関数になっていることに注目します．指数関数は微分してももとの形の定数倍になる性質がありますから，**すべての項が同じ指数関数の何倍かで表せることになります．**そうすると因数分解して，

時刻 t を含む因数である指数関数を外へくくり出せます．そういうことが問題を見たときに頭に浮かぶわけです．

浅川 そういう解き方の筋道がいろいろな問題で見えてくるようになるため，努力してみます．

大山 経験を積んでいけば，直観力もついてくるのではないでしょうか．

小林 ここでは c_1, c_2 に対する連立方程式を，行列式を使って解いていますね．普通に，消去法とかで解いてもいいと思うのですが．

大山 もちろん，それでもいいですよ．**行列式を使う方法はどれをどう消去するかという点で悩まなくてもいいので，思考を節約できるメリットがあります**から，使えるようにしておくと便利です．未知数 x と y の連立方程式について

$$\left.\begin{array}{l} a_1 x + b_1 y = c_1 \\ a_2 x + b_2 y = c_2 \end{array}\right\} \quad \text{のとき} \quad x = \frac{\begin{vmatrix} c_1 & b_1 \\ c_2 & b_2 \end{vmatrix}}{\begin{vmatrix} a_1 & b_1 \\ a_2 & b_2 \end{vmatrix}}, \quad y = \frac{\begin{vmatrix} a_1 & c_1 \\ a_2 & c_2 \end{vmatrix}}{\begin{vmatrix} a_1 & b_1 \\ a_2 & b_2 \end{vmatrix}}$$

と計算できます．この行列式の方法は，もっと未知数の多い連立方程式でも同じように使えます．

小林 なるほど．行列式を使ったのには，理由があったのですね．

岸辺 ところで，$x(t)$ をグラフに表すときは，2つの指数関数 $\pm \dfrac{5v_0}{4\omega} e^{-\frac{3}{5}\omega t}$ の間で変化して，それらに内接するように描けばいいのですね．

大山 はい．接点と極大，極小になる点とは違っていることに注意して描いてください．それでは次に，強制振動を調べてみましょう．

☆ **練習 3.31** 質量 m の質点が，時刻 $t=0$ から x 軸上を減衰振動する．質点の x 座標は，$x = a e^{-\omega t} \cos \omega t$ である (a, ω は正の定数)．

(1) この運動における x の最小値を求めよ．

(2) 質点には，x に比例する力 $F_1(x)\,\boldsymbol{i}$ と，速度 $\dot{x}$ に比例する力 $F_2(\dot{x})\,\boldsymbol{i}$ が働いていることがわかっている ($\boldsymbol{i}$ は x 軸正方向の単位ベクトル)．$F_1(x), F_2(\dot{x})$ を求めよ．

3.4 強制振動

大山 振動子が一般的に固有角振動数と異なる角振動数をもつ外力を受けて運動する場合を調べてみましょう．

□□□ 強制振動を受ける振動子 □□□

問題 3.4A 質量 m の質点が，ばね定数 $m\omega^2$ のばねの右端に取り付けられ，水平で滑らかな台の上におかれている (ω は正の定数，変位は右向きを正とする)．時刻 $t = 0$ のとき，ばねは自然長となっていて，質点は静止していた．

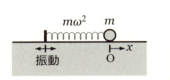

質点の静止位置を原点として，右へ x 軸正方向をとる．時刻 $t = 0$ から，ばねの左端を $a\sin 2\omega t$ と振動させた (a は正の定数)．質点には，ばねからの力の他に，速度 $\dot{x}$ に比例する抵抗力 $-2m\omega\dot{x}$ が働く．時刻 t における質点の位置 $x(t)$ を求めよ．

【解】(1) 質点には，ばねからの力と抵抗力が働くので，運動方程式は

$$m\ddot{x} = -m\omega^2(x - a\sin 2\omega t) - 2m\omega\dot{x}$$

と書ける．変形して

$$\ddot{x} + 2\omega\dot{x} + \omega^2 x = \omega^2 a \sin 2\omega t$$

となる．同次方程式は臨界制動の式となっているので，同次方程式の一般解を $x_1(t) = (A_0 t + B_0)e^{-\omega t}$ とする (A_0, B_0 は定数)．

ここで，もとの微分方程式の特解を見つけるために，**複素数 z についての微分方程式**

$$\ddot{z} + 2\omega\dot{z} + \omega^2 z = \omega^2 a\, e^{2i\omega t} \qquad \bigcirc\ \sin 2\omega t\ なので虚部が対応する$$

を考える．$x(t)$ はこの方程式の解 $z(t) = A\, e^{i(2\omega t + \phi)}$ の虚数部分で与えられる (A, ϕ は定数)．方程式に代入して

$$(-3+4i)A\,e^{2i\omega t}\,e^{i\phi} = a\,e^{2i\omega t}$$

となる．これがあらゆる時刻で成り立つためには $(-3+4i)A\,e^{i\phi}=a$ であればよい．変形して

$$A(-3\cos\phi - 4\sin\phi) + iA(-3\sin\phi + 4\cos\phi) = a$$

となる．**実数部分，虚数部分がそれぞれ左辺と右辺で等しい**から

$$A = -\frac{a}{3\cos\phi + 4\sin\phi}, \qquad \tan\phi = \frac{4}{3}$$

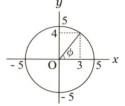

である．第2式から $\cos\phi = \frac{3}{5}$, $\sin\phi = \frac{4}{5}$ として，第1式に代入すると $A = -\frac{1}{5}a$ と得られる．**特解は虚数部分から**

$$x_2 = -\frac{1}{5}a\sin(2\omega t + \phi) = -\frac{1}{25}a(3\sin 2\omega t + 4\cos 2\omega t)$$

と得られる．以上から，もとの微分方程式の**一般解**は

$$x(t) = (A_0 t + B_0)\,e^{-\omega t} - \frac{1}{25}a(3\sin 2\omega t + 4\cos 2\omega t)$$

と書ける．微分して，速度は

$$\dot{x} = A_0\,e^{-\omega t} - \omega(A_0 t + B_0)\,e^{-\omega t} - \frac{2}{25}a\omega(3\cos 2\omega t - 4\sin 2\omega t)$$

となる．**初期条件**「$t=0$ のとき $x=0$, $\dot{x}=0$」は $A_0 = \frac{2}{5}a\omega$, $B_0 = \frac{4}{25}a$ のとき満足されるので，解は

$$x(t) = \frac{2}{25}(5\omega t + 2)a\,e^{-\omega t} - \frac{1}{25}a(3\sin 2\omega t + 4\cos 2\omega t)$$

と得られる．【終】

浅川 臨界制動の条件になっているから，振動しないで原点に戻っていく運動になるかと予想したけど，そうはならないですね．

大山 この振動系は固有の角振動数 ω をもつから，臨界制動のためにすばやく原点近くへ戻ってくるはずだと考えたくなりますね．しかし，外力がそれと

異なる角振動数 2ω でかかっているため,**外部角振動数** 2ω **に合わせた振動が十分時間がたったとき定常化する**ことになります.外部からの振動の影響が残る形で運動が定常状態になるので,**強制振動**と呼ばれます.

岸辺 同次方程式の一般解から,固有の臨界制動の項は時刻 t とともに消えていくけれど,特解からくる外部振動による運動は $\frac{1}{5}a$ の振幅で続きますね.

浅川 こんな風に複素数を使って計算できるのがすごいです.

大山 この方法には,物理学の特徴が出ていますね.まず,**物理的な条件を考慮しつつ問題設定を微分方程式の形に表します**.次に,微分方程式を解くために,**物理の世界から数学の世界へ移って複素数を自在に使って複素数の解を得ます**.それから再び**物理の世界に戻るために複素数の実数部分か** i **を除いた虚数部分を取り出します**.どちらも実数ですから,物理量として扱うことができるようになります.

次は,振動物体が複数あってばねでつながれている場合を調べてみましょう.

☆ **練習 3.41** 問題 **3.4A** において,特解を得るために,$x = C\sin(2\omega t + \phi)$ を微分方程式に代入して探す方法がある (C, ϕ は定数).この方法により特解を求めよ.

3.5 連成振動

大山 複数の粒子が,互いに作用を及ぼし合いながら行う振動を**連成振動**といいます.

例えば,何個かの粒子がその間をそれぞれのばねによって直線的につながれて,鎖状になった粒子系の振動があります.粒子どうしは,間のばねを通して隣の粒子と相互作用します.つまり,粒子間で振動のエネルギーのやり取りが行われます.2 個の単振り子のおもりの間をばねでつないで運動させる場合なども,連成振動の一例です.

粒子の振動方向が,連なったばねの方向に沿って振動する場合を**縦振動**,ばねに垂直な方向に振動する場合を**横振動**と呼びます.また,もっと一般的な振動も起こります.ここでは,2 個の粒子がばねでつながれて縦振動する連成振動について調べてみましょう.

□□□ **2粒子の連成振動** □□□

問題 3.5A 水平で滑らかな床の上に，2個の粒子1, 2が，3本のばねにより左から右へ直線状につながれている．

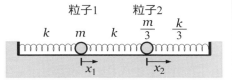

左から順に，粒子の質量を $m, \frac{1}{3}m$，ばねのばね定数を $k, k, \frac{1}{3}k$ とする．3本のばねが自然長の状態でばね全体の左端と右端が固定されている．2個の粒子が，ばねの長さ方向に沿って振動する場合 (縦振動) を考える．粒子1, 2のつりあいの位置からの右への変位を，それぞれ x_1 および x_2 で表す．

(1) 適当な定数 p により，新しい座標 $q(t) = x_1(t) + p\,x_2(t)$ を導入する．$q(t)$ の運動が単振動となるための p の値を求めよ．

(2) (1) での単振動の角振動数を求めよ．

(3) 時刻 $t = 0$ のとき，$x_1 = a, x_2 = 0, \dot{x}_1 = 0, \dot{x}_2 = 0$ であった場合に，後の時刻 t における質点の変位 $x_1(t), x_2(t)$ を求めよ (a は正の定数)．

【解】 粒子 1, 2 の運動方程式は ○ ばねの伸縮量を考えて式をたてる

$$m\ddot{x}_1 = k(x_2 - x_1) - kx_1, \qquad \frac{m}{3}\ddot{x}_2 = -k(x_2 - x_1) - \frac{k}{3}x_2$$

である．$\beta \equiv \dfrac{k}{m}$ とおき，運動方程式を変形して

$$\ddot{x}_1 = \beta(-2x_1 + x_2), \qquad \ddot{x}_2 = \beta(3x_1 - 4x_2)$$

を得る．$q = x_1 + p x_2$ とおくと

$$\ddot{q} = \ddot{x}_1 + p\ddot{x}_2 = \beta\bigl[(-2 + 3p)x_1 + (1 - 4p)x_2\bigr]$$

となるので，$q(t)$ が満たすべき条件は

$$\frac{-2 + 3p}{1 - 4p} = \frac{1}{p} \qquad \text{○ q が単振動するための必要条件}$$

である．これを解いて $p = \frac{1}{3}, -1$ と得られる．

(2) $p = \frac{1}{3}$ の場合 $q_1 = x_1 + \frac{1}{3}x_2$ として

$$\ddot{q}_1 = \ddot{x}_1 + \frac{1}{3}\ddot{x}_2 = -\beta\left(x_1 + \frac{1}{3}x_2\right) = -\beta q_1$$

となるから，角振動数 $\omega_1 = \sqrt{\beta} = \sqrt{\dfrac{k}{m}}$ での単振動になる．

$p = -1$ の場合 $q_2 = x_1 - x_2$ として

$$\ddot{q}_2 = \ddot{x}_1 - \ddot{x}_2 = -5\beta(x_1 - x_2) = -5\beta q_2$$

となるから，角振動数 $\omega_2 = \sqrt{5\beta} = \sqrt{\dfrac{5k}{m}}$ での単振動になる．ω_1, ω_2 は**基準振動の角振動数**と呼ばれる．

(3) q_1, q_2 の単振動の一般解を

$$q_1 = A_1 \sin(\omega_1 t + \phi_1), \qquad q_2 = A_2 \sin(\omega_2 t + \phi_2)$$

とおく（A_1, A_2, ϕ_1, ϕ_2 は定数）．微分して

$$\dot{q}_1 = A_1 \omega_1 \cos(\omega_1 t + \phi_1), \qquad \dot{q}_2 = A_2 \omega_2 \cos(\omega_2 t + \phi_2)$$

である．初期条件「$t = 0$ のとき $q_1 = a, q_2 = a, \dot{q}_1 = 0, \dot{q}_2 = 0$」を適用すると $A_1 = A_2 = a, \phi_1 = \phi_2 = \frac{\pi}{2}$ であればよいことがわかる．したがって

$$q_1 = a\cos\omega_1 t, \qquad q_2 = a\cos\omega_2 t$$

である．これらより

$$x_1 = \frac{1}{4}(3q_1 + q_2) = \frac{1}{4}a\left(3\cos\sqrt{\frac{k}{m}}\,t + \cos\sqrt{\frac{5k}{m}}\,t\right),$$

$$x_2 = \frac{3}{4}(q_1 - q_2) = \frac{3}{4}a\left(\cos\sqrt{\frac{k}{m}}\,t - \cos\sqrt{\frac{5k}{m}}\,t\right)$$

と得られる．【終】

浅川 2つも粒子があるのに，解けてしまうんですね．でも得られた結果の運動のイメージがうまく浮かばないんですけど．

大山 $x_1(t), x_2(t)$ の運動は一般にはかなり複雑ですね．それは **2 つの基準振動の重ね合わせ**になっています．

浅川 基準振動ってどんなものですか．

大山 各粒子が互いに作用を及ぼし合いながら**共通の角振動数で振動している状態**です．この振動系の場合，2 通りの基準振動があります．$q_1(t)$ と $q_2(t)$ でその運動様式を確かめることができます．

$q_2 = x_1 - x_2 = 0$ のときは，$q_1(t)$ の振動だけが起こっていて，どの時刻でも $x_1 = x_2$ が成り立っています．

また，$q_1 = x_1 + \frac{1}{3}x_2 = 0$ のときは，$q_2(t)$ の振動だけが起こっていて，やはりどの時刻でも $x_1 = -\frac{1}{3}x_2$ が成り立っています．

基準振動モード (様式) を図で示してみます．

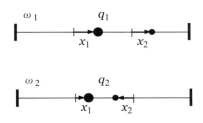

浅川 わあ．図にするとわかりやすい．q_1 のモードでは中央のばねは伸縮しないので，各粒子が端のばねだけにつながれている場合と同じ振動ですね．

岸辺 q_2 のモードでは，中央のばねが両側から圧縮されたり引き伸ばされたりしている．

西澤 そのぶんの復元力もあって，q_2 **のモードのほうが速く振動する**ことになるようですね．基準振動は 2 つしか存在しないのですか．

大山 一般に，**基準振動は系の自由度の数だけ存在できます**．いまは 2 粒子系の縦振動を考えているので，**自由度は x_1, x_2 による 2 つ**です．したがって，**基準振動も 2 つ**あります．

基準振動自体は単振動なので単純なのですが，これらが重なり合うと複雑な運動に見えるわけです．

浅川 どちらかの基準振動だけをつくることもできるのですか．

大山 はい，できます．ちょうどどちらかの図の位置に 2 つの質点をおいて静かに離せば基準振動を行います．

小林 初期条件で 2 つの基準振動の重なり具合が決まるわけですね．

大山 そうです．基準振動の考え方はとても重要ですから，よく頭に入れておいてください．それでは，次に，束縛運動の問題に移ります．

☆ **練習 3.51** 問題 3.5A において, $x_1 = a_1 e^{i\omega t}, x_2 = a_2 e^{i\omega t}$ とおいて運動方程式に代入し, 解となる基準角振動数を ω を探す方法がある (a_1, a_2 は定数). この方法により, 基準角振動数を求めよ.

☆ **練習 3.52** 水平で滑らかな床の上に, 2個の粒子 1, 2 が, 等しいばね定数 k の 2 本のばねにより左から右へ直線状につながれている.

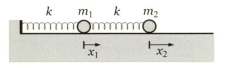

左から順に, 粒子の質量を m_1, m_2 とする. ばね全体の左端が固定されている. 2個の粒子が, ばねの長さ方向に沿って振動する場合 (縦振動) を考える. 粒子 1, 2 のつりあいの位置からの右への変位を, それぞれ x_1 および x_2 で表す. a は正の定数とする.

(1) $x_2 = a$ として静かにつり合せたとき, x_1 はいくらか.

(2) 粒子系が縦振動するときの運動方程式を書け.

(3) 質量がそれぞれ $m_1 = \frac{3}{2}m, m_2 = m$ の場合を考える. 時刻 $t = 0$ のとき $x_1 = \frac{1}{2}a, x_2 = a, \dot{x}_1 = \dot{x}_2 = 0$ として, 静かにはなして運動させた. 時刻 t における粒子の変位 $x_1(t), x_2(t)$ を求めよ.

(4) $m_1 = 0, m_2 = m$ とする. 時刻 $t = 0$ のとき $x_2 = a, \dot{x}_2 = 0$ と静止させてからはなして運動させた. 時刻 t における粒子 2 の変位 $x_2(t)$ を求めよ.

3.6 束縛運動

大山 質点は一般には 3 次元空間のなかを動き回りますので, 3 つの変数でその位置が決まります. デカルト座標 (x, y, z) や極座標 (r, θ, φ) などで位置を記述するわけです. このことを, **運動の自由度** が 3 であるといいます.

それに対して, 斜面を滑り落ちる物体や, 固定点から糸で吊り下げられた振り子の運動などでは, 運動がある決められた曲面や曲線に沿ったかたちで行われて, 質点はその**面や線に束縛**されている状態です. そういう運動を**束縛運動**といいます.

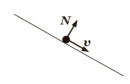

物体が束縛されているときは，束縛力が働いています．例えば，斜面からの垂直抗力 N や糸の張力 S が束縛力です．質点の束縛運動では，運動の自由度が曲面束縛のとき 2，曲線束縛のとき 1 となります．つまり独立変数が減ります．さっそく問題を見てみましょう．

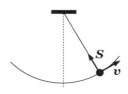

□□□ 斜面上での摩擦力を受けた運動 □□□

問題 3.6A 水平と角度 θ をなす斜面上を質量 m の質点が下方に向って滑り落ちている．時刻 $t = 0$ での位置を原点 O とし，斜面下方に向かって x 軸を，斜面の法線方向に y 軸をとった座標系で考える．動摩擦係数を μ' とする．

(1) 加速度が x 軸の負方向を向いているためには，θ がある値 θ_m より小さくなければならない．θ_m はどれだけか．

(2) $\theta < \theta_m$ の場合に初速度 $v_0 \,(> 0)$ で滑り落ちはじめたとき，静止するまでの時間 T を求めよ．

【解】(1) 斜面からの垂直抗力を N とする．運動方程式は

$$m\ddot{x} = mg\sin\theta - \mu' N,$$
$$m\ddot{y} = N - mg\cos\theta = 0$$

と書ける．$N = mg\cos\theta$ を第 1 式に代入して $m\ddot{x} = mg\sin\theta - \mu' mg\cos\theta$ となる．これらより

$$\ddot{x} = g(\sin\theta - \mu'\cos\theta), \quad \ddot{y} = 0$$

であるから，**運動は等加速度運動**である．条件 $\ddot{x} = g(\sin\theta - \mu'\cos\theta) < 0$ より $\tan\theta < \mu'$ となるので $\theta < \tan^{-1}\mu' = \theta_m$ である．

(2) 時刻 $t = 0$ に斜面下方へ落ち始めたとすると，後の時刻 t における速度は

$$\int_{v_0}^{v} dv = \int_0^t g(\sin\theta - \mu'\cos\theta)\, dt \qquad \bigcirc \text{加速度に } dt \text{ をかけて積分}$$

より $v = v_0 - gt(\mu' \cos\theta - \sin\theta)$ である．静止する時刻は $T = \dfrac{v_0}{g(\mu' \cos\theta - \sin\theta)}$ と得られる．【終】

大山 滑りながら運動するとき，斜面に対して物体の接点が相対速度をもつため，**相対速度と逆向きに動摩擦力を受けます**．動摩擦力の大きさは，**物体の接点が斜面に押し付けられる力に比例しています**．

浅川 斜面に押し付ける力が垂直抗力とつり合って，**斜面の法線方向へは運動が起こらず**，斜面に束縛された運動になるわけだから，垂直抗力の大きさに動摩擦係数をかけたものが動摩擦力の大きさですね．

西澤 空気抵抗などの抵抗力も速度と逆向きに働くけれど，動摩擦力の場合は速さには依存していないところが違いますね．

大山 抵抗力の場合は，実際には大きさをもつ物体が前方にある空気等を押しのけて進むとき働くので，速度に依存します．動摩擦力は，あとで 剛体球の運動 を考えるときに重要な役割をもつことになります．

☆ **練習 3.61** 質量 m の質点が，半径 a の円周上に滑らかに束縛されて運動する．質点は，円の中心を向いた力 $\boldsymbol{R}$ と，速度 $\boldsymbol{v}$ に比例した抵抗力 $-k\boldsymbol{v}$ を受けて運動する (k は正の定数)．初めの時刻 $t=0$ における質点の速度を $v_0\,(>0)$ とし，後の時刻 t での運動を考える．

(1) 時刻 t における円の中心方向への力の大きさ $R(t)$ を求めよ．

(2) 初めの時刻から時刻 t までに質点が動いた経路の長さ $s(t)$ を求めよ．

☆ **練習 3.62** 滑らかな棒に束縛された質量 m の物体 (質点とする) がある．棒の一端 O を固定点として，O を通り棒に垂直な軸のまわりに一定の角速度 $\omega\,(>0)$ で棒を回転させた．O を原点とし棒の回転面内に平面極座標 (r,φ) をとって運動を記述する．時刻 $t=0$ に $r=a\,(>0),\ \dot{r}=0,\ \varphi=0,\ \dot{\varphi}=\omega$ であった．

(1) 時刻 t での物体の位置 $r(t)$ を求めよ．

(2) 時刻 t において物体が棒から受ける抗力の大きさ R を求めよ．

セミナー4日目

── 場とナブラとエネルギー ──

放物運動と振動問題を扱えるようになったら，次はエネルギーの問題について考えてみます．このテーマでは，偏微分などの数学をしっかり装備して取り掛かる必要があります．まずは，微分演算子ナブラ ∇ に親しむことから始めていきます．

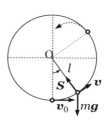

4 運動とエネルギー

4.1 偏微分

大山 ここからは，独立変数が2つ以上ある関数の微分を考えていきます．

◻︎◻︎◻︎ **偏微分と全微分** ◻︎◻︎◻︎

> **問題 4.1A** 関数 $f(x,y) = x^4 + 4x^2 y^2 + 3y^4$ の偏導関数
>
> $$\frac{\partial f}{\partial x}, \quad \frac{\partial f}{\partial y}, \quad \frac{\partial^2 f}{\partial y \partial x}, \quad \frac{\partial^2 f}{\partial x \partial y}$$
>
> を求めよ．さらに，全微分 df を dx, dy を用いて表せ．

【解】偏微分を行って

$$\frac{\partial f}{\partial x} = 4x^3 + 8xy^2, \quad \frac{\partial f}{\partial y} = 8x^2 y + 12y^3,$$

$$\frac{\partial^2 f}{\partial y \partial x} = 16xy, \quad \frac{\partial^2 f}{\partial x \partial y} = 16xy$$

となる．これらより，**全微分**は

$$df = (4x^3 + 8xy^2)\, dx + (8x^2 y + 12y^3)\, dy$$

である．【終】

大山 偏微分の計算では 1 つの変数だけを変化させ，他の変数は変えないので，他の変数は定数と同じように扱って微分すればよいのです．関数の全微分は，2 変数の関数の場合

$$df = \frac{\partial f}{\partial x} \cdot dx + \frac{\partial f}{\partial y} \cdot dy$$

です．物理学では通常 dx, dy は無限小量 と考えています．その場合には，x だけによる関数の変化分と，y だけによる関数の変化分を足し合わせて，関数の全変化量を求めているといっていいでしょう．

2 階の偏導関数が存在するとき，それらの間に $\dfrac{\partial^2 f}{\partial x \partial y} = \dfrac{\partial^2 f}{\partial y \partial x}$ が成り立つことも頭にいれておいてください．この関係式は，熱力学を学ぶときに重要となってきます．次にいよいよナブラ演算に入っていきます．

浅川 演算ってなんですか．

大山 ここでは，ある関数に操作を加えて別の関数にすることを演算といっています．実際には,「ナブラ (nabla)」と呼ばれる微分演算子 ∇ を使って関数を微分する演算になっています．関数の左側に書いて，すぐ右にある関数にかかっていきます．∇f や $\nabla \cdot \boldsymbol{A}$ や $\nabla \times \boldsymbol{A}$ などと書かれます．

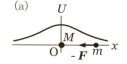

岸辺 ちょっとベクトルの内積や外積の記号に似てますね．

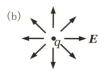

大山 ナブラ自体は $\nabla = \boldsymbol{i}\dfrac{\partial}{\partial x} + \boldsymbol{j}\dfrac{\partial}{\partial y} + \boldsymbol{k}\dfrac{\partial}{\partial z}$ で定義される演算子で，空間座標の関数に演算した結果が ∇f や $\nabla \times \boldsymbol{A}$ のように，ベクトルになることはあります．

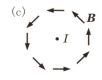

記号が似ているのは意味があって，形式的にはベクトルの内積や外積のように $\nabla \cdot \boldsymbol{A}$ や $\nabla \times \boldsymbol{A}$ を計算すればいいと覚えると，忘れにくいようになっているわけです．ただし，演算子どうしや演算子と関数の左右の順序を勝手に入れ替えないように注意する必要があります．

浅川 具体的に書くと，どうなるんですか．

大山 空間の位置の関数 $f(x, y, z)$, $\boldsymbol{A}(x, y, z) = A_x\boldsymbol{i} + A_y\boldsymbol{j} + A_z\boldsymbol{k}$ に対して

$$\nabla f = \left(\boldsymbol{i}\frac{\partial}{\partial x} + \boldsymbol{j}\frac{\partial}{\partial y} + \boldsymbol{k}\frac{\partial}{\partial z}\right)f = \frac{\partial f}{\partial x}\boldsymbol{i} + \frac{\partial f}{\partial y}\boldsymbol{j} + \frac{\partial f}{\partial z}\boldsymbol{k}$$

$$\nabla \cdot \boldsymbol{A} = \left(\boldsymbol{i}\frac{\partial}{\partial x} + \boldsymbol{j}\frac{\partial}{\partial y} + \boldsymbol{k}\frac{\partial}{\partial z}\right) \cdot \boldsymbol{A} = \frac{\partial A_x}{\partial x} + \frac{\partial A_y}{\partial y} + \frac{\partial A_z}{\partial z}$$

$$\nabla \times \boldsymbol{A} = \left(\boldsymbol{i}\frac{\partial}{\partial x} + \boldsymbol{j}\frac{\partial}{\partial y} + \boldsymbol{k}\frac{\partial}{\partial z}\right) \times \boldsymbol{A}$$
$$= \left(\frac{\partial A_z}{\partial y} - \frac{\partial A_y}{\partial z}\right)\boldsymbol{i} + \left(\frac{\partial A_x}{\partial z} - \frac{\partial A_z}{\partial x}\right)\boldsymbol{j} + \left(\frac{\partial A_y}{\partial x} - \frac{\partial A_x}{\partial y}\right)\boldsymbol{k}$$

と書き表されます．上から順に，「グラディエント・エフ」，「ダイバージェンス・エイ」，「ローテーション・エイ」と読みます．∇f と $\nabla \times \boldsymbol{A}$ はベクトル量です．f や A_x, A_y, A_z が x, y, z の関数なので，それらを偏微分して作られる $\nabla f, \nabla \cdot \boldsymbol{A}, \nabla \times \boldsymbol{A}$ も位置座標の関数となります．それでは，位置ベクトル $\boldsymbol{r}$ を使って計算練習してみましょう．

□□□ 微分演算子 □□□

問題 4.1B $\boldsymbol{r} = x\boldsymbol{i} + y\boldsymbol{j} + z\boldsymbol{k}$ は位置ベクトルである．次の量を計算せよ．

(1) ∇r $(r \neq 0)$ (2) $\nabla \cdot \boldsymbol{r}$ (3) $\nabla \times \boldsymbol{r}$

【解】(1) 定義より

$$\nabla r = \frac{\partial r}{\partial x}\boldsymbol{i} + \frac{\partial r}{\partial y}\boldsymbol{j} + \frac{\partial r}{\partial z}\boldsymbol{k}$$

と表せる．ここで，合成微分により

$$\frac{\partial r}{\partial x} = \frac{\partial (x^2 + y^2 + z^2)^{\frac{1}{2}}}{\partial x} = \frac{1}{2}(x^2 + y^2 + z^2)^{-\frac{1}{2}} \cdot \frac{\partial (x^2 + y^2 + z^2)}{\partial x} = \frac{x}{r}$$

と計算できる．したがって

$$\nabla r = \frac{x}{r}\boldsymbol{i} + \frac{y}{r}\boldsymbol{j} + \frac{z}{r}\boldsymbol{k} = \frac{x\boldsymbol{i} + y\boldsymbol{j} + z\boldsymbol{k}}{r} = \frac{\boldsymbol{r}}{r} = \boldsymbol{e}_r$$

となる（$\boldsymbol{e}_r$ は r 方向の単位ベクトル）．

(2) 定義より
$$\nabla \cdot \boldsymbol{r} = \frac{\partial x}{\partial x} + \frac{\partial y}{\partial y} + \frac{\partial z}{\partial z} = 3$$
である．
(3) 定義より
$$\nabla \times \boldsymbol{r} = \left(\frac{\partial z}{\partial y} - \frac{\partial y}{\partial z}\right)\boldsymbol{i} + \left(\frac{\partial x}{\partial z} - \frac{\partial z}{\partial x}\right)\boldsymbol{j} + \left(\frac{\partial y}{\partial x} - \frac{\partial x}{\partial y}\right)\boldsymbol{k} = \boldsymbol{0}$$
と計算される．【終】

西澤 ナブラ演算で作られる量は，どういうところで使われるのでしょうか．

大山 物理量の変化には，時間的変化と空間的変化がありますが，これらの量は空間的変化を表現するときに使われます．力学では，このあとすぐに出てくるポテンシャル・エネルギーの勾配や保存力などに関連して使われます．

電磁気学では，電場や磁場の法則を表すのに使います．というのも，場 $\boldsymbol{A}$ は $\nabla \cdot \boldsymbol{A}$ と $\nabla \times \boldsymbol{A}$ の両方が与えられたとき初めて決まるからです．電場ベクトル $\boldsymbol{E}$ と磁束密度ベクトル $\boldsymbol{B}$ に対する $\nabla \cdot \boldsymbol{E}, \nabla \times \boldsymbol{E}, \nabla \cdot \boldsymbol{B}, \nabla \times \boldsymbol{B}$ についての方程式が4つで一組の基礎方程式になるわけです．それはマックスウェル方程式と呼ばれています．

空間的変化と時間的変化が絡み合った波動を記述するときなど，いろいろなところで現れますので，よく使いこなせるようにしておくことが大切です．

☆ **練習 4.11** 位置ベクトル $\boldsymbol{r}$ の向きを向いた単位ベクトルを $\boldsymbol{e}_r$ と表す．次の各量を計算せよ．

(1) ∇r^2 (2) $\nabla \dfrac{1}{r}$ $(r \neq 0)$ (3) $\nabla \cdot \left(\dfrac{1}{r^2} \boldsymbol{e}_r\right)$ $(r \neq 0)$

4.2 保存力とポテンシャル・エネルギー

大山 質点に働く力が，空間の関数 $U(x,y,z)$ から $\boldsymbol{F} = -\nabla U$ と導かれるとき，この力を保存力といいます．関数 $U(x,y,z)$ は，位置 (x,y,z) を指定する

と1つの値に決まるので，**位置エネルギー**または**ポテンシャル・エネルギー**と呼ばれます．

一般に，ベクトル場 $\boldsymbol{A}(x,y,z)$ が関数 $\phi(x,y,z)$ から $\boldsymbol{A} = -\nabla\phi$ と導かれる場合に，$\phi(x,y,z)$ を $\boldsymbol{A}(x,y,z)$ の**ポテンシャル**といいます．保存力のときには U がエネルギーの次元をもつ量なので，特にポテンシャル・エネルギーと呼ばれるわけです．

また，運動状態を表すエネルギー量として，質点の質量 m と速さ v を用いて定義された $K = \frac{1}{2}mv^2$ を**運動エネルギー**と呼びます．運動エネルギーとポテンシャル・エネルギーを合わせた量 $E = K + U$ を質点の**力学的エネルギー**と呼びます．**保存力のみを受けて運動する質点**では，E は**一定値に保たれます**．これを，**力学的エネルギー保存の法則**といいます．ある力 $\boldsymbol{F}$ が保存力であるための必要十分条件は，$\nabla \times \boldsymbol{F} = \boldsymbol{0}$ となることです．

浅川 どんな力が保存力なのですか．

大山 一番わかりやすいのは，質量 m の質点が一様な重力場の中を運動するとき受ける重力 $\boldsymbol{F} = m\boldsymbol{g}$ ですね．重力加速度ベクトルは，空間的に一定のベクトルなので，$\nabla \times \boldsymbol{F} = \boldsymbol{0}$ を満たしており，保存力です．

この場合のポテンシャル・エネルギーは，鉛直上方を y 軸にとったとき $U(x,y,z) = mgy$ と表せます．関係式 $\boldsymbol{F} = -\nabla U$ が成り立っています．ここで，任意に定数 C を選んで $U = mgy$ のかわりに $U = mgy + C$ としても，$\boldsymbol{F} = -\nabla U$ が成り立ちます．

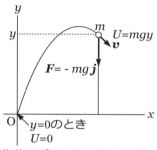

物体のポテンシャル・エネルギー U と保存力 $\boldsymbol{F}$

岸辺 ポテンシャル・エネルギーは，**定数分だけ不定**なわけですね．

大山 はい，そうです．そのため，基準点として，どこかの固定点を $U = 0$ となる位置に選んで，運動を記述することになります．

小林 基準点は，どんな点でもいいんですか．

大山 どこを選んでもいいのですが，ポテンシャル・エネルギーの形が簡単になるように，座標原点や無限遠を選ぶことが多いですね．

西澤 保存力でない力には，どんなものがあるんですか．

大山 例えば，**抵抗力**や**摩擦力**は保存力ではないです．抵抗力または摩擦力 F' が保存力と同時に質点に働いているときは，力学的エネルギーは保存されなくなります．

F' が速度ベクトル $v = \dfrac{dr}{dt}$ と $\dfrac{\pi}{2}$ より大きな角度 θ をなしているから，力のする仕事 $F' \cdot dr$ が負であり，$\boxed{\dfrac{dE}{dt} < 0}$ となって時刻とともに力学的エネルギーが減っていきます．

それでは，具体的に問題を見てみましょう．

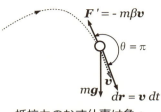

抵抗力のなす仕事は負：
$F' \cdot dr < 0$

□□□ 円周上に束縛された運動 □□□

> **問題 4.2A** 固定点Oからの長さ l の糸でつながれた質量 m の質点が，最下点において水平方向に初速度 v_0 で運動を始め，しばらく後に糸の束縛を離れて放物運動に移った（ただし $\sqrt{2gl} < v_0 < \sqrt{5gl}$）．糸の張力の大きさを S とする．糸が鉛直下方となす角が θ となって質点が束縛されているときの質点の速度を v とする．
>
> (1) 運動方程式の接線成分を積分して，質点の速さ v を θ の関数として求めよ．
>
> (2) 糸の束縛を離れる瞬間の $\cos\theta$ と質点の速さ v を求めよ．

【解】(1) 運動方程式の接線，法線成分は

$$\boxed{m\dot{v} = -mg\sin\theta}, \quad \boxed{m\dfrac{v^2}{l} = S - mg\cos\theta}$$

と書ける．

$$\boxed{v = l\dot{\theta}}, \quad \boxed{\dot{v} = l\ddot{\theta}}$$

であるから，運動方程式の接線成分は次のように変形できる．

$$\boxed{\ddot{\theta} = -\dfrac{g}{l}\sin\theta}$$

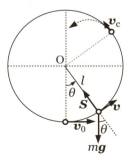

両辺に $\dot{\theta}$ をかけて変形すると，$\dot{\theta}\ddot{\theta} = -\dfrac{g}{l}\dot{\theta}\sin\theta$ より

$$\frac{d}{dt}\left(\frac{1}{2}\dot{\theta}^2\right) = \frac{d}{dt}\left(\frac{g}{l}\cos\theta\right) \qquad \bigcirc\ dt \text{ をかけると全微分になる}$$

となる．dt をかけて積分すると

$$\int d\left(\frac{1}{2}\dot{\theta}^2\right) = \int d\left(\frac{g}{l}\cos\theta\right) \quad \text{より} \quad \frac{1}{2}\dot{\theta}^2 = \frac{g}{l}\cos\theta + c_1$$

と得られる (c_1 は積分定数)．初期条件「$t=0$ のとき $\theta=0$, $l\dot{\theta}=v_0$」を適用して

$$\frac{1}{2}\left(\frac{v}{l}\right)^2 = \frac{g}{l}(\cos\theta - 1) + \frac{1}{2}\left(\frac{v_0}{l}\right)^2$$

となる．変形して $v = \sqrt{v_0^2 - 2gl(1-\cos\theta)}$ と求められる．

(2) 糸の束縛を離れるとき $S=0$ となる．このとき運動方程式の法線成分は

$$m\frac{v^2}{l} = -mg\cos\theta$$

である．これと (1) の結果を用いて v を消去すると

$$v^2 = -gl\cos\theta = v_0^2 - 2gl(1-\cos\theta) \quad \text{より} \quad \cos\theta = \frac{2}{3} - \frac{v_0^2}{3gl}$$

と得られる．このとき $v = \sqrt{\dfrac{v_0^2 - 2gl}{3}}$ である．【終】

岸辺 この問題の速度は，エネルギー保存則を使って求めるのだと思っていました．

大山 力学的エネルギー保存の法則を使っても解けます．結果は同じになります．運動方程式の両辺に $\dot{\theta}$ をかけて，dt をさらにかけると，**両辺が全微分の形**になりますね．これを積分して $v(\theta)$ が得られることになります．$\dot{\theta}$ は θ の速度，すなわち**角速度**です．

保存力の場合には**変数の速度に相当する量を運動方程式にかけて積分すると力学的エネルギー保存の式が得られます**．ここで，$\boldsymbol{S} \perp \boldsymbol{v}$ なので $\boldsymbol{S}$ は仕事をし

ません．

浅川 保存力では力学的エネルギーは積分定数だったのですね．

岸辺 糸の束縛を離れる瞬間に束縛力 S が消える．

小林 $\sqrt{2gl} < v_0 < \sqrt{5gl}$ だから，束縛を離れるときの θ に対して $-1 < \cos\theta < 0$ となり，糸が水平方向と鉛直上方を向く間の角度で束縛をはなれることになる．

西澤 右図の問題も同じように解けますね．

大山 束縛をはなれるときの位置と速度がわかりますから，その後の軌道も計算できます．

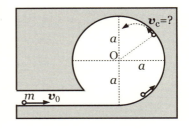

また，質点が糸で束縛されるのでなく，質量の無視できる細い棒の先端に取り付けられて同様の回転運動する場合には，$N=0$ になってから後の運動が糸の場合と違ってくる．

□□□ 1 次元ポテンシャルのもとの運動 □□□

問題 4.2B 1 次元ポテンシャル $U(x) = -b(x^3 - 3ax^2)$ (a, b は正の定数) のもとに x 軸上を 1 次元運動する質量 m の質点がある．次の量を求めよ．

(1) 質点に力学的エネルギー $2ba^3$ を与えたときの運動可能領域を求めよ．

(2) 質点が $x=0$ の近傍で微小振動するときの周期を求めよ．

【解】 (1) ポテンシャル $U(x)$ とその導関数は

$$U = -bx^2(x - 3a),$$
$$\frac{dU}{dx} = -3bx^2 + 6bax = -3bx(x - 2a),$$
$$\frac{d^2U}{dx^2} = -6bx + 6ba = -6b(x - a)$$

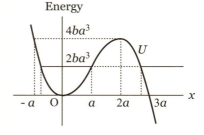

である．$U(x)$ のグラフは図のようになる．

力学的エネルギー $E = 2ba^3$ を与えたとき，$U = E$ となる x が運動可能な領域の端の位置になる．

$-b(x^3 - 3ax^2) = 2ba^3$ すなわち $x^3 - 3ax^2 + 2a^3 = 0$ を満たす x を求める．左辺を因数分解して $(x-a)(x^2 - 2ax - 2a^2) = 0$ となるから，$x = a, (1 \pm \sqrt{3})a$ と得られる．これより，質点が運動可能な範囲は

$$(1-\sqrt{3})a \leq x \leq a \quad \text{および} \quad (1+\sqrt{3})a \leq x$$

となる．

(2) $x = 0$ の近傍では，ポテンシャルが $U(x) \simeq 3abx^2$ と近似できる．質点に働く力は

$$F = -\frac{dU}{dx} \simeq -6abx$$

となる．質点の運動方程式は $m\ddot{x} \simeq -6abx$ であり，単振動を表している．その角振動数 $\omega = \sqrt{\frac{6ab}{m}}$ より，周期は $T = \frac{2\pi}{\omega} = \pi\sqrt{\frac{2m}{3ab}}$ と得られる．【終】

岸辺 運動可能領域は，**速度が実数値をとれる条件** $\frac{1}{2}mv^2 = E - U \geq 0$ から $E \geq U$ である x の範囲になる．

浅川 $U = E$ と置いたときに $v = 0$ となってそのときの位置で運動がとまるから，運動領域の両端の x 座標が決まるわけね．

西澤 両端の位置でポテンシャルに勾配があれば，力が働いて端に到達した後は逆向きに運動することになるから，**両端の間を振動する**．

浅川 運動領域の端が片方しかない場合もあるのですね．

大山 例えば $U(x) = \dfrac{k}{x}$ $(x > 0; k$ は正の定数$)$ の場合には，力学的エネルギー $E(> 0)$ をもった質点は原点からの斥力，すなわち反発力を受けながら x 軸上を運動します．遠方から原点に向かって運動してきた質点は，ある位置 x_1 で止まり，運動の向きを変えて原点から遠ざかっていきます．このときには，運動領域の端は片方しかありません．

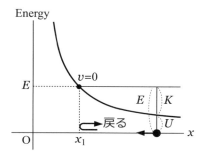

浅川 $x = 0$ の近傍での $U(x)$ の形を x^3 の項を落として x^2 の項で表すという

ことは，放物線で近似することになってるわけね．

小林 極小点近傍の展開だから x の **1 次の項は現れず**，$U \simeq c_0 + c_2 x^2$ となる (c_0, c_2 は定数，$c_2 > 0$). この場合には $c_0 = 0$ だけど．

浅川 そうすると，質点が受ける力は U から $F = -\dfrac{dU}{dx}$ によって計算されるから，運動方程式が $m\ddot{x} = -2c_2 x$ となってフックの法則の復元力による単振動が起こることになるね．

西澤 極小点近傍の微小振動は，いつでもフックの法則による単振動になるものなのでしょうか．

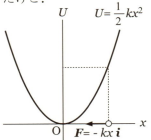

$U(x)$ の放物線近似 ($k = 6ab$)

大山 振幅の小さな振動が微小振動といわれ，いつでもフックの法則による単振動になるとは限りません．**極小点近傍でポテンシャル・エネルギーをテイラー展開したとき，定数項の次に現れるのが x^2 の項であればフックの法則による単振動になります**．しかし，x^2, x^3 の項の係数 c_2, c_3 が 0 となったときに，x^4 の項の係数 c_4 が正の定数の場合には，その x^4 の項が復元力をつくり，極小点近傍でのポテンシャル・エネルギーにおいて支配的となります．

浅川 実際にそのようなケースがあるのでしょうか．

大山 例えば，同じばね定数 k の 2 本のばねを質量 m の質点の両側に取り付けて，**ばねが自然長の状態で端を固定**して質点に**横振動**の微小振動させると，変位 x の 2 次の項は $U(x)$ に出てこなくて x^4 の項が初めに支配項として現れます．

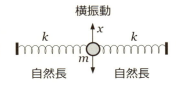

しかし，ばねが少し伸びた状態で固定すると，ポテンシャル・エネルギーのテイラー展開に 2 次の項が消えずに残ってきますので，通常の単振動の微小振動になります．

☆ **練習 4.21** 質量 m の質点が，1 次元ポテンシャル $U(x) = -ke^{-ax^2}$ による力を受けて，原点近傍で x 軸上を微小振動するときの振動数と周期を求めよ (a, k は正の定数)．

☆ **練習 4.22** 位置ベクトル $\boldsymbol{r}$ の点にある質量 m の質点に働く力が $\boldsymbol{F} = -m\omega^2 \boldsymbol{r}$

で与えられる (ω は正の定数).

(1) この力が保存力であることを示せ.

(2) この力のポテンシャル・エネルギーを, デカルト座標を用いて表せ. ただし, 原点をポテンシャル・エネルギーの基準点とする.

(3) 時刻 $t = 0$ のとき $x = a, y = z = 0, \dot{x} = 0, \dot{y} = v_0, \dot{z} = 0$ であったとする (a, v_0 は正の定数). 時刻 t における質点の座標成分 $x(t), y(t), z(t)$ を求めよ. さらに, 時刻 t における質点の運動エネルギー K, ポテンシャル・エネルギー U, 力学的エネルギー E を求めよ.

☆ **練習 4.23** 座標原点 O から鉛直上方に y 軸正方向をとる. 時刻 $t = 0$ に質量 m の質点を $y = h \, (> 0)$ の点から静かにはなし, y 軸に沿って落下させる. 質点には重力と速度 $\boldsymbol{v}$ に比例した抵抗力 $-m\beta\boldsymbol{v}$ が働く (β は正の定数).

(1) 時刻 t における質点の鉛直下方への速さ v と y 座標を求めよ.

(2) 時刻 t における質点の力学的エネルギー $E = \frac{1}{2}mv^2 + mgy$ と $\dfrac{dE}{dt}$ を求めよ.

(3) $t \to \infty$ のとき $\dfrac{dE}{dt}$ はどのような値に漸近するか.

☆ **練習 4.24** 質量 m の質点が, ポテンシャル $U = \frac{1}{2}m\omega^2(4x^2 + y^2)$ のもとに運動する. 時刻 $t = 0$ のとき, $x = y = a, z = 0, \dot{x} = \dot{y} = \dot{z} = 0$ である (ω, a は正の定数).

(1) 位置 (x, y, z) にある質点に働く力 $\boldsymbol{F}$ を求めよ.

(2) 時刻 t における位置ベクトル $\boldsymbol{r}$ と速度ベクトル $\boldsymbol{v}$ を求めよ.

(3) デカルト座標を用いた軌道の式を求めよ. さらにそのグラフを描け.

(4) 時刻 t における運動エネルギー $K(t)$, ポテンシャル・エネルギー $U(t)$ および力学的エネルギー E を求めよ.

セミナー5日目

中心力を受けた運動は平面運動になる

放物運動，振動問題，エネルギー，保存力と見てきて，いよいよ質点の力学の到達点である 中心力 をめざします．質点が，ある固定点からの中心力を受けると，初期条件で決まる特定の平面内だけで運動が行われることになります．そこでは2つの大事な量が保存されます．

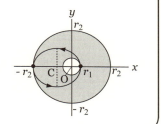

5　中心力

5.1　中心力

大山　空間の**固定点**と質点を結ぶ**直線に沿って質点が力を受ける場合**を考えてみましょう．固定点を原点 O に選んで運動を記述していきます．質点の受ける力が

$$\boldsymbol{F} = f(r)\boldsymbol{e}_r$$

と表せるとき，その力を**中心力**といいます．$f(r)$ は原点からの距離 r だけに依存した関数です．固定点を**力の中心**といいます．**中心力は保存力**であり，そのポテンシャル・エネルギーも r だけに依存した関数 $U(r)$ です．力は $U(r)$ から

$$\boldsymbol{F} = -\frac{dU}{dr}\boldsymbol{e}_r$$

と導かれます．逆に，

$$\int_{U_0}^{U} dU = -\int_{r_0}^{r} f(r) dr$$

から $U(r)$ が得られます．問題を見てみましょう．

□□□ **中心力ポテンシャルのもとの運動** □□□

問題 5.1A 質量 m の質点が中心力ポテンシャル $U(r) = -\dfrac{q}{r}$ (q は正の定数) の力場の中で半径 a の等速円運動を行っている．原点のまわりの角速度の大きさおよび面積速度の大きさを求めよ．

【解】 質点の受ける力は $f(r) = -\dfrac{dU}{dr} = -\dfrac{q}{r^2}$ となるので $\boldsymbol{F} = -\dfrac{q}{r^2}\boldsymbol{e}_r$ である．質点の速度を v とすると，円運動なので，運動方程式の法線方向成分は

$$m\frac{v^2}{a} = \frac{q}{a^2} \qquad \boxed{\bigcirc \text{ 右辺は中心方向へ向かう力}}$$

と書ける．角速度を ω とすると $\boxed{v = a\omega}$ であるから

$$\omega = \sqrt{\frac{q}{ma^3}}$$

と得られる．周期は $T = 2\pi\sqrt{\dfrac{ma^3}{q}}$ であるから，$\boxed{\dfrac{dS}{dt} \cdot T = \pi a^2}$ より面積速度は

$$\frac{dS}{dt} = \frac{\pi a^2}{T} = \frac{1}{2}\sqrt{\frac{qa}{m}}$$

と得られる．【終】

大山 中心力を受けて運動するときは，面積速度，すなわち**動径が単位時間あたりに掃く面積が一定**になります．

浅川 中心力による円運動では，1周期の間に動径が掃く面積は円軌道で囲まれた面積に等しくなるんですね．

西澤 上の方法以外に

$$\frac{dS}{dt} = \frac{1}{2}a^2\omega = \frac{1}{2}a^2\sqrt{\frac{q}{ma^3}} = \frac{1}{2}\sqrt{\frac{qa}{m}}$$

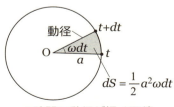

dt 時間に動径が掃く面積

としても面積速度を求めることができました．

大山 はい，面積速度の計算式 $\boxed{\dfrac{dS}{dt} = \dfrac{1}{2}r^2\dot{\varphi}}$ による計算法ですね．

□□□ **中心力場での運動** □□□

問題 5.1B 質量 m の質点が，座標原点からの中心力を受けながら xy 面内を運動する．時刻 $t=0$ に質点は x 軸上の $x=a$ の点にあり，y 軸正方向を向いた速度 v_0 をもっていた (a, v_0 は正の定数)．質点の原点からの距離を r としたとき，中心力のポテンシャル・エネルギーが

$$\text{(i)}\ U(r) = \frac{1}{2}m\omega^2 r^2 \qquad \text{(ii)}\ U(r) = -\frac{1}{2}m\omega^2 r^2$$

で与えられる場合に，それぞれ以下の問に答えよ (ω は正の定数)．

(1) 時刻 t における質点の位置ベクトルを求めよ．

(2) x, y 座標で表した軌道の式を求めよ．

(3) 時刻 t における質点の力学的エネルギーを求めよ．

【解】 (i) $U(r) = \frac{1}{2}m\omega^2 r^2$ の場合：
(1) ポテンシャル・エネルギーから $f(r) = -\dfrac{dU}{dr} = -m\omega^2 r$ となるので，中心力は

$$\boxed{\boldsymbol{F} = -m\omega^2 r \boldsymbol{e}_r = -m\omega^2 \boldsymbol{r}}$$

と表せる．これより運動方程式の x, y 成分は

$$\boxed{m\ddot{x} = -m\omega^2 x}, \quad \boxed{m\ddot{y} = -m\omega^2 y} \qquad \bigcirc\ x, y\ \text{がそれぞれ単振動する}$$

と書ける．これらの一般解を

$$x = A\sin(\omega t + \phi), \quad y = B\sin(\omega t + \phi') \quad (A, B, \phi, \phi' \text{は定数})$$

とおく．微分して

$$\dot{x} = A\omega\cos(\omega t + \phi), \quad \dot{y} = B\omega\cos(\omega t + \phi')$$

である．初期条件「$t=0$ のとき $x=a, \dot{x}=0, y=0, \dot{y}=v_0$」を適用して

$$a = A\sin\phi, \quad 0 = A\omega\cos\phi, \quad 0 = B\sin\phi', \quad v_0 = B\omega\cos\phi'$$

となる．$A = a, \phi = \frac{\pi}{2}, B = \frac{v_0}{\omega}, \phi' = 0$ により満たされるので $x = a\cos\omega t$，
$y = \frac{v_0}{\omega}\sin\omega t$ と得られる．したがって，時刻 t における位置ベクトルは

$$\bm{r} = a\cos\omega t\,\bm{i} + \frac{v_0}{\omega}\sin\omega t\,\bm{j}$$

である．

(2) デカルト座標で表された軌道の式は $x = a\cos\omega t, y = \frac{v_0}{\omega}\sin\omega t$ から t を消去して

$$\left(\frac{x}{a}\right)^2 + \left(\frac{y}{\frac{v_0}{\omega}}\right)^2 = 1$$

となる．これは 楕円 を表している．

(3) 位置ベクトルを微分して

$$\bm{v} = -a\omega\sin\omega t\,\bm{i} + v_0\cos\omega t\,\bm{j}$$

となるから，時刻 t において

$$r^2 = a^2\cos^2\omega t + \frac{v_0^2}{\omega^2}\sin^2\omega t, \quad v^2 = a^2\omega^2\sin^2\omega t + v_0^2\cos^2\omega t$$

である．これを用いて，質点の力学的エネルギーは

$$E = \frac{1}{2}mv^2 + \frac{1}{2}m\omega^2 r^2 = \frac{1}{2}mv_0^2 + \frac{1}{2}m\omega^2 a^2$$

と計算される．$t = 0$ のときの値が保存されて一定値となっている．

(ii) $U(r) = -\frac{1}{2}m\omega^2 r^2$ の場合：

(1) ポテンシャル・エネルギーから $f(r) = -\frac{dU}{dr} = m\omega^2 r$ となるので，中心力は

$$\bm{F} = m\omega^2 r\bm{e}_r = m\omega^2 \bm{r}$$

となる．これより運動方程式の x, y 成分は

$$m\ddot{x} = m\omega^2 x, \quad m\ddot{y} = m\omega^2 y \qquad \text{○ 負符号がなく単振動ではない！}$$

と書ける．これらの一般解を

$$x = A_1 \sinh \omega t + A_2 \cosh \omega t, \quad y = B_1 \sinh \omega t + B_2 \cosh \omega t$$

とおく $(A_1, A_2, B_1, B_2$ は定数)．微分して

$$\dot{x} = A_1 \omega \cosh \omega t + A_2 \omega \sinh \omega t, \quad \dot{y} = B_1 \omega \cosh \omega t + B_2 \omega \sinh \omega t$$

である．初期条件「$t = 0$ のとき $x = a, \dot{x} = 0, y = 0, \dot{y} = v_0$」を適用して

$$a = A_2, \quad 0 = A_1 \omega, \quad 0 = B_2, \quad v_0 = B_1 \omega$$

となる．これより $x = a \cosh \omega t, y = \dfrac{v_0}{\omega} \sinh \omega t$ と得られる．したがって，時刻 t における位置ベクトルは次のようになる．

$$\boldsymbol{r} = a \cosh \omega t \, \boldsymbol{i} + \frac{v_0}{\omega} \sinh \omega t \, \boldsymbol{j}$$

(2) デカルト座標で表された軌道の式は $x = a \cosh \omega t, y = \dfrac{v_0}{\omega} \sinh \omega t$ から t を消去して

$$\left(\frac{x}{a}\right)^2 - \left(\frac{y}{\frac{v_0}{\omega}}\right)^2 = 1$$

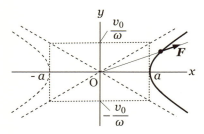

となる．これは 双曲線 を表している．
(3) 位置ベクトルを微分して

$$\boldsymbol{v} = a\omega \sinh \omega t \, \boldsymbol{i} + v_0 \cosh \omega t \, \boldsymbol{j}$$

となるから，時刻 t において

$$r^2 = a^2 \cosh^2 \omega t + \frac{v_0^2}{\omega^2} \sinh^2 \omega t, \quad v^2 = a^2 \omega^2 \sinh^2 \omega t + v_0^2 \cosh^2 \omega t$$

である．これを用いて，質点の力学的エネルギーは

$$E = \frac{1}{2} m v^2 - \frac{1}{2} m \omega^2 r^2 = \frac{1}{2} m v_0^2 - \frac{1}{2} m \omega^2 a^2$$

と計算される．$t = 0$ のときの値が保存されて一定値となっている．【終】

浅川 ポテンシャル・エネルギーの符号が逆になると，質点の運動は大きく違ってくるね．

小林 $U = \frac{1}{2}m\omega^2 r^2$ の場合には中心力が力の中心へ向かう引力 $-m\omega^2 \boldsymbol{r}$ になり，$U = -\frac{1}{2}m\omega^2 r^2$ だと斥力 $m\omega^2 \boldsymbol{r}$ になる．

岸辺 中心力が引力だと，質点の軌道が直進方向に対して力の中心側に曲がり続けるけど，斥力だと逆に力の中心と反対側に軌道が曲がっています．そのため，一方は楕円，他方は双曲線ということになるわけですね．

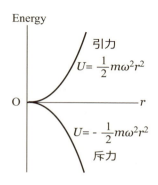

大山 2 つのポテンシャル・エネルギーによる運動の違いに注目が集まっていますが，似ている面は何かありませんか．

西澤 力の中心が，楕円の中心にあることと双曲線の 2 つの曲線の中間にあることが似ていると思います．

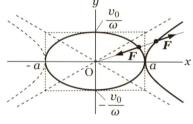

大山 そうですね．どちらも曲線の対称点になっているところが似ています．このことは，あとで，r^{-2} に比例する中心力の場合と比較してみましょう．

○ 類似点・相違点の双方に注意する

☆ **練習 5.11** 質量 m の質点が，座標原点からの中心力を受けながら xy 面内を運動する．時刻 t における質点の位置ベクトルは $\boldsymbol{r} = 2a\cos\omega t\, \boldsymbol{i} + a\sin\omega t\, \boldsymbol{j}$ で与えられる（a, ω は正の定数）．原点をポテンシャル・エネルギー U の基準点（$U = 0$ の点）とする．

(1) 位置ベクトル $\boldsymbol{r}$ の位置で質点が受けている中心力を求めよ．

(2) 時刻 t における質点の運動エネルギー K とポテンシャル・エネルギー U を求めよ．

(3) 質点の速さが最大および最小になる位置での，位置ベクトル $\boldsymbol{r}$ と K, U の値を求めよ．

☆ **練習 5.12** 質量 m の質点が，座標原点からの中心力を受けながら xy 面内を運動する．時刻 t における質点の位置ベクトルは $\boldsymbol{r} = a\cosh\omega t\,\boldsymbol{i} - a\sinh\omega t\,\boldsymbol{j}$ で与えられる (a, ω は正の定数)．原点をポテンシャル・エネルギー U の基準点とする．時刻 t における質点の運動エネルギー，ポテンシャル・エネルギー，力学的エネルギーを求めよ．

5.2 万有引力

大山 質量が M と m の 2 つの質点が距離 r だけ離れているとき，質点を結ぶ方向に沿って質点間に大きさ $G\dfrac{Mm}{r^2}$ の**万有引力**が働き，互いに引き合います．G は**万有引力定数**と呼ばれる正の定数です．

質量 M の質点を原点におき，m の質点に向かう単位ベクトルを $\boldsymbol{e}_r$ とすると，m の質点が受ける万有引力は

$$\boldsymbol{F} = -G\frac{Mm}{r^2}\boldsymbol{e}_r$$

と表せます．

太陽のまわりを運動する天体を扱うとき，正確には両方の重心のまわりに太陽も運動していますが，太陽の質量が天体の質量と比べて圧倒的に大きいので，太陽は原点に止まっているものと考えていくことにします．距離が r だけ離れた質量 M と m の質点の間の万有引力のポテンシャル・エネルギーは，無限遠に離れているときを基準 ($U = 0$) とすると，

$$U(r) = -\frac{GMm}{r}$$

と表せます．

また，万有引力の法則は，2 つの質点間に働く力についての法則ですが，大きさをもった物体を**無数の体積素片に分割し**，それぞれの素片のもつ質量を**質点の質量とみなせば**，大きさをもった物体にも万有引力の法則を**適用する**ことができます．さっそく次の問題を考えてみましょう．

□□□ 球殻から受ける万有引力 □□□

問題 5.2A 原点 O を中心とする半径 a の球面上に質量 M が一様な面密度で分布している球殻がある．球殻の中心軸上で原点から r の距離にある質量 m の質点と球殻との間に働く万有引力によるポテンシャル・エネルギー $U(r)$ を，(i) $r \geq a$ の場合と (ii) $r < a$ の場合に分けて求めよ．ただし，万有引力定数を G とし，球殻と質点が無限遠に離れているときを，ポテンシャル・エネルギーの基準とする．

【解】(i) $r \geq a$ の場合：

球殻の質量面密度を $\sigma = \dfrac{M}{4\pi a^2}$ とおき，帯状の面積素片 $dS = 2\pi a^2 \sin\theta \, d\theta$ を図のようにとると，帯の上の点と質点との距離はどこでも s だから，面積素片 dS と質点とのポテンシャル・エネルギーは

$$dU = -\frac{Gm \cdot \sigma dS}{s} = -\frac{GMm}{2} \cdot \frac{\sin\theta \, d\theta}{s}$$

である．これを全球面にわたって足し合わせれば，球殻からの万有引力を受けた質点のポテンシャル・エネルギー $U(r)$ を計算できる．すなわち

$$U = -\frac{GMm}{2} \int_0^\pi \frac{\sin\theta \, d\theta}{s}$$

となる．ここで $s = \sqrt{r^2 + a^2 - 2ar\cos\theta}$ である．

○ 第二余弦定理を使う

変数変換 $t = \cos\theta$ を行うと

$$\begin{aligned}
\int_0^\pi \frac{\sin\theta \, d\theta}{s} &= \int_1^{-1} \frac{-dt}{\sqrt{r^2 + a^2 - 2art}} \\
&= \int_{-1}^1 \frac{dt}{\sqrt{r^2 + a^2 - 2art}} \\
&= -\frac{1}{ar}\left[\sqrt{r^2 + a^2 - 2art}\right]_{-1}^1 \\
&= -\frac{1}{ar}\left[\sqrt{(r-a)^2} - \sqrt{(r+a)^2}\right] = \frac{2}{r}
\end{aligned}$$

と積分されるので

$$U(r) = -\frac{GMm}{r}$$

と得られる．質点が球殻の外部にあるときは，球殻に一様分布している質量 M が中心 O に集まって仮想的な質点になったとしたときのポテンシャル・エネルギーと同じである．これにより，球殻が質点におよぼす力は，球殻の中心から質点に向かう単位ベクトルを $\boldsymbol{e}_r$ として

$$\boldsymbol{F} = f(r)\boldsymbol{e}_r = -\frac{dU}{dr}\boldsymbol{e}_r = -\frac{GMm}{r^2}\boldsymbol{e}_r$$

となる．この力は，球殻に一様分布している質量がすべて中心に集まって仮想的な質点となったときに外部にある質点が受ける力と同じになっている．

(ii) $r < a$ の場合：

帯状の面積素片 $dS = 2\pi a^2 \sin\theta\, d\theta$ による質点のポテンシャル・エネルギーを全球面にわたって足し合わせれば，球殻からの万有引力を受けた質点のポテンシャル・エネルギーを，次のように計算できる．

$$U = -\frac{GMm}{2} \int_0^\pi \frac{\sin\theta\, d\theta}{s}$$

第二余弦定理により $s^2 = r^2 + a^2 - 2ar\cos\theta$ なので，両辺の全微分をとると $2s\, ds = 2ar\sin\theta\, d\theta$ となる．したがって

$$\int_0^\pi \frac{\sin\theta\, d\theta}{s} = \frac{1}{ar}\int_{a-r}^{a+r} ds$$
$$= \frac{1}{ar}[(a+r) - (a-r)] = \frac{2}{a}$$

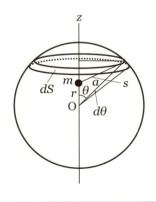

と積分される．これより $U(r) = -\dfrac{GMm}{a}$ と得られる．質点が球殻の内部にあるときは，質点の位置によらずポテンシャル・エネルギーは一定なので，その勾配が 0 となって，球殻が質点に力をおよぼさない．【終】

浅川　球殻の外側と内部にあるのでは，質点の受ける力がずいぶん違っているね．

小林　球の内部に質量が一様分布している場合にも，中心のまわりの無数の球殻が集まっていると考えると，やはり，球の外側にある質点は球の中心に全質量が集まって仮想的に質点となったものからの力を受けるとして万有引力を計算できる．

大山　一様分布ばかりでなく，中心から等距離の位置での密度が同じになっている球，すなわち質量が**球対称に分布した球からの**球の外側の質点への万有引力は，無数の球殻からの力を足し合わせたものと考えれば，球の中心に全質量が集まって仮想的に質点となったものからの力として扱えます．

岸辺　惑星の運動を扱うときに太陽や地球のような大きなものを質点と考えてしまう大胆さに感心しましたが，球対称分布をもつ球がつくる外部への重力が質点と同じになる，という性質があるからうまくいっていたのですね．

浅川　内部にも質量分布している球の内側に質点があったら，どういう力を受けるのかな．

西澤　内部にある**質点より外側の球殻からは力を受けない**はずだから，質点より内側の球殻からの力だけを受けることになりそうですね．

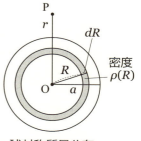

球対称質量分布

大山　そうです．質点より内側の球殻からの力はみな中心にその質量が集まったとしたときの引力と同じですから，結局，**内側の球だけの質量が中心に集まったとしたときの引力**として扱えます．

次の問題で，その様子を見てみましょう．

□□□ 球内部のトンネルでの運動 □□□

問題 5.2B　一様な密度 ρ の球の表面上の2点を結ぶ線分に沿って滑らかなトンネルをつくり，その片方の入り口に質点を速度0でおく．

　質点は球からの万有引力を受けてトンネルの他の入り口まで運動してから初めの入り口に戻ってくる振動運動を行う．万有引力定数を G とする．振動の周期を求めよ．

【解】質点の質量を m,球の中心 C から質点までの距離を r とすると,質点には半径 r の球内の質量が中心 C に集まったとしたときの万有引力が働く.その大きさは　○ 質点より内側の球殻だけ寄与あり

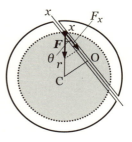

$$F = \frac{Gm}{r^2} \cdot \frac{4\pi r^3 \rho}{3} = \frac{4\pi Gm\rho}{3} r$$

図のようにトンネルに沿って x 軸をとったとき,$r\cos\theta = x$ である.引力の x 軸方向成分は

$$F_x = -F\cos\theta = -\frac{4\pi Gm\rho}{3} x$$

となるので,質点の運動方程式は

$$m\ddot{x} = -\frac{4\pi Gm\rho}{3} x \quad \text{○ 単振動の運動方程式}$$

と書ける.質点は単振動し,その角振動数は $\omega = \sqrt{\dfrac{4\pi G\rho}{3}}$ となる.したがって,周期は $T = \sqrt{\dfrac{3\pi}{G\rho}}$ と得られる.【終】

浅川 この球が地球だったとしたら,周期はどれくらいになるんだろう.

小林 ρ を地球の平均密度として計算すると,約 84 分になるよ.

西澤 周期の式には**トンネルの位置や長さに関する文字が入っていない**ので,入り口の 2 点をどこに選んでも周期はみな同じになりますね.

岸辺 実際の地球では,内部に行くと密度が上がると考えられるから,この通りにはならないけど,意外性のある結果だね.

☆ **練習 5.21** 図のように,原点にある質点と,線分 AB 上に一様に質量分布した棒状物体が万有引力を及ぼし合っている.線分 AB は y 軸と平行になっていて,$\angle\text{AOH} = \alpha$, $\angle\text{BOH} = \beta$ である.棒から質点に働いている力はどのような向きを向いているか.

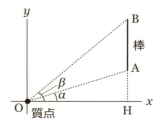

5.3 角運動量

大山 空間内を運動する質点は，各時刻では速度ベクトル方向への**直線運動**を行っています．他方，適当に選んだ点から見たときの質点の方向が変わっていくときは，その点のまわりに**回転運動**していることになります．

質点の直線運動を表す**運動量**として，質点の質量 m と速度ベクトル $\boldsymbol{v}$ の積 $\boldsymbol{p}=m\boldsymbol{v}$ を用いました．このとき，直線運動の時間的変化はニュートンの運動方程式 $\dfrac{d\boldsymbol{p}}{dt}=\boldsymbol{F}$ で記述されます．いま，回転運動をみる点を座標原点に選んだとき，回転の運動量を**角運動量ベクトル** $\boldsymbol{L}=\boldsymbol{r}\times\boldsymbol{p}$ で表します．角運動量の時間的変化は $\dfrac{d\boldsymbol{L}}{dt}=\boldsymbol{N}$ で記述されます．$\boldsymbol{N}=\boldsymbol{r}\times\boldsymbol{F}$ は質点に働く原点のまわりの**力のモーメント・ベクトル**です．ここで，$\boldsymbol{L}$ と $\boldsymbol{N}$ はみる点によって違ってきますので，どの点のまわりの量であるかをはっきりさせて考える必要があります．

浅川 角運動量ベクトル $\boldsymbol{L}$ は $\boldsymbol{r}$ と $\boldsymbol{v}$ の両方に**垂直**となるので，回転運動している瞬間的な平面に垂直な方向を向いたベクトルになりますね．

大山 はい，$\boldsymbol{r}$ から $\boldsymbol{v}$ の方向へ，なす角の小さい方に沿って右ねじを回したとき，ねじの進む向きとなります．

中心力 $\boldsymbol{F}=f(r)\boldsymbol{e}_r$ が質点に働いている場合には，原点のまわりのモーメント・ベクトルは $\boldsymbol{N}=\boldsymbol{r}\times f(r)\boldsymbol{e}_r=\boldsymbol{0}$ となり，$\dfrac{d\boldsymbol{L}}{dt}=\boldsymbol{0}$ から，原点のまわりの角運動量ベクトルは時間的に一定となります．

したがって，**中心力が働く運動**では，**力学的エネルギー保存の法則**と**角運動量保存の法則**の2つの保存則が成り立ちます．

一定の角運動量ベクトルに垂直な平面で運動するので，ひとつの決まった平面内での運動となります．

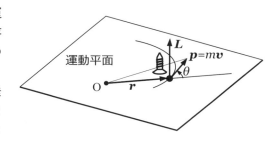

この平面を xy 平面としてとった**平面極座標** (r,φ) を用いて運動を記述することができます．角運動量ベクトル $\boldsymbol{L}=L\boldsymbol{k}$ は

と表せます．運動方程式は

$$L = r e_r \times m(\dot{r} e_r + r\dot{\varphi} e_\varphi) = mr^2 \dot{\varphi} k$$

と表せます．運動方程式は

$$m[(\ddot{r} - r\dot{\varphi}^2) e_r + (2\dot{r}\dot{\varphi} + r\ddot{\varphi}) e_\varphi] = f(r) e_r$$

となります．成分に分けて書くと

$$m(\ddot{r} - r\dot{\varphi}^2) = f(r), \quad m(2\dot{r}\dot{\varphi} + r\ddot{\varphi}) = 0$$

です．第2式の方位角成分に r をかけてから積分すると

$$L = mr^2 \dot{\varphi} = mh = 一定 \quad (h \equiv r^2 \dot{\varphi})$$

が導かれます．これは**角運動量保存の式**となっています．

小林 これを $2m$ で割れば**面積速度一定の式** $\frac{1}{2} r^2 \dot{\varphi} = \frac{h}{2}$ になりますね．

大山 はい．第1式の動径成分から $\dot{\varphi} = \dfrac{L}{mr^2}$ によって $\dot{\varphi}$ を消去して

$$m\ddot{r} - \frac{L^2}{mr^3} = f(r)$$

と表して考えてみます．中心力は保存力ですから，**力学的エネルギー保存の法則**

$$\frac{m}{2}(\dot{r}^2 + r^2 \dot{\varphi}^2) + U(r) = E = 一定$$

すなわち

$$\frac{m}{2} \dot{r}^2 + \frac{L^2}{2mr^2} + U(r) = E = 一定$$

が導けます．

運動方程式を解いて軌道の式 $r = r(\varphi)$ を得るためには，具体的な $f(r)$ の形が必要です．ここでは $f(r) = \dfrac{k}{r^2}$（k は定数）の場合について，次の問題で見てみましょう．

■■■ 中心力場での運動方程式と軌道の式 ■■■

問題 5.3A 座標原点からの中心力 $\dfrac{k}{r^2}\boldsymbol{e}_r$ (k は定数) を受けて xy 平面内を運動する質点がある．平面極座標で表された軌道の式 $r = \dfrac{l}{1+\varepsilon\cos\varphi}$ が運動方程式 $m(\ddot{r}-r\dot\varphi^2) = \dfrac{k}{r^2}$ を満たしていることを示せ．ただし，$r^2\dot\varphi = h = $ 一定，$l = -\dfrac{mh^2}{k}$，$\varepsilon = lA$ である ($A \geq 0$).

【解】 まず $\ddot r$ を計算すると

$$\dot{r} = -l(1+\varepsilon\cos\varphi)^{-2}(-\varepsilon\sin\varphi\cdot\dot\varphi) = l\varepsilon\dot\varphi\sin\varphi\cdot\dfrac{r^2}{l^2} = \dfrac{h\varepsilon}{l}\sin\varphi,$$

$$\ddot{r} = \dfrac{h}{l}\dot\varphi\varepsilon\cos\varphi = \dfrac{h^2}{lr^2}\left(\dfrac{l}{r}-1\right) = \dfrac{h^2}{r^3}-\dfrac{h^2}{lr^2}$$

となるので

$$\ddot{r}-r\dot\varphi^2 = \dfrac{h^2}{r^3}-\dfrac{h^2}{lr^2}-\dfrac{h^2}{r^3} = -\dfrac{h^2}{lr^2} = \dfrac{k}{mr^2}$$

が導ける．これにより**軌道の式** $r = \dfrac{l}{1+\varepsilon\cos\varphi}$ が運動方程式を満たしていることがわかる．【終】

大山 力が万有引力の場合は $k=-GMm$ ですから，

$$l = \dfrac{h^2}{GM}, \quad \varepsilon = \dfrac{h^2 A}{GM} \geq 0$$

となります．

軌道の式 $r = \dfrac{l}{1+\varepsilon\cos\varphi}$ は，$\varepsilon = 0$ のとき**円**，$0 < \varepsilon < 1$ のとき**楕円**，$\varepsilon = 1$ のとき**放物線**，$1 < \varepsilon$ のとき**双曲線**を表す式になります．

これらは直円錐を平面で切ったときに切り口に現れる曲線で，**円錐曲線**と呼ばれます．

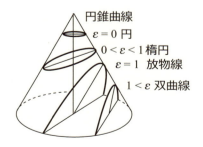

円錐曲線
$\varepsilon = 0$ 円
$0 < \varepsilon < 1$ 楕円
$\varepsilon = 1$ 放物線
$1 < \varepsilon$ 双曲線

岸辺 力の強さを与える定数 k が，$k > 0$ の場合は斥力，$k < 0$ の場合は引力になりますね．

大山 2体間の距離の2乗に反比例する力として，万有引力以外に，2個の点電荷の間の**クーロン力**があります．その場合には，同種類の電荷，すなわち正電荷どうしまたは負電荷どうしの場合には斥力で，正電荷と負電荷の異種電荷間の力は引力となります．このような力は「**逆自乗則の力**」としてよく知られています．次の問題を考えてみてください．

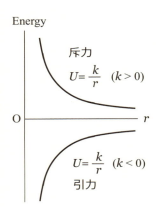

□□□ 中心力場における運動の軌道の式 □□□

問題 5.3B 質点が座標原点からの中心力を受けて xy 平面内を運動する．この平面内にとった平面極座標 (r, φ) で表したとき，中心力は r^{-2} に比例した引力で，軌道の式は $r = \dfrac{l}{1 + \varepsilon \cos \varphi}$ $(l > 0, \varepsilon \geq 0)$ である．次の各場合について，軌道の式を x, y 座標で表し，そのグラフを描け．

(i) $\varepsilon = 0$ (ii) $0 < \varepsilon < 1$ (iii) $\varepsilon = 1$ (iv) $\varepsilon > 1$

【解】 軌道の式を変形し，$x = r \cos \varphi$, $y = r \sin \varphi$, $x^2 + y^2 = r^2$ により極座標をデカルト座標で書きかえる．

(i) $\varepsilon = 0$ の場合： $r = l$ なので，平方して**円軌道の式** $x^2 + y^2 = l^2$ が得られる．

(ii) $0 < \varepsilon < 1$ の場合： $r + \varepsilon r \cos \varphi = l$ より $r = l - \varepsilon r \cos \varphi$ であるから，平方してデカルト座標でおきかえると $x^2 + y^2 = (l - \varepsilon x)^2$ となる．これを変形して，デカルト座標で表した**楕円軌道の式**が次のように得られる．

$$\left(\frac{1 - \varepsilon^2}{l} \right)^2 \left(x + \frac{l\varepsilon}{1 - \varepsilon^2} \right)^2 + \left(\frac{\sqrt{1 - \varepsilon^2}}{l} \right)^2 y^2 = 1$$

(iii) $\varepsilon = 1$ の場合： $r + r \cos \varphi = l$ より $r = l - r \cos \varphi$ であるから，平方してデカルト座標でおきかえると $x^2 + y^2 = (l - x)^2$ となる．これを変形して，デ

カルト座標で表した**放物線軌道**の式が

$$x = -\frac{1}{2l}y^2 + \frac{l}{2}$$

と得られる．

(iv) $\varepsilon > 1$ の場合： $r + \varepsilon r \cos\varphi = l$ より $r = l - \varepsilon r \cos\varphi$ であるから，平方してデカルト座標でおきかえると $x^2 + y^2 = (l - \varepsilon x)^2$ となる．これを変形して，デカルト座標で表した**双曲線軌道**の式が次のように得られる．

$$\left(\frac{\varepsilon^2 - 1}{l}\right)^2 \left(x - \frac{l\varepsilon}{\varepsilon^2 - 1}\right)^2 - \left(\frac{\sqrt{\varepsilon^2 - 1}}{l}\right)^2 y^2 = 1$$

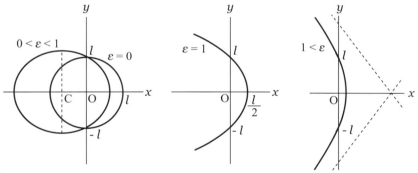

【終】

浅川 いろんな曲線が全部一つの円錐曲線の式で表せるのが，極座標のすごいところね．

小林 x 軸上の2個の**固定点** F_1, F_2 からの距離の和が一定となる点 P の軌跡が楕円で，2つの固定点は楕円の**焦点**と呼ばれている．

岸辺 前に $kr\mathbf{e}_r$ の中心力のところで楕円軌道や双曲線軌道になることを見たけど，$\dfrac{k}{r^2}\mathbf{e}_r$ の中心力でもまた楕円軌道や双曲線軌道に出会うんですね．

西澤 力の中心の位置が kre_r の中心力の場合と違っていますね．

岸辺 kre_r の中心力では 曲線の対称点 が力の中心だったけど，逆自乗則の楕円の場合は 焦点 に力の中心がある．

西澤 つまり，片方の焦点が力の中心になっているところが，復元力の場合との違いということになる．

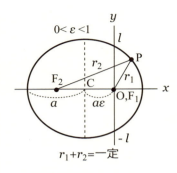

小林 離心率 $\varepsilon = 0$ である円軌道の場合は2つの焦点の位置が重なってしまっているけど，離心率が大きくなるにつれて2つの焦点が離れていき，楕円軌道は x 軸の方向に細長くなる．

浅川 離心率が1になったところで遠日点は無限遠にいって消えてしまい，軌道は放物線になるね．

小林 2個の固定点 F_1, F_2 からの距離の差が一定となる曲線が双曲線で，消えたはずの第2の点 F_2 が x 軸上を正方向無限遠からやってくる．

浅川 上の問題の結果から，双曲線の2本の漸近線の交点は $x = \dfrac{l\varepsilon}{\varepsilon^2 - 1}$ になるので，点 F_2 は原点から交点までの距離の2倍だけ離れた位置にあるはずだね．

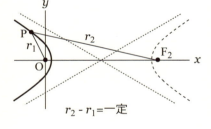

大山 斥力の逆自乗則の場合には $k > 0$ なので $l < 0$, $\varepsilon < 0$ となります．わかりやすいように $\bar{l} = -l$, $\bar{\varepsilon} = -\varepsilon$ とおいて，正の量 $\bar{l}, \bar{\varepsilon}$ で運動を見てみると，軌道の式は

$$r = \frac{-\bar{l}}{1 - \bar{\varepsilon}\cos\varphi}$$

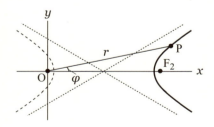

となります．

ここで $r > 0$ となれるのは，$\bar{\varepsilon}\cos\varphi > 1$ の場合なので，$\bar{\varepsilon} > 1$ でかつ $\cos\varphi > \dfrac{1}{\bar{\varepsilon}}$ のときです．変形してデカルト座標で軌道の式を表すと

$$\left(\frac{\bar{\varepsilon}^2-1}{\bar{l}}\right)^2\left(x-\frac{\bar{l}\bar{\varepsilon}}{\bar{\varepsilon}^2-1}\right)^2-\left(\frac{\sqrt{\bar{\varepsilon}^2-1}}{\bar{l}}\right)^2 y^2=1$$

と書けます．原点にある力の中心からの斥力を受けて**双曲線軌道**を運動しますが，**引力の場合と力の中心の位置が違う**ことがわかると思います．

次に，有効ポテンシャルによる運動の取扱い方を見てみましょう．

☆ **練習 5.31** 質量 m の惑星が座標原点にある質量 M の太陽からの万有引力を受けて xy 平面内を運動している．万有引力定数を G とする．平面極座標で表した軌道は $r=\dfrac{l}{1+\varepsilon\cos\varphi}$（ただし $0<\varepsilon<1$, l は正の定数, $\dot\varphi>0$）である．

(1) 方位角 φ の位置での速度ベクトルを，平面極座標の基本ベクトル e_r, e_φ と G, M, l, ε, φ を用いて表せ．

(2) r が最大のときの速さ v_1 と最小のときの速さ v_0 の比 $\dfrac{v_1}{v_0}$ を求めよ．

(3) 方位角 φ の位置での位置ベクトルと速度ベクトルのなす角度を θ としたとき，$\sin\theta$ を ε, φ を用いて表せ．

(4) 方位角 φ の位置での運動エネルギー K，ポテンシャル・エネルギー U，力学的エネルギー E を G, M, m, l, ε, φ を用いて表せ．

☆ **練習 5.32** 座標原点にある質量 M の太陽からの万有引力を受けながら xy 平面内を運動している質量 m の天体がある．万有引力定数を G とする．平面極座標 (r,φ) で書かれた天体の軌道の式は $r=\dfrac{l}{1+\cos\varphi}$ である．ただし l は正の定数で，$\dot\varphi>0$ である．

(1) $\varphi=0$ の位置での位置ベクトル，速度ベクトル，加速度ベクトルを，平面極座標系の基本ベクトル e_r, e_φ を用いて表せ．

(2) $\varphi=0$ の位置での位置ベクトル，速度ベクトル，加速度ベクトルを，デカルト座標系の基本ベクトル i, j, k を用いて表せ．

(3) 位置ベクトルと速度ベクトルのなす角 θ は φ によりどのように変化するか．

(4) 動径が r の位置での運動エネルギー K, ポテンシャル・エネルギー U, 力学的エネルギー E を表せ.

☆ **練習 5.33** 質量 m の質点が座標原点からの中心力 $\boldsymbol{F} = -m\omega^2 \boldsymbol{r}$ を受けながら xy 面内を運動する. ここで $\boldsymbol{r}$ は質点の位置ベクトル, ω は正の定数である. 時刻 $t = 0$ において $x = a, y = z = 0, \dot{x} = \dot{z} = 0, \dot{y} = v_0$ であったとする (a, v_0 は正の定数). 時刻 t における質点の位置ベクトル, 速度ベクトル, 原点のまわりの角運動量ベクトルを求めよ.

☆ **練習 5.34** 水平な地面の点 O から, 時刻 $t = 0$ に速さ v_0 で地面と角度 φ をなす方向に質量 m の質点を投げ上げた. 質点は, 重力加速度の大きさ g の一様な重力場のある空中を運動したのちに, 地面に達した. 投射地点を座標原点に選び, 運動平面を xy 平面にとる. 水平方向を x 軸正方向, 鉛直上方を y 軸正方向とする. 投げ出してから地面に到達するまでの時刻 t における運動について考える.

(1) 時刻 t における質点の, 原点のまわりの角運動量ベクトルを求めよ.

(2) 時刻 t における質点に働く重力の, 原点のまわりのモーメント・ベクトルを求めよ.

(3) 質点が地面に達したときの角運動量ベクトルはいくらか.

大山 質点の角運動量が時間的変化する例を見たところで, 再び中心力にもどり, 有効ポテンシャルによる取扱いを調べてみましょう.

5.4 有効ポテンシャル

大山 座標原点からの中心力を受けて運動する質点を, xy 面内にとった平面極座標で記述するとき, 原点のまわりの角運動量の保存則

$$\boxed{\boldsymbol{L} = L\boldsymbol{k} = mr^2 \dot{\varphi} \boldsymbol{k} = \text{一定}}$$

と力学的エネルギーの保存則

$$\frac{m}{2}\dot{r}^2 + \frac{L^2}{2mr^2} + U(r) = E = \text{一定}$$

が成り立っています．ここで**有効ポテンシャル**

$$U_e(r) = \frac{L^2}{2mr^2} + U(r)$$

を定義します．$\frac{L^2}{2mr^2}$ は**遠心力項**と呼ばれます．

浅川 なぜそう呼ばれるのでしょうか．

大山 $U_\omega(r) = \frac{L^2}{2mr^2}$ としたとき $-\nabla U_\omega = mr\dot{\varphi}^2 \boldsymbol{e}_r = mr\omega^2 \boldsymbol{e}_r$ となり，U_ω は質点とともに原点のまわりを回転する座標系にのって見たときの遠心力を導きます．非慣性系である回転座標系にのって見た運動については後のセミナーで考えましょう．ここでは，U_ω は慣性系でみたときの角度的運動から出てくるエネルギーを表していることを確認しておいてください．

小林 確かに

$$\frac{L^2}{2mr^2} = \frac{(mr^2\dot{\varphi})^2}{2mr^2} = \frac{1}{2}m(r\dot{\varphi})^2 = \frac{1}{2}mv_\varphi^2$$

なので方位角方向の運動によるエネルギーとわかります．動径方向の運動による $\frac{1}{2}m\dot{r}^2 = \frac{1}{2}mv_r^2$ と分離しているわけですね．

大山 はい．このようにすると，**動径変数 r の運動を，$U_e(r)$ をポテンシャルとみなしたときの 1 次元運動のように取り扱えます**．力学的エネルギー保存の法則は $\frac{m}{2}\dot{r}^2 + U_e(r) = E$ と書けるので，$\dot{r}$ が実数となるための条件 $U_e(r) \leq E$ を満たす r の領域内でのみ運動が可能となります．

具体的に，万有引力の場合について見てみましょう．遠心力項は r^{-2} で変化し，万有引力項は r^{-1} で変化するので，r が小さい領域では**遠心力項が支配的**，r が大きい領域では**万有引力項が支配的**となり，$U_e(r)$ はそれぞれに漸近します．そのため $U_e(r)$ の曲線は，中間の領域で $U_e < 0$ の極小点をもつことになります．

グラフは図のようになります．**運動可能領域が** $U_e \leq E$ **により制限されます**．

極小点でのエネルギー $E_{\min}$ が与えられた場合には r は極小点に固定された値だけとれるので，質点の軌道は**円軌道**になります．$E_{\min} < E < 0$ のとき $r_1 \leq r \leq r_2$ を運動する**楕円軌道**になります．

$E = 0$ のとき r_2 が無限遠に去って**放物線軌道**となり，$E > 0$ の場合には，同じ角運動量の大きさ L のときには r_1 がより原点に近づき**双曲線軌道**となります．

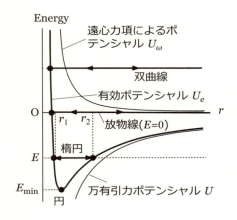

実際の運動は，この動径成分の運動に方位角成分の運動が加わり，力の中心を中心とした $r = r_1$ と $r = r_2$ の同心円で挟まれた領域を運動することになります．

$E \geq 0$ の運動では，外側の $r = r_2$ の円は無限に大きくなって $r = r_1$ の円のみが残り，その外側だけで運動できることになります．

□□□ 有効ポテンシャル □□□

問題 5.4A 質量 m の質点が座標原点からの中心力 (万有引力，復元力) を受けて xy 平面内を楕円運動する．原点からの距離を r としたときの中心力のポテンシャルが (i) $U = -\dfrac{GMm}{r}$ と (ii) $U = \frac{1}{2}m\omega^2 r^2$ の場合について考える (G, M, ω は正の定数)．質点の力学的エネルギーを E，原点のまわりの角運動量の大きさを L とする．

(1) それぞれの $U(r)$ について，有効ポテンシャル $U_e(r)$ のグラフを描け．さらに，楕円運動するエネルギー E が与えられたときの運動可能領域に対する境界の円と楕円軌道を描け．

(2) $U = -\dfrac{GMm}{r}$ の場合の楕円軌道の長半径 a を求めよ．

【解】 (1) 有効ポテンシャルは，それぞれ

(i) $U_e(r) = \dfrac{L^2}{2mr^2} - \dfrac{GMm}{r}$, (ii) $U_e(r) = \dfrac{L^2}{2mr^2} + \dfrac{1}{2}m\omega^2 r^2$

である．$\dot{r}$ が実数値であるために $\frac{1}{2}m\dot{r}^2 = E - U_e \geq 0$ すなわち $E \geq U_e$ を満たす動径 r の範囲 $r_1 \leq r \leq r_2$ で運動できる．範囲の両端では $\dot{r}=0$ となるので，$U_e = E$ より r_1, r_2 が決まる．力の中心 O からの距離 r_1, r_2 の半径をもつ 2 つの同心円で挟まれた領域内を運動する．領域と軌道のグラフは次図のようになる．軌道に付けられた矢印は $\dot{\varphi} > 0$ の場合の運動の向きを示しており，$\dot{\varphi} < 0$ なら逆回りの運動になる．

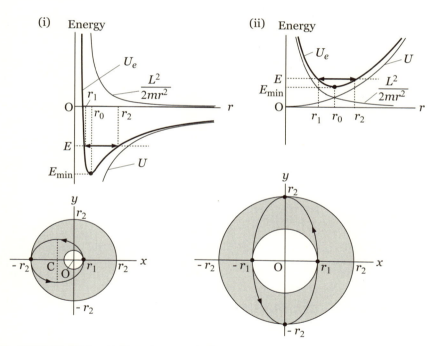

(2) 運動可能領域の境界では $\dot{r} = 0$ となるので r_1, r_2 は

$$\frac{1}{2}m\dot{r}^2 + \frac{L^2}{2mr^2} - \frac{GMm}{r} = E$$

において $\dot{r} = 0$ とおいたときの r についての方程式 $\dfrac{L^2}{2mr^2} - \dfrac{GMm}{r} = E$ を満た

している．変形して $r^2 + \dfrac{GMm}{E}r - \dfrac{L^2}{2mE} = 0$ である．これは $(r-r_1)(r-r_2) = 0$ と因数分解できるから，楕円の長半径は $a = \dfrac{r_1 + r_2}{2} = -\dfrac{GMm}{2E}$ と得られる．
【終】

浅川 万有引力の場合は質点が軌道に沿って一周する間に，半径 r_1 と r_2 の円に 1 回ずつ接するけど，復元力の場合は 2 回ずつ接しているね．

岸辺 運動可能領域の境界を表す同心円の中心が，万有引力では楕円の一方の焦点にあるが，復元力だと楕円の中心になっている．

西澤 両方の楕円運動は，似ているけど，違う点も多いですね．質点が内側の円に近づくにつれて，速くなるのは似ているけど．

小林 質点が原点に近づくほど速くなるのは，どちらのポテンシャル $U(r)$ も r の単調増加関数になっているためですね．

大山 中心力による運動では有効ポテンシャルを使うと見通しがよいことが，わかってもらえたでしょうか．

西澤 はい．楕円運動に対する同心円の図で，x 軸上の $x = r_1$ の点から右の方へ回って $x = r_2$ の点に行くような軌道は，原点のまわりの角運動量が保存されないから起こらないですよね．

浅川 セミナーも半分終わって，力学の考え方や通り道で拾ってきたものの意味が，いくらか見えてきました．

大山 6 日目のセミナーでは，これまで見てきた質点の力学の法則を使って，質点の集団である質点系の運動を調べていきます．

☆ **練習 5.41** 質量 m の質点が座標原点からの中心力を受けて xy 平面内を楕円運動する．原点からの距離を r としたときの中心力のポテンシャルは $U = \frac{1}{2}m\omega^2 r^2$ である（ω は正の定数）．質点の力学的エネルギーを E，原点のまわりの角運動量の大きさを L としたときの楕円軌道の長半径 a と短半径 b を求めよ．

☆ **練習 5.42** 質量 m の質点が原点からの中心力を受けて xy 面内を運動している．質点の軌道は x 軸を極軸とする平面極座標 (r, φ) を用いて $r = \dfrac{a}{1 - \cos\varphi}$（$a$ は正の定数，$\dot\varphi > 0$）と表される．時刻 $t = 0$ に質点は x 軸上の点にあり，速さが

$v_0 \, (> 0)$ であったとする.

(1) 質点が受ける中心力を $f e_r$ とするとき, f を r の関数として表せ.

(2) 中心力の大きさが $t = 0$ のときの $\frac{1}{16}$ となるときの φ を求めよ. ただし, $0 < \varphi < 2\pi$ とする.

☆ **練習 5.43** 質量 m の質点が, 原点からの中心力を受けて半径 a の円運動をしている. 中心力ポテンシャルは $U = \frac{1}{2} m \omega^2 r^2$ で与えられている (r は原点からの距離, ω は正の定数). 質点の角運動量の大きさを L とする.

(1) 角運動量の大きさ L を, a, m, ω を用いた式で表せ.

(2) この質点の運動エネルギー K とポテンシャル・エネルギー U の間にどのような関係が成り立っているか.

(3) この質点の力学的エネルギー E と角運動量の大きさ L の間にどのような関係が成り立っているか.

セミナー6日目

大きさをもつ物体の運動を考える

5日目までで，質点の運動の取り扱いができるようになりましたので，今回からは大きさをもった物体を，その大きさと形状を考慮して取り扱う方法の話に移っていきます．どうするかというと，大きさをもった物体を限りなく細かく切り刻んで，無限小体積をもった素片の集まりとしてしまいます．その無数の素片のひとつひとつは質点とみなせることになり，質点の力学で得られた結果が適用できます．

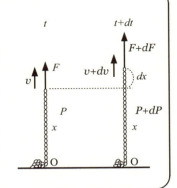

6 質点系の運動

6.1 質点系の運動を特徴づける物理量

大山 これまでは，1個の質点の運動を具体的な問題を通して調べてきました．物理学では，対象とするものを**系**と呼びます．今回からは，複数の質点の集まりである**質点系**の運動をどう扱うかを見ていきます．

質点系といっても，2個の質点だけのこともあれば，10^{23}個もの質点の集まりや，もっとたくさんの個数の質点をもつものもあります．すでに見てきたように，ニュートン力学では，1個の質点の運動状態(力学的状態)を，各時刻tでの質点の位置ベクトルrと速度ベクトルv(または運動量ベクトルp)を用いて記述します．

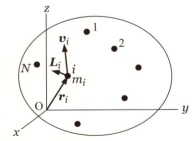

質点iの力学的状態(r_i, v_i)をもとに質点系の状態を記述する

質点の個数が多くなると，これらの変数についての微分方程式を連立させて解くことは困難となってきます．なおかつ，ある時刻での全ての変数の初期値

も与えなければならないので，質点が 2 個だけの簡単な場合を除けば，何かうまい方法を見つけて記述する必要があります．

浅川 そんなたくさんの変数をもった系を扱うのは難しそうな気がしますが，どんな方法があるのですか．

大山 たくさんの質点からなる系の 1 個 1 個の質点には，慣性系における質点の法則がそのまま使えます．ここでは，質点からなる対象の全体の様子を慣性系にのってみてみます．**全体を特徴づける量にどのようなものがあるかを探し，それらの間にどのような関係が成り立つかを見出していきます．**

浅川 例えばどんな量があるのですか．

大山 質点系が全部で N 個の質点からなるとして，質点に 1 番から N 番まで番号を付けて表すことにします．慣性系 $Oxyz$ にのって記述します．このとき，代表の質点を i 番目として，その質量を m_i，位置ベクトルを r_i，速度ベクトルを v_i，運動量ベクトルを p_i，原点のまわりの角運動量ベクトルを L_i とします．

質点系全体を特徴づける量として，次の式で定義される**全質量** M，**重心の位置ベクトル** r_G，**全運動量** P，**原点のまわりの全角運動量** L などがあります．

$$M = \sum_{i=1}^{N} m_i, \quad r_G = \frac{1}{M}\sum_{i=1}^{N} m_i r_i, \quad P = \sum_{i=1}^{N} p_i, \quad L = \sum_{i=1}^{N} L_i$$

西澤 重心は質点系の質量分布の中心ですね．

大山 はい．英語で Center of gravity なので，通常，G という記号で表されます．実際には，質量が連続分布している系についての重心を考えることが多いです．

浅川 質量が連続分布しているといえば，棒や円柱や球が思い浮かびますが．計算はどんなふうに行うのですか．

大山 連続分布の場合は，無限小体積 dV をもつ体積素片に分割して，それぞれの素片を質点とみなします．体積素片近傍での**質量体積密度**を ρ とすれば，素片の質量は ρdV となります．したがって

$$M = \int_V \rho\, dV, \quad r_G = \frac{1}{M}\int_V r\, \rho\, dV$$

のように計算されます．$\int_V$ は体積 (Volume) 全体にわたって積分することを意味しています．成分で書けば

$$x_G = \frac{1}{M}\int_V x\rho dV, \quad y_G = \frac{1}{M}\int_V y\rho dV, \quad z_G = \frac{1}{M}\int_V z\rho dV$$

ですね．面積素片 dS や線素片 ds の場合には，ρdV の代わりに，σdS，λds となります．σ は**質量面密度**，λ は**質量線密度**です．それでは，具体的な計算を見てみましょう．

□□□ 直角三角形状薄板の重心 □□□

問題 6.1A xy 平面内の原点 O，点 A$(4a, 0)$，点 B$(4a, 3a)$ を頂点とする直角三角形 OAB を考える．三角形 OAB の内部に質量が一様に分布しているとき，重心の位置ベクトルを求めよ．

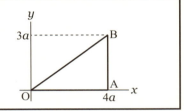

【解】 面積素片 $dS = dxdy$ を右図のようにとる．質量を M とすると，質量面密度は $\sigma = \dfrac{M}{6a^2}$ である．重心の x 座標は

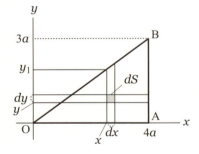

$$x_G = \frac{1}{M}\int_S x \cdot \sigma dS$$

$$= \frac{1}{M}\int_0^{4a}\left[\int_0^{y_1} x \cdot \sigma dy\right]dx$$

により計算される（ただし $y_1 = \frac{3}{4}x$）．さらに計算すると

$$x_G = \frac{\sigma}{M}\int_0^{4a} xy_1 dx = \frac{1}{6a^2}\int_0^{4a} \frac{3}{4}x^2 dx = \frac{8}{3}a$$

と得られる．重心の y 座標は

$$y_G = \frac{1}{M}\int_S y \cdot \sigma dS = \frac{1}{M}\int_0^{4a}\left[\int_0^{y_1} y \cdot \sigma dy\right]dx$$

$$= \frac{\sigma}{M}\int_0^{4a}\left[\frac{y^2}{2}\right]_0^{y_1} dx = \frac{1}{6a^2}\int_0^{4a}\frac{9}{32}x^2 dx = a$$

と得られる．したがって，重心の位置ベクトルは
$$r_G = \frac{8}{3}a\boldsymbol{i} + a\boldsymbol{j}$$
となる．【終】

浅川 面積素片からの寄与の足し算は，二重積分になるのですね．この積分の意味の説明をもう少し詳しくお願いします．

大山 それでは，図を見てください．x_G の場合について説明します．

右辺の積分で計算することは，三角形の内部にあるすべての面積素片の $x \cdot \sigma dxdy$ を足し合わせることです．まず x を図の x のところに固定して，y だけを変えて，面積素片の寄与を足し合わせていきます．そうすると，縦長の長方形CDFEからの寄与が得られます．これは数式で書けば $\int_0^{y_1} x \cdot \sigma dxdy$ となります．ここまではいいでしょうか．

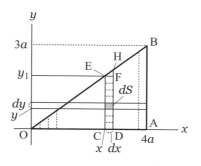

浅川 はい．でも，小さな三角形EFHはどうなるのでしょうか．

大山 図で dx を $\frac{1}{2}$ の大きさにすると，CDの区間が半分ずつのCD$_1$とD$_1$Dに分れます．すると，三角形FEHの部分はさらに小さなFE$_1$H$_1$とH$_1$E$_2$Hの部分に分れて，足し合わせた面積はもとの三角形FEHより小さくなります．影を付けた長方形部分は積分値に取り込まれます．したがって，三角形部分全体の寄与も小さくなります．積分では dx を無限小としていますので，結局，三角形部分からの寄与は長方形からの寄与と比べて限りなく小さくなり，無視することができます．

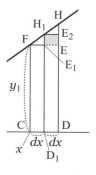

浅川 三角形の部分の全面積は dx を小さくしていくと，どんどん減っていくのですね．

大山 はい．こうして x を固定したときの縦長の長方形からの寄与が得られますので，このような縦長の長方形の寄与を $x=0$ にある長方形から $x=4a$ にある長方形まで足し合わせれば，三角形全体の寄与 $\int_0^{4a}\left[\int_0^{y_1} x\cdot\sigma dy\right]dx$ を求めることができます．それを行うのが外側の x についての積分です．計算できた積分値を全質量 M で割れば，重心の x 座標が得られます．

重心の y 座標を求めるときには，$y\cdot\sigma dxdy$ を足し合わせていくので，

$$\frac{1}{M}\int_0^{4a}\left[\int_0^{y_1} y\cdot\sigma dy\right]dx$$

を計算すればいいわけです．

浅川 よくわかりました．この面積積分の方法も，必須アイテムに加えておきます．

小林 ここで得られた重心の位置は，幾何学で三角形の中線の交点として得られる点と同じになっていますね．

大山 はい．三角形の内部に質量が一様分布している場合の重心が，**幾何学的重心** となっています．

西澤 逆にいえば，質量分布が内部に一様となっていなければ，幾何学的重心と違う位置に重心が移ることになるわけですね．

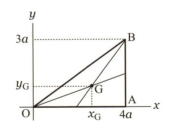

大山 はい．練習問題で，辺の上だけに質量が分布した針金でできたような三角形の場合の重心の位置を計算して，比べてみてください．

☆ **練習 6.11** xy 平面内の原点 O，点 A$(4a,0)$，点 B$(4a,3a)$ を頂点とする直角三角形 OAB を考える．

三角形 OAB の周上に質量が一様に分布しているとき，重心の位置ベクトルを求めよ．

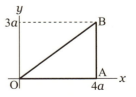

☆ **練習 6.12** 図のように，辺の長さ a の正方形 OABC の内部に質量が分布した薄板がある．正方形は曲線 $y = \dfrac{x^3}{a^2}$ で領域 I（面積の小さい側）と II に分けられている．

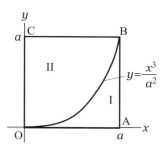

(1) 領域 I の部分の重心の位置ベクトル r_{G1} を求めよ．

(2) 領域 II の部分の重心の位置ベクトル r_{G2} を求めよ．

(3) 領域 I に面積密度 σ_1，領域 II に面積密度 σ_2 でそれぞれ質量が一様分布しているときの正方形の重心の位置ベクトル r_G を求めよ．

☆ **練習 6.13** xz 面内において z 軸，$z = h$，および曲線 $z = \dfrac{h}{a^2}x^2$ $(0 \leq x \leq a)$ で囲まれた図形を，z 軸のまわりに 1 回転してできる図のような立体（上側は $z = h$ の面となっている）の内部に質量が一様に分布している．重心の z 座標を求めよ．

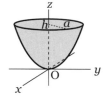

6.2　質点系の並進運動

大山　質点系の 質点間に働く力 を内力といいます．質点 k から質点 i に及ぼされる力を F_{ki} と書くと，質点 i から質点 k へは反作用として力 $F_{ik} = -F_{ki}$ が働きます．したがって，質点系の内力をすべて足し合わせると 0 となります．

また，質点 i には，質点系外部から外力 F_i が働きます．

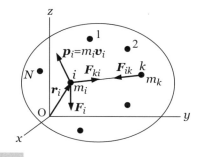

質点 i の運動方程式は $\dfrac{dp_i}{dt} = F_i + \displaystyle\sum_{k=1}^{N} F_{ki}$ です．ここで，同一質点からの内力はないので $F_{ii} = 0$ としています．両辺をすべての質点について足し合わ

せると, **全運動量ベクトル** $\boxed{P = \sum_{i=1}^{N} p_i}$ に対して

$$\boxed{\frac{dP}{dt} = F} \quad \left(\text{ただし } \boxed{F = \sum_{i=1}^{N} F_i} \text{ は全外力}\right)$$

が成り立ちます．この式が，**質点系の並進運動を記述する運動方程式**になっています．

浅川 たくさんある内力が全部打ち消し合って消えてしまうのですね．

大山 作用・反作用の法則のために，実にうまく消えてくれます．そのため，方程式が極めて簡単な式になっています．

岸辺 直交した各成分ごとに成り立つことになりますね．

大山 はい，そうです．特別な場合として，もし $F = 0$ ならば $P =$ 一定となります．これは，質点系における**運動量保存の法則**と呼ばれます．質点系に働く外力の和が消えるときには全運動量に変化が起こらない，ということです．

西澤 質点系を部分的にみたときに外力が残っていても，質点系全体で消えていれば全運動量は保存されると考えていいことになる．

大山 重心の式を $Mr_G = \sum_{i=1}^{N} m_i r_i$ と変形してから時間微分して $\boxed{Mv_G = P}$ となります．これをさらに時間微分して $\boxed{M\alpha_G = \dfrac{dP}{dt}}$ です．上で得た運動方程式から $\boxed{M\alpha_G = F}$ が導かれます．質点系の**重心の並進運動**だけを見た場合には，**重心に全質量が集まって 1 個の質点になったとして扱える**ことを示しています．それでは問題を解いてみましょう．

◻︎◻︎◻︎ 鎖の引き上げ ◻︎◻︎◻︎

> **問題 6.2A** 線密度 λ で長さ l の鎖が，床の上に固まっている．この鎖の一端をもって鉛直上方へ引き上げる．時刻 t において鉛直になっている部分の長さを x，速度を v とする．上端を引き上げる力は，鉛直になっている部分の長さが x のとき $\lambda(gx + a^2)$ であるとする (a は正の定数).
>
> 　引き上げ終るまでの間の運動を考える．引き上げられた部分の長さが x のときの，引き上げられた部分の速さ v を求めよ．

【解】時刻 t における鎖の運動量を P とする.床に固まって静止している部分に働く重力と床からの抗力は,つりあって打ち消されるので,鎖に働く外力は $\lambda(gx+a^2)-\lambda xg$ である.よって,運動方程式は

$$\frac{dP}{dt}=\lambda a^2 \quad \bigcirc\text{右辺は全外力}$$

と書ける.時間 dt の間の運動量の増加は

$$dP=\lambda(x+dx)(v+dv)-\lambda xv$$
$$\simeq \lambda(xdv+vdx)$$

であるので,運動方程式は,両辺を λ で割って

$$x\frac{dv}{dt}+v\frac{dx}{dt}=a^2$$

と表せる.左辺は  $\bigcirc$ 合成微分により t を消去する

$$x\frac{dv}{dt}+v\frac{dx}{dt}=x\frac{dv}{dx}\cdot\frac{dx}{dt}+v^2=xv\frac{dv}{dx}+v^2=v\left(x\frac{dv}{dx}+v\right)=v\frac{d(xv)}{dx}$$

と変形できる.両辺に xdx をかけて $xv\,d(xv)=a^2xdx$ となる.積分

$$\int_0^{xv}xv\,d(xv)=\int_0^x a^2xdx$$

より $\frac{1}{2}(xv)^2=\frac{1}{2}a^2x^2$ となり $v=a=$ 一定 と得られる.【終】

浅川 鎖を引き上げる力を,鉛直部分にかかる重力より一定値だけ大きくしてやれば,鎖の速さが一定となって引き上げられるね.

岸辺 この場合,すでに引き上げられている長さ x の分の速さは変らないから,正味の力 λa^2 は固まりから引き上げて運動量を与えるのに使われていることになる.

西澤 計算の途中で $\frac{dv}{dt}$ を $\frac{dv}{dx}\cdot v$ として,うまく t を消去していますね.

小林 これと似た変形は,前に円錐曲線を導くときにもでてきた.

浅川 変数を消去する方法は,ただ代入するというやり方だけではないってこ

とね.

西澤 この問題では，なにげなく鎖が固まっていますが，固まっていることに特別な意味があるのでしょうか.

大山 はい，あるのですね. **鎖を引き上げる力が動き出す1個の輪だけにかかる**ように固めてあります. もし，隣り合う鎖の間が隙間なく置かれていると，力が鎖全体にかかります. そうすると，ここで得られた結果と違ってきます.

小林 例えば，水平な台のうえに隙間なく引き伸ばされた鎖を引くような場合でしょうか.

大山 そうです. その場合は鎖が一体となって運動しますから，輪を1個ずつ引き出すときの運動とは違ってきます. 計算の都合上，鎖は一様な質量分布をもつとしていますが，実際は1つずつの輪が連なっているわけです. 輪の大きさが全体の長さと比べて十分小さいと考えてください.

☆ **練習 6.21** 問題 6.2A を，重心の並進運動の方程式を用いて解け.

☆ **練習 6.22** 机の端に固まっている線密度 λ の鎖がある. 時刻 $t = 0$ のとき，鎖の一端が，机から垂れ下がり落ち始めた. 時刻 t において鉛直になっている部分の長さが x, 速度が v であったとする.

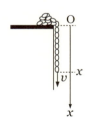

(1) 速度 v を，鉛直になっている部分の長さ x を用いた式で表せ.

(2) 時刻 t における鎖の鉛直下方への速度と加速度を求めよ.

□□□ ロケットの運動 □□□

問題 6.2B 一様な重力加速度の大きさ g の場の中を，重力と反対向きにロケットが飛んでいる. 時刻 $t = 0$ のとき，ロケットの質量が m_0, 前方への速度が $v_0 (> 0)$ であった.

ロケットは単位時間あたり一定値 $\beta (> 0)$ だけの質量をロケットに相対的に速さ u で後方に放出しながら運動する. その後の時刻 t におけるロケットの速度 v を求めよ.

【解】時刻 t におけるロケットの質量を $m(t)$ とすると，運動量は mv である．微小時間 dt でのロケットの速さの増加を dv，質量の増加を $dm\,(<0)$ とすると，ロケットと放出された質量からなる**質点系の運動量の増加**は

$$dP = (m+dm)(v+dv) + (-dm)(v-u) - mv$$

である．**高次の微小量を無視して** $dP = mdv + udm$ となる．質点系に対する運動方程式は $\dfrac{dP}{dt} = -mg$ であるから，上で得た dP を代入すると

$$m\frac{dv}{dt} + u\frac{dm}{dt} = -mg$$

と書ける．質量は $m = m_0 - \beta t$ により変化するので $\dfrac{dv}{dt} = \dfrac{\beta u}{m_0 - \beta t} - g$ を

$$\int_{v_0}^{v} dv = \int_{0}^{t} \left(\frac{\beta u}{m_0 - \beta t} - g \right) dt \qquad \bigcirc\ \text{変数分離法により積分}$$

と積分する．ここで $\dfrac{d}{dt}\log(m_0 - \beta t) = \dfrac{-\beta}{m_0 - \beta t}$ であるから

$$v - v_0 = \Big[-u\log(m_0 - \beta t) - gt \Big]_0^t$$

となる．これを変形して

$$v(t) = v_0 + u\log\frac{1}{1 - \frac{\beta}{m_0}t} - gt$$

と得られる．【終】

浅川 後方に質量を投げ出して，ロケット本体を前方に加速させるわけね．

岸辺 重力があるぶん，速度の増加が差し引かれています．

小林 ロケット本体の速度変化は，相対的な投射速度 u を含む項と重力加速度 g との差で決まっている．

大山 次は，質点系の回転運動を見てみましょう．

6.3 質点系の回転運動

大山 質点系の並進運動を見てきました．そこでは，全質量 M，全運動量 $\boldsymbol{P}$，全外力 $\boldsymbol{F}$，重心の位置ベクトル $\boldsymbol{r}_\mathrm{G}$，速度ベクトル $\boldsymbol{v}_\mathrm{G}$，加速度ベクトル $\boldsymbol{\alpha}_\mathrm{G}$ などの間に成り立つ関係がありました．ここでは，質点系の回転運動を見ていきます．

西澤 質点系の回転運動には，どのようなものがあるのですか．

大山 回転運動を考えるときは，どの点のまわりの回転かを明確にする必要があります．**空間の固定点のまわりの回転運動**と，**質点系の特別な点のまわりの回転運動**の2種類の回転運動があります．空間の固定点として**座標原点 O** を選び，質点系の特別な点として**重心 G** を選んで考えていくことにします．

岸辺 原点のまわりの回転運動は，**原点のまわりの全角運動量ベクトル $\boldsymbol{L}$** で特徴づけられるのですね．

大山 はい，まずその時間変化を調べてみます．質点 i に対する運動方程式は $\dfrac{d\boldsymbol{p}_i}{dt} = \boldsymbol{F}_i + \sum_{k=1}^{N} \boldsymbol{F}_{ki}$ でした．これに左から $\boldsymbol{r}_i$ を外積でかけて，すべての質点について足し合わせます．そうすると，ここでも内力のかかわる項は消えてしまいます．その結果

$$\frac{d\boldsymbol{L}}{dt} = \boldsymbol{N}$$

が成り立ちます．ここで

$$\boldsymbol{N} = \sum_{i=1}^{N} \boldsymbol{N}_i = \sum_{i=1}^{N} \boldsymbol{r}_i \times \boldsymbol{F}_i$$

は，原点のまわりの外力のモーメント・ベクトルの和です．

浅川 回転運動の時間的変化に内力は影響せず，外力で決まるのですね．

大山 はい，そのために簡単な関係式が成り立っているわけです．

ここで特に，$\boldsymbol{N} = \boldsymbol{0}$ ならば $\boldsymbol{L} = $ 一定となります．つまり，外力のモーメントの和が $\boldsymbol{0}$ であれば角運動量ベクトルが保存されます．これは，**質点系における角運動量保存の法則**と呼ばれています．

外力のモーメント・ベクトルの簡単な例を見てみましょう．

□□□ **重力のモーメント・ベクトル** □□□

> **問題 6.3A** 位置ベクトル r_i にある質量 m_i の n 個の質点の集まりが一様な重力場の中にある．全質量を M，重心の位置ベクトルを r_G，重力加速度ベクトルを g とする．質点系に働く重力の原点のまわりのモーメント・ベクトルの和 N を，できるだけ簡単な形で表せ．

【解】重心の位置ベクトルは，質点数を n として
$r_G = \dfrac{1}{M}\sum_{i=1}^{n} m_i r_i$ と書ける．原点のまわりの重力のモーメント・ベクトルの和は $N = \sum_{i=1}^{n}(r_i \times m_i g)$ であるので，これを変形すると　　○ g を和の外に出す

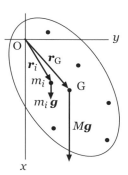

$$N = \sum_{i=1}^{n}(m_i r_i \times g) = \left(\sum_{i=1}^{n} m_i r_i\right) \times g$$
$$= M r_G \times g = r_G \times M g$$

となる．【終】

西澤 重心に全質量 M が集まって仮想的に質点となったとしたときの，原点のまわりの重力のモーメント・ベクトルに等しいですね．

大山 この場合は一様な重力場を考えているので，**すべての質点に共通した加速度ベクトル**となっています．そのため，加速度ベクトルを和の外に外積の形でくくりだせていますから，このような結果となります．

岸辺 重力場中の棒に対して，**重心に重力 Mg が働くとして運動を扱う理由**がわかりました．

大山 重力場以外でも，質点に共通の加速度が働いている場合には，方程式が簡単になるということですね．次に，重心のまわりの回転運動を考えてみます．重心の位置ベクトルを r_G とし，**座標原点が重心 G の位置になるように平行移動した座標系 $O'x'y'z'$ で見た質点 i の位置ベクトルを r'_i とします．座標系 $O'x'y'z'$ を重心座標系**，略して**重心系**と呼ぶことにします．ここで $r_i = r_G + r'_i$ です．
角運動量ベクトル $L = \sum_{i=1}^{N} r_i \times m_i v_i$ に上の関係を代入して変形すると

が成り立ちます．ここで，L_G は全質量 M が重心 G に集まったとしたときの原点 O のまわりの角運動量ベクトル，L' は重心 G(すなわち O') のまわりの角運動量ベクトルです．

浅川　角運動量ベクトルが分離できるわけですね．

大山　はい．質点系の運動エネルギー K についても

$$K = K_G + K' \quad \text{ただし} \quad K_G = \frac{1}{2}Mv_G^2, \quad K' = \sum_{i=1}^{N} \frac{1}{2}m_i \left(\frac{d\boldsymbol{r}'_i}{dt}\right)^2$$

と分離できます．ここで，K_G は重心の並進運動のエネルギー，K' は重心のまわりの運動エネルギーの和です．この分離は，あとで 剛体の運動 を考えるときに使われます．

□□□ 2粒子系の角運動量 □□□

問題 6.3B 等しい質量 m の質点 1 と 2 が，質量の無視できる長さ $2a$ の棒の両端に取り付けられた状態で xy 面内を運動する．時刻 t における質点 1 の位置ベクトル $\boldsymbol{r}_1(t)$ と質点 2 の位置ベクトル $\boldsymbol{r}_2(t)$ が

$$\boldsymbol{r}_1 = (b - a\sin\omega t)\boldsymbol{i} + (v_0 t + a\cos\omega t)\boldsymbol{j},$$
$$\boldsymbol{r}_2 = (b + a\sin\omega t)\boldsymbol{i} + (v_0 t - a\cos\omega t)\boldsymbol{j}$$

と表される (a, b, v_0, ω は正の定数)．

(1) 重心の位置ベクトル $\boldsymbol{r}_G$，重心の速度ベクトル $\boldsymbol{v}_G$，質点系の全運動量ベクトル $\boldsymbol{P}$ を求めよ．

(2) 原点 O のまわりの質点系の角運動量ベクトル $\boldsymbol{L}$ を求めよ．

(3) 重心 G に全質量が集まって速度 $\boldsymbol{v}_G$ で運動しているとしたときの，原点 O のまわりの角運動量ベクトル $\boldsymbol{L}_G$ を求めよ．

(4) 重心 G のまわりの質点系の角運動量ベクトル $\boldsymbol{L}'$ を求めよ．

【解】 (1) 重心の位置ベクトルは

$$r_G = \frac{1}{2m}(mr_1 + mr_2) = \frac{1}{2}(r_1 + r_2)$$
$$= b\,\boldsymbol{i} + v_0 t\,\boldsymbol{j}$$

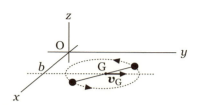

と得られる．これを時間微分して，重心の速度ベクトルは $\boldsymbol{v}_G = v_0\,\boldsymbol{j}$，重心の加速度ベクトルは $\boldsymbol{\alpha}_G = \boldsymbol{0}$ となる．質点系の全運動量ベクトルは $\boldsymbol{P} = 2mv_0\,\boldsymbol{j}$ である．

(2) 位置ベクトルを時間微分して

$$\boldsymbol{v}_1 = -a\omega \cos\omega t\,\boldsymbol{i} + (v_0 - a\omega \sin\omega t)\,\boldsymbol{j},$$
$$\boldsymbol{v}_2 = a\omega \cos\omega t\,\boldsymbol{i} + (v_0 + a\omega \sin\omega t)\,\boldsymbol{j}$$

となる．原点のまわりの質点 1, 2 の角運動量ベクトル $\boldsymbol{L}_1, \boldsymbol{L}_2$ は

$$\boldsymbol{L}_1 = \boldsymbol{r}_1 \times m\boldsymbol{v}_1 = m\left[bv_0 + a^2\omega - a(b\omega + v_0)\sin\omega t + a\omega v_0 t \cos\omega t\right]\boldsymbol{k},$$
$$\boldsymbol{L}_2 = \boldsymbol{r}_2 \times m\boldsymbol{v}_2 = m\left[bv_0 + a^2\omega + a(b\omega + v_0)\sin\omega t - a\omega v_0 t \cos\omega t\right]\boldsymbol{k}$$

と計算される．原点のまわりの質点系の角運動量ベクトルは

$$\boldsymbol{L} = 2m(bv_0 + a^2\omega)\,\boldsymbol{k}$$

となる．

(3) 重心 G に全質量が集まって速度 $\boldsymbol{v}_G$ で運動しているとしたときの，原点 O のまわりの角運動量ベクトルは

$$\boldsymbol{L}_G = \boldsymbol{r}_G \times \boldsymbol{P} = (b\boldsymbol{i} + v_o t\boldsymbol{j}) \times 2mv_0\boldsymbol{j} = 2bmv_0\,\boldsymbol{k}$$

となる．

(4) 重心座標系からみたときの位置ベクトルは　　〇 座標軸の平行移動

$$\boldsymbol{r}'_1 = \boldsymbol{r}_1 - \boldsymbol{r}_G = -a\sin\omega t\,\boldsymbol{i} + a\cos\omega t\,\boldsymbol{j},$$
$$\boldsymbol{r}'_2 = \boldsymbol{r}_2 - \boldsymbol{r}_G = a\sin\omega t\,\boldsymbol{i} - a\cos\omega t\,\boldsymbol{j}$$

である．これらを時間微分して，重心座標系からみたときの速度ベクトルが

$$\boldsymbol{v}'_1 = a\omega(-\cos\omega t\,\boldsymbol{i} - \sin\omega t\,\boldsymbol{j}), \quad \boldsymbol{v}'_2 = a\omega(\cos\omega t\,\boldsymbol{i} + \sin\omega t\,\boldsymbol{j})$$

となる．重心のまわりの質点 1, 2 の角運動量ベクトルは

$$\boldsymbol{L}'_1 = \boldsymbol{r}'_1 \times m\boldsymbol{v}'_1 = ma^2\omega\,\boldsymbol{k}, \quad \boldsymbol{L}'_2 = \boldsymbol{r}'_2 \times m\boldsymbol{v}'_2 = ma^2\omega\,\boldsymbol{k}$$

と得られる．したがって，重心のまわりの質点系の角運動量ベクトルは

$$\boldsymbol{L}' = \boldsymbol{L}'_1 + \boldsymbol{L}'_2 = 2ma^2\omega\,\boldsymbol{k}$$

と得られる．【終】

浅川 原点のまわりの角運動量ベクトルは，z 軸方向を向いているね．

岸辺 xy 面内の平面運動なので，xy 面に垂直となっているのだね．それと，重心系は座標軸を平行移動しただけなので，基本ベクトルは変わらない．

西澤 この運動は，直線 $x = b$ に沿った等速直線運動と重心のまわりの等速円運動を重ね合せたものになっている．

小林 直線運動分は，原点からの距離 b の直線上を速さ v_0 で重心が運動しているので，$b \cdot 2mv_0$ の大きさの角運動量になっている．よって，時間的に一定となる．

浅川 重心のまわりの等速円運動分も一定の大きさ $2 \cdot a \cdot ma\omega$ の角運動量となっていてベクトルも運動平面に垂直だから，質点系の原点のまわりの角運動量ベクトルは一定になるのですね．

☆ **練習 6.31** 図のように，球 1(半径 $3a$, 質量 $3m$) と球 2(半径 $4a$, 質量 $4m$) が，長さ $21a$ の軽い糸で結ばれて，点 O にある滑らかな釘に掛けられて静止している．糸の張力の大きさを T，釘から球 1 までの糸の長さを l_1，球 2 までの糸の長さを l_2 とする ($l_1 + l_2 = 21a$)．N は，球どうしの垂直抗力の大きさである．鉛直下方と球 1 側の糸のなす角を θ_1，球 2 側の糸のなす角を θ_2 とする．重力加速度の大きさを g とする．

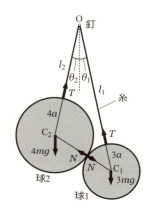

(1) l_1, l_2，および球 1 と 2 の中心の高低差を，a を用いた式で表せ．

(2) 糸の張力の大きさを，m, g を用いた式で表せ．

セミナー7日目

―― 固くてひずまない物体を扱う ――

質点系で成り立つ法則を，理想的に固い物体である剛体に適用してみると，力がかかっても内部にひずみを生じないため，運動の自由度が一気に減って，少ない変数で記述できるようになります．質点系の特別な場合として，このような剛体の運動を考えていきます．

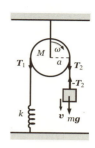

7 剛体の運動

7.1 剛体の運動方程式

大山 現実の物体は力をかけると内部に歪みを生じますが，力がかかっても歪まない理想的に固い物体を考えて**剛体**と呼びます．以下では，いくつかの剛体の運動について調べていきます．剛体の回転運動を扱うときには，剛体の形状と回転軸で決まる慣性モーメントが用いられます．

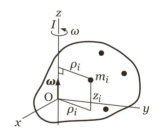

物体を，回転軸からの距離 ρ_i の位置にある質量 m_i の質点の集まりとして考えたとき，**回転軸のまわりの慣性モーメント**は

$$I = \sum_{i=1}^{N} m_i \rho_i^2$$

○ (質量)×(回転軸からの距離)^2 の和

です．質量が連続分布している場合には，**体積素片に分割してそれぞれの素片を質点とみなして寄与を足し合わせて**，慣性モーメントを計算できます．

西澤 具体的にどんな剛体について考えるのですか．

大山 形状にわたって質量が一様分布した代表的な剛体の慣性モーメントを図に示します．

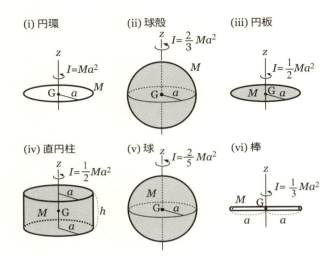

浅川 慣性モーメントは，どんな風にイメージしたらいいですか．

大山 慣性モーメントは，回転運動に対する慣性を表す量です．並進運動に対する慣性が物体の慣性質量であったのに対応しています．また，並進運動の状態を変える原因が物体に働く力であったのに対応して，回転運動の状態を変えるのは剛体に働いている外力のモーメント・ベクトル $\boldsymbol{N}$ です．

回転運動を表す変数は，回転軸のまわりの回転角 φ です．回転角の時間変化率は角速度 $\omega = \dfrac{d\varphi}{dt}$ で，回転軸方向と回転の向きも表せるように角速度ベクトル $\boldsymbol{\omega}$ を用いて記述します．回転軸を z 軸とすると，回転したとき右ねじが進む方向が z 軸正方向なら $\omega > 0$ とし，負方向なら $\omega < 0$ とします．外力のモーメント・ベクトルの z 成分を N_z として，回転の運動方程式の回転軸方向成分は

$$I\dfrac{d\omega}{dt} = N_z$$

○ xy 面内での反時計回りの角速度の加速

と表せます．これは，質点系の回転運動に対する一般的な運動方程式 $\dfrac{d\boldsymbol{L}}{dt} = \boldsymbol{N}$ の z 成分になっています．

小林 $\boldsymbol{L}$ の回転軸方向成分が $L_z = \sum_{i=1}^{N} m_i \rho_i^2 \omega = I\omega$ と書けるためですね．

大山 はい．$\dfrac{d\boldsymbol{L}}{dt} = \boldsymbol{N}$ がもともとニュートンの運動方程式から出てきた式で，

それを剛体に応用したものとなっています．回転の運動エネルギーは

$$K = \frac{1}{2}I\omega^2$$

○ 固定軸のまわりの回転の運動エネルギー

と表すことができます．

剛体の運動を考えるにあたって，まずは，回転軸のまわりの**慣性モーメント** I を計算できるようにしましょう．

□□□ 正六角形周上に質量分布した剛体の慣性モーメント □□□

問題 7.1A 辺の長さが a の正六角形 ABCDEF の周上に質量 M が一様に分布した剛体が xy 平面内におかれている．座標原点 O は正六角形の中心にあり，点 A は x 軸上 ($x > 0$) にある．次の各軸のまわりの慣性モーメントを，M, a を用いた式で表せ．

(1) z 軸 (2) x 軸 (3) y 軸

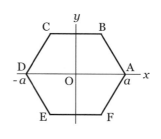

【解】(1) 質量線密度は $\lambda = \dfrac{M}{6a}$ である．図のように**線素片** ds をとると，求める慣性モーメントは ○ 辺 AB からの寄与を 6 倍する

$$I_z = 6\int_{-\frac{a}{2}}^{\frac{a}{2}} \left[s^2 + \left(\frac{\sqrt{3}}{2}a\right)^2\right]\lambda ds = \frac{5}{6}Ma^2$$

と計算される．

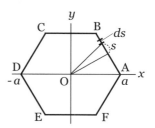

(2) 図のように線素片をとると，求める慣性モーメントは ○ 第 1 象限の寄与を 4 倍する

$$I_x = 4\left[\int_0^a \left(\frac{\sqrt{3}}{2}s\right)^2 \cdot \lambda ds \right.$$
$$\left. + \int_0^{\frac{a}{2}} \left(\frac{\sqrt{3}}{2}a\right)^2 \cdot \lambda ds\right] = \frac{5}{12}Ma^2$$

と計算される．

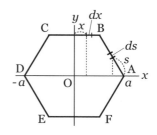

(3) 図のように線素片をとると，求める慣性モーメントは　○ 第1象限の寄与を4倍する

$$I_y = 4\left[\int_0^{\frac{a}{2}} x^2 \cdot \lambda dx + \int_0^a \left(\frac{s}{2} + \frac{a}{2}\right)^2 \lambda ds\right] = \frac{5}{12}Ma^2$$

と計算される．【終】

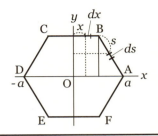

浅川 I_x と I_y が正六角形に対して異なった**対称軸**なのに，同じ値になるのが不思議な感じ．

岸辺 正六角形のもつ性質でしょうか．I_z が半径 a の円環の値 Ma^2 の $\frac{1}{6}$ だけ小さいのは，辺の両端を除けば質量が少し回転軸に近づいているためですね．

小林 平板の定理

$$I_x + I_y = I_z$$

が成り立っています．

西澤 回転軸への距離の2乗で寄与するから，被積分関数に平方根が残らず，積分しやすいです．

大山 それでは，次に，正方形に関した慣性モーメントを計算してみます．

☆ **練習 7.11** 図のように，三角形 OAB の周上に質量 M が一様に分布した剛体が xy 面内にある．ここで，点Aの座標は $(14a, 0, 0)$ で，OB=$13a$，AB=$15a$ である．

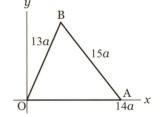

(1) 重心の x, y 座標を求めよ．

(2) x 軸のまわりの慣性モーメントを求めよ．

(3) 点Bを通って y 軸に平行な軸のまわりの慣性モーメントを求めよ．

(4) この剛体が原点を支点として z 軸のまわりに角速度の大きさ ω で回転しているときの運動エネルギーを求めよ．

□□□ 正方形薄板の慣性モーメント □□□

問題 7.1B 図のように，辺の長さが $2a$ の正方形 OABC の内部に質量 M が分布した平板状剛体が xy 平面内におかれている．点 O は座標原点で，点 A は x 軸上，点 C は y 軸上にある．質量面密度は $x+a$ に比例している．

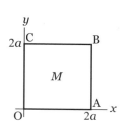

(1) 点 (x,y) における質量面密度を求めよ．

(2) 剛体平板の重心 G の位置座標 (x_G, y_G) を求めよ．

(3) 次の各軸のまわりの慣性モーメントを求めよ．

　　(i) OA，　(ii) OC，　(iii) BC，　(iv) AB，　(v) 点 G を通る法線

【解】 (1) 図のように，**面積素片** $dS = dxdy$ をとる．**質量面密度**を $\sigma = k(x+a)$ (k は定数) とおくと，平板の質量は $M = \int_S \sigma dS$ により計算される．積分計算を実行すると

$$M = \int_0^{2a} \left[\int_0^{2a} k(x+a)\, dy \right] dx$$
$$= 8ka^3$$

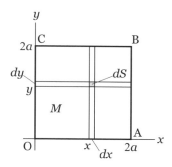

となるから，質量面密度は $\sigma = \dfrac{M}{8a^3}(x+a)$ である．

(2) 平板の重心の x, y 座標は，それぞれ

$$x_G = \frac{1}{M} \int_S x\sigma dS, \quad y_G = \frac{1}{M} \int_S y\sigma dS$$

により計算される．積分計算を実行すると　　○ 具体的な二重積分に書き直す

$$x_G = \frac{1}{M} \int_0^{2a} \left[\int_0^{2a} x \cdot \frac{M}{8a^3}(x+a)\, dy \right] dx = \frac{7}{6}a,$$

$$y_{\mathrm{G}} = \frac{1}{M} \int_0^{2a} \left[\int_0^{2a} y \cdot \frac{M}{8a^3}(x+a)\, dy \right] dx = a$$

と得られる.

(3) それぞれの軸まわりの慣性モーメントは

(i) $I_{\mathrm{OA}} = \int_S y^2 \sigma dS,$ (ii) $I_{\mathrm{OC}} = \int_S x^2 \sigma dS,$ (iii) $I_{\mathrm{BC}} = \int_S (2a-y)^2 \sigma dS,$

(iv) $I_{\mathrm{AB}} = \int_S (2a-x)^2 \sigma dS,$ (v) $I_{\mathrm{G}} = \int_S [(x-x_{\mathrm{G}})^2 + (y-y_{\mathrm{G}})^2] \sigma dS$

により計算される.積分計算を実行すると次のように得られる.

$$I_{\mathrm{OA}} = \int_0^{2a} \left[\int_0^{2a} y^2 \cdot \frac{M}{8a^3}(x+a)\, dy \right] dx = \frac{4}{3}Ma^2,$$

$$I_{\mathrm{OC}} = \int_0^{2a} \left[\int_0^{2a} x^2 \cdot \frac{M}{8a^3}(x+a)\, dy \right] dx = \frac{5}{3}Ma^2,$$

$$I_{\mathrm{BC}} = \int_0^{2a} \left[\int_0^{2a} (2a-y)^2 \cdot \frac{M}{8a^3}(x+a)\, dy \right] dx = \frac{4}{3}Ma^2,$$

$$I_{\mathrm{AB}} = \int_0^{2a} \left[\int_0^{2a} (2a-x)^2 \cdot \frac{M}{8a^3}(x+a)\, dy \right] dx = Ma^2,$$

$$I_{\mathrm{G}} = \int_0^{2a} \left[\int_0^{2a} [(x-x_{\mathrm{G}})^2 + (y-y_{\mathrm{G}})^2] \cdot \frac{M}{8a^3}(x+a)\, dy \right] dx = \frac{23}{36}Ma^2$$

【終】

浅川 正方形内部に質量が一様分布しているなら,重心は対角線の交点 (a, a) になるよね.

岸辺 そう,この問題では質量面密度が x とともに大きくなっていくから,重心はその位置よりも右のほうになっている.

小林 その質量分布のかたよりによって,慣性モーメントは I_{AB} より I_{OC} のほうが大きくなっている.**質量面密度の大きい領域から軸が遠いためですね**.

西澤 逆に,I_{AB} と I_{OC},I_{BC} と I_{OA} が分れば,それを使って重心の位置が決定できる気がします.

大山 そうですね.それは,宿題にしておきましょう.

☆ 練習 7.12 図のように，正方形 OABC の内部に質量 M が分布した平板状剛体が xy 面内にある．

辺 OA, OC, AB, BC のまわりの慣性モーメントがそれぞれ $I_{OA}, I_{OC}, I_{AB}, I_{BC}$ と与えられているとき，剛体平板の重心の座標 (x_G, y_G) を表す式を求めよ．

☆ 練習 7.13 図のように，長半径 a，短半径 b の楕円の内部に質量 M が一様に分布した薄板状剛体が xy 面内に置かれている．x, y, z 軸のまわりの慣性モーメントを，それぞれ求めよ．

☆ 練習 7.14 図のように，点 $(2a, 0)$ を中心とする半径 $2a$ の半円から点 $(3a, 0)$ を中心とする半径 a の半円を除いた $y \geq 0$ の領域にある図形 (図の影をつけた部分) に質量 M が一様に分布した薄板状剛体がある．この薄板の x 軸のまわりの慣性モーメントを求めよ．

大山 立体の慣性モーメントを計算する例として，直円柱内部に質量分布した剛体について調べてみましょう．

◻◻◻ 円柱の慣性モーメント ◻◻◻

問題 7.1C 図のように，底面の半径 a，高さ $2h$ の直円柱の内部に質量 M が一様に分布した剛体がある．円柱の中心 O を通る中心軸に垂直な軸のまわりの慣性モーメントを I を求めよ．

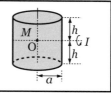

【解】 右図では，質量 M が半径 a の円板に一様に分布している．円板の中心軸のまわりの慣性モーメントは $I_z = \frac{1}{2}Ma^2$，直径のまわりの慣性モーメントは $I_l = \frac{1}{4}Ma^2$ である．

直径から z だけ離れた y 軸のまわりの慣性モーメントは，**平行軸の定理**を用いると

$$I_y = \frac{1}{4}Ma^2 + Mz^2 = M\left(\frac{a^2}{4} + z^2\right)$$

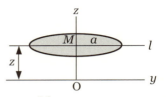

となる．問題になっている円柱の質量体積密度は $\rho = \dfrac{M}{2\pi a^2 h}$ である．円柱を円板形の体積素片に分割し，それらの慣性モーメントへの寄与を足し合わせると

$$\begin{aligned}
I &= \int_V \left(\frac{a^2}{4} + z^2\right) \cdot \rho dV \\
&= \int_{-h}^{h} \frac{M}{2\pi a^2 h} \cdot \left(\frac{a^2}{4} + z^2\right) \cdot \pi a^2 dz \\
&= M\left(\frac{1}{4}a^2 + \frac{1}{3}h^2\right)
\end{aligned}$$

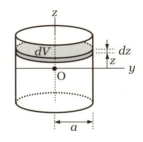

と得られる．【終】

西澤 円板の慣性モーメントの式を利用すると，円柱の慣性モーメントを求めることができるのですね．

小林 底面の半径 a と比べて高さ $2h$ が十分小さいときには，一様な円板の直径のまわりの慣性モーメント $\frac{1}{4}Ma^2$ に近づく．

浅川 反対に，底面の半径 a が高さ $2h$ と比べて十分小さいときには，一様な棒の重心を通る垂直な軸のまわりの慣性モーメント $\frac{1}{3}Mh^2$ に近づいていくね．

大山 次は，軸のまわりに回転する剛体の角運動量を調べてみましょう．

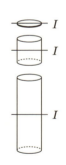

☆ **練習 7.15** 図のように，辺の長さ $2a$ の正方形の底面をもつ高さが $2h$ の直方体の内部に質量 M が一様に分布した剛体がある．直方体の体心 O と面心 A を通る x 軸のまわりの慣性モーメント I を求めよ．

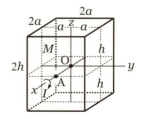

☆ **練習 7.16** 図のような yz 面内の楕円を z 軸のまわりに回転してできる回転楕円体の内部に質量 M が一様に分布した剛体がある．z 軸および y 軸のまわりの慣性モーメントを求めよ．

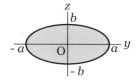

□□□ 円板の角運動量 □□□

問題 7.1D 図のように，半径 a の円の内部に質量 M が一様に分布した円板状剛体がある．角速度ベクトルを $\boldsymbol{\omega} = \omega(\sin\alpha\,\boldsymbol{j} + \cos\alpha\,\boldsymbol{k})$ として円板が回転運動している．円板の中心軸が z 軸に一致している瞬間における円板の原点のまわりの角運動量ベクトルを求めよ．

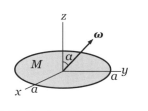

【解】 円板の中心軸が z 軸に一致した瞬間には，円板は xy 面内にあるので，xy 面内にとった平面極座標 (r, φ) による面積素片 $dS = rdrd\varphi$ に分割してその寄与を足し合わせる．質量面密度は $\sigma = \dfrac{M}{\pi a^2}$ である．面積素片の位置ベクトルは，$\boldsymbol{r} = r\cos\varphi\,\boldsymbol{i} + r\sin\varphi\,\boldsymbol{j}$ と書ける．

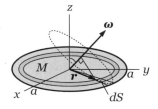

位置ベクトルは角速度ベクトルのまわりに円錐面を描いて変化するから，面積素片の速度ベクトルは $\boldsymbol{v} = \boldsymbol{\omega} \times \boldsymbol{r}$ として計算できる．これより，面積素片からの角運動量ベクトルへの寄与は

$$d\boldsymbol{L} = \boldsymbol{r} \times \sigma dS\,\boldsymbol{v} = \sigma dS\,\boldsymbol{r} \times (\boldsymbol{\omega} \times \boldsymbol{r})$$
$$= \sigma dS\left[(\boldsymbol{r}\cdot\boldsymbol{r})\boldsymbol{\omega} - (\boldsymbol{r}\cdot\boldsymbol{\omega})\boldsymbol{r}\right] \quad \bigcirc\ \boldsymbol{A} \times (\boldsymbol{B} \times \boldsymbol{C}) = (\boldsymbol{A}\cdot\boldsymbol{C})\boldsymbol{B} - (\boldsymbol{A}\cdot\boldsymbol{B})\boldsymbol{C}$$
$$= \sigma\omega\left(-\frac{1}{2}\sin\alpha\sin 2\varphi\,\boldsymbol{i} + \sin\alpha\cos^2\varphi\,\boldsymbol{j} + \cos\alpha\,\boldsymbol{k}\right)r^3 dr d\varphi$$

と表せる．これを x, y, z 成分ごとに積分すると

$$L_x = \sigma\omega \int_0^a \left[\int_0^{2\pi}\left(-\frac{1}{2}r^3\sin\alpha\sin 2\varphi\right)d\varphi\right]dr = 0,$$
$$L_y = \sigma\omega \int_0^a \left[\int_0^{2\pi} r^3\sin\alpha\cos^2\varphi\,d\varphi\right]dr = \frac{1}{4}Ma^2\omega\sin\alpha,$$
$$L_z = \sigma\omega \int_0^a \left[\int_0^{2\pi} r^3\cos\alpha\,d\varphi\right]dr = \frac{1}{2}Ma^2\omega\cos\alpha$$

となる．したがって，角運動量ベクトルは

$$L = \frac{1}{4}Ma^2\omega\,(\sin\alpha\,\boldsymbol{j} + 2\cos\alpha\,\boldsymbol{k})$$

○ L は yz 面内

と得られる．【終】

浅川 回転軸 ω が円板の中心軸 k から傾いていると，角運動量ベクトル L の方向も回転軸 ω と中心軸 k のどちらとも違う方向になっている，ということが計算結果からわかるね．

岸辺 そのとき，角速度ベクトルと角運動量ベクトルと円板の中心軸は**同一平面内にある**．

小林 角運動量ベクトルが z 軸となす角度を θ とすると，図からわかるように

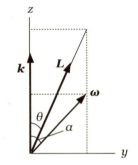

$$\tan\theta = \frac{1}{2}\tan\alpha$$

が成り立っています．

大山 この運動については，先に行ってからまた考える機会があると思います．

7.2 固定軸をもつ剛体の運動

大山 固定軸のまわりの剛体の回転運動では，**運動の自由度が 1** となるので，固定軸のまわりの剛体の回転角 φ を自由度に対する変数とします．**回転の角速度は $\omega = \dfrac{d\varphi}{dt}$** です．固定軸を z 軸として，原点 O をその軸上にとります．

固定軸のまわりの慣性モーメントを I とし，原点のまわりの外力のモーメントの固定軸方向成分を N_z とすると，**運動方程式は**

$$I\dot{\omega} = N_z$$

と表されます．

次の問題を考えてみましょう．

◻︎◻︎◻︎ 回転する棒の角速度 ◻︎◻︎◻︎

問題 7.2A 図のように，質量 M が一様に分布した長さ $2a$ の棒が，一端 O を支点として棒に垂直な固定軸 (z 軸) のまわりに回転する．

棒を線素片に分けたとき，速度 v の線素片には単位長さあたり $-kv$ の抵抗力が働くものとする (k は正の定数)．時刻 t での回転の角速度の大きさを ω とする．時刻 $t = 0$ において $\omega = \omega_0\,(> 0)$ であった．$\omega(t)$ を求めよ．

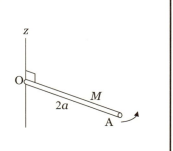

【解】 回転軸 (z 軸) のまわりの慣性モーメントは $I = \frac{4}{3}Ma^2$ である．

図のように，棒に沿って座標 s をとると

$$v = s\omega$$

であるから，抵抗力の原点のまわりのモーメントの回転軸成分は　〇 線素片の寄与を積分

$$N_z = \int_0^{2a} s \cdot (-kv)ds = -\frac{8}{3}ka^3\omega$$

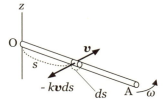

となる．z 軸のまわりの慣性モーメント $I = \frac{4}{3}Ma^2$ を用いると，回転の運動方程式は　〇 $I\dot{\omega} = N_z$

$$\frac{d\omega}{dt} = -\frac{2ka}{M}\omega$$

と書ける．変数分離法により積分する．

$$\int_{\omega_0}^{\omega} \frac{d\omega}{\omega} = -\int_0^t \frac{2ka}{M}dt$$

より

$$\omega = \omega_0 e^{-\frac{2ka}{M}t}$$

と得られる．【終】

浅川 棒が受ける抵抗力のモーメント・ベクトルによって，回転の角速度は時刻とともに指数関数的に小さくなっていくね．

岸辺 抵抗力の強さ k が大きいと回転の角速度の大きさは速く減衰していくことがわかります．

大山 そうですね．次は，滑車のある問題を考えてみましょう．

☆ **練習 7.21** 図のように，質量 M で長さが $2a$ の棒状剛体が一端を原点の位置にして x 軸上に置かれている．z 軸負方向が鉛直下方となっている．棒は原点を滑らかな支点として zx 面内で回転できるようになっている．

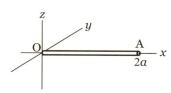

棒の質量線密度は $\left(1+\dfrac{x}{2a}\right)$ に比例している．
時刻 $t=0$ に棒を静かにはなしたとき，棒は回転運動を始め，やがて z 軸に一致した．棒が x 軸となす角度を θ とする．

(1) 棒の重心 G の原点からの距離を求めよ．

(2) 角度が $\theta\left(0\leq\theta\leq\dfrac{\pi}{2}\right)$ のときの棒の角速度の大きさ ω を，θ の関数として表せ．

(3) 棒が z 軸に一致したときの運動エネルギー K_1 を求めよ．

☆ **練習 7.22** 図のように，半径 a の円周上に質量 M が一様に分布した円環状の剛体があり，弦 AB を水平な回転軸として重力により微小振動させる．

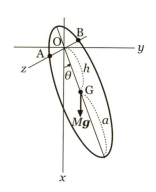

x 軸正方向が鉛直下方となっている．点 G は円環の中心で，重心となっており，AB との距離 OG は h である．

(1) 微小振動の周期 T を求めよ．

(2) 周期 T が最小となるときの h はいくらか．

□□□ 紐でつながれた 2 物体の運動 □□□

問題 7.2B 図のように，慣性系に固定された台 D がある．物体 A と B（質量はいずれも m）をつないだ紐は，台に中心軸が固定された滑車にかけられている．滑車は，質量 M が一様に分布した半径 a の円板とみなしてよい．紐の質量は無視でき，滑車との間で滑りは生じないものとする．

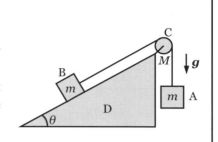

物体 A は滑車から鉛直下方に紐で吊り下げられており，物体 B は水平と角度 θ をなす台の滑らかな斜面上に置かれている $\left(0 < \theta < \frac{\pi}{2}\right)$．時刻 $t=0$ のときに，紐にたるみがなく物体 A, B の運動および滑車の回転が止まった状態から物体をはなして運動させた．

時刻 t における物体 A の速さ v，物体 A に働く紐からの力 T_1，物体 B に働く紐からの力 T_2，を求めよ．

【解】 (1) 時刻 t における物体 A の鉛直下方への速度を v，滑車の時計回りの角速度を ω とおく．運動方程式は

$$m\dot{v} = mg - T_1,$$

$$m\dot{v} = T_2 - mg\sin\theta,$$

$$\frac{1}{2}Ma^2\dot{\omega} = a(T_1 - T_2)$$

○ 張力の差で滑車の回転の速さが変わる

である．滑車と紐の間に滑りがないので $v = a\omega$ が成り立ち $\dot{v} = a\dot{\omega}$ である．これらを用いると

$$2m\dot{v} = mg(1 - \sin\theta) - (T_1 - T_2),$$
$$\frac{1}{2}M\dot{v} = T_1 - T_2$$

となるから，両辺を加え合わせて

$$\dot{v} = \frac{2mg(1 - \sin\theta)}{4m + M}$$

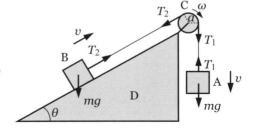

である．積分して，物体 A の速さが $v = \dfrac{2mg(1-\sin\theta)}{4m+M}t$ と得られる．

$\dot{v}$ の式を，運動方程式の第 1, 2 式に代入して整理すると，紐の張力が次のように得られる．

$$T_1 = \dfrac{2m(1+\sin\theta)+M}{4m+M}\cdot mg, \quad T_2 = \dfrac{2m(1+\sin\theta)+M\sin\theta}{4m+M}\cdot mg \quad 【終】$$

浅川 滑車の**回転運動が加速されているときは両側で紐の張力が違う**ね．

岸辺 回転の運動方程式 $I\dot{\omega} = a(T_1 - T_2)$ から，$I = \frac{1}{2}Ma^2 = 0$ にも $\dot{\omega} = 0$ にもならなければ，滑車の両側で紐の張力が違うことになる．

浅川 それなら，滑車の質量が無視できたり，半径が無視できたり，滑車が止まっていれば，$T_1 = T_2$ になるね．

小林 方程式からは $\dot{\omega} = 0$ なら $T_1 = T_2$ になるように見えるけど，この問題では物体 A と B の質量が同じだから，滑らかな斜面だとはなした後の時刻では $\dot{\omega}$ は 0 となれず，つり合って止まることは起こらない．

西澤 斜面の問題ではなく，物体 A, B の両方が吊り下がっているのなら，$I = 0$ でなくても $T_1 = T_2$ となってつり合いが可能になりますね．

☆ **練習 7.23** 図のように，固定された軸 C のまわりに滑らかに回転できる質量 M で半径 a の薄い円板状の滑車がある．滑車の密度は一様であり，中心軸の太さは無視できる．はじめ滑車は回転していなかった．

質量の無視できる紐の一端を滑車に取り付けてから巻き付け，A 点から下方に出ている紐の他端 B を下に引いて滑車を回転させることができるようにしてある．紐と滑車との間に滑りはない．

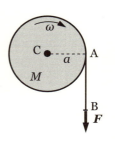

時刻 $t = 0$ から紐に力を加えて滑車を回転させた．滑車の時計回りの回転の角速度を ω とする．

(1) $\omega = bt^2$ (b は正の定数) となるとき，紐を引く力の時間依存性を求めよ．

(2) 紐を引く力が $f_0 e^{-\beta t}$ で与えられるとき，ω の時間依存性を求めよ (f_0, β は正の定数)．

❒❒❒ 滑車から吊り下げられた物体の振動 ❒❒❒

問題 7.2C 図のように，軸受けが天井に固定された半径 a，質量 M の一様な密度の円板形の滑車に紐が掛けられて，右側の端には質量 m の物体が吊り下げられている．紐の左側の端はばね定数 k のばねの一端につながれており，ばねの他端は床に固定されている．紐の質量は無視できる．紐と滑車の間には滑りはなく，物体はつり合いの高さのまわりに上下に振動運動する．物体の振動の周期を求めよ．

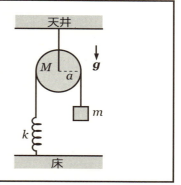

【解】 左側の紐の張力は，ばねの復元力に等しい．物体がつりあいの位置に静止しているときは，ばねの自然長からののびを x_0 とすると $kx_0 = mg$ が成り立っている．物体がつりあいの位置から x だけ下がったときのばねの伸びは $x_0 + x$ となるので，このときの左側の紐の張力は $T_1 = k(x_0 + x) = mg + kx$ と得られる．右側における紐の張力を T_2 とおき，物体の下向きの速度を $v = \dot{x}$，滑車の時計回りの角速度を ω とおく．**紐は滑らないので** $v = a\omega$ の関係が成り立つ．

物体と滑車の運動方程式は

$$m\dot{v} = mg - T_2, \quad \frac{1}{2}Ma^2\dot{\omega} = a(T_2 - T_1)$$

と書ける．滑車の運動方程式を変形すると $\frac{1}{2}Ma\dot{\omega} = T_2 - mg - kx$ となるが $\dot{v} = a\dot{\omega}$ なので

$$\frac{1}{2}M\dot{v} = T_2 - mg - kx$$

である．T_2 を消去すると

$$\ddot{x} = -\frac{2k}{2m + M}x$$

が物体の**単振動**の運動方程式として得られる．これより，振動の周期は

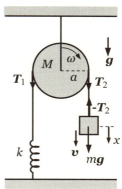

$$T = \pi\sqrt{\frac{2(2m+M)}{k}}$$

となる．【終】

浅川 滑車でなくて，固定された滑らかな丸棒に紐を掛けて振動させたときは，$M=0$ とおけばいいよね．

小林 そのときは，上の周期は $T = 2\pi\sqrt{\dfrac{m}{k}}$ に移行するから，ばねに吊るされた物体の振動と同じ周期になる．

7.3 剛体の慣性主軸

大山 剛体が空間の中で回転運動するとき，それぞれの時刻における角運動量ベクトル $\boldsymbol{L}$ は，特別な場合を除いては，回転軸と違う方向を向いています．一般的には，角速度ベクトル $\boldsymbol{\omega} = \omega_x \boldsymbol{i} + \omega_y \boldsymbol{j} + \omega_z \boldsymbol{k}$ の成分と角運動量ベクトル $\boldsymbol{L} = L_x \boldsymbol{i} + L_y \boldsymbol{j} + L_z \boldsymbol{k}$ の成分との関係は

$$L_x = I_{xx}\omega_x - I_{xy}\omega_y - I_{xz}\omega_z,$$

$$L_y = -I_{yx}\omega_x + I_{yy}\omega_y - I_{yz}\omega_z,$$

$$L_z = -I_{zx}\omega_x - I_{zy}\omega_y + I_{zz}\omega_z$$

という式で表されます．

$$I_{xx} = \sum_{i=1}^{N} m_i(y_i^2 + z_i^2), \quad I_{yy} = \sum_{i=1}^{N} m_i(z_i^2 + x_i^2), \quad I_{zz} = \sum_{i=1}^{N} m_i(x_i^2 + y_i^2)$$

はそれぞれ x, y, z 軸のまわりの**慣性モーメント** I_x, I_y, I_z です．また

$$I_{xy} = I_{yx} = \sum_{i=1}^{N} m_i x_i y_i, \quad I_{yz} = I_{zy} = \sum_{i=1}^{N} m_i y_i z_i, \quad I_{zx} = I_{xz} = \sum_{i=1}^{N} m_i z_i x_i$$

は**慣性乗積**と呼ばれる量です．角運動量ベクトルと角速度ベクトルの関係式を行列を用いて表せば

$$\bm{L} = \begin{pmatrix} L_x \\ L_y \\ L_z \end{pmatrix} = \begin{pmatrix} I_{xx} & -I_{xy} & -I_{xz} \\ -I_{yx} & I_{yy} & -I_{yz} \\ -I_{zx} & -I_{zy} & I_{zz} \end{pmatrix} \begin{pmatrix} \omega_x \\ \omega_y \\ \omega_z \end{pmatrix} = \bm{I}\,\bm{\omega}$$

となります．ここに出てきた3行3列の行列 $\bm{I}$ で表される量は，**慣性テンソル**と呼ばれ，座標軸に対する剛体の質量分布形状によって決まります．

任意に選んだ剛体の点を座標原点 O としたとき，x, y, z 座標軸の向きを適当にとると慣性乗積をすべて 0 にすることができます．式で書けば

$$\begin{pmatrix} L_\xi \\ L_\eta \\ L_\zeta \end{pmatrix} = \begin{pmatrix} I_\xi & 0 & 0 \\ 0 & I_\eta & 0 \\ 0 & 0 & I_\zeta \end{pmatrix} \begin{pmatrix} \omega_\xi \\ \omega_\eta \\ \omega_\zeta \end{pmatrix}$$

です．このような座標系 $\mathrm{O}\xi\eta\zeta$ を**主軸座標系**，座標軸を**慣性主軸**と呼び，3個の対角成分 I_ξ, I_η, I_ζ を**主慣性モーメント**といいます．質量が一様分布した剛体の対称性のいい点に対する慣性主軸の例を，下図に示します．

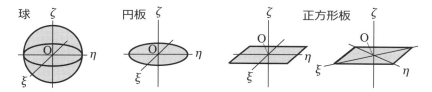

対称性のいい点を原点に選んだときは，複数の主軸座標系がとれることがあります．また，剛体のどんな点についても，少なくとも1組の主軸座標系が存在します．主軸座標系で考えると，$\bm{L}$ や運動エネルギーが簡単な形になりますので，記述が楽になるメリットがあります．

□□□ 薄板の慣性テンソル □□□

問題 7.3A 図のように，xy 面内に質量分布をもつ平板状剛体がある．この剛体の $\mathrm{O}xyz$ 座標系での慣性テンソルは

$$\boldsymbol{I} = \begin{pmatrix} I_{11} & I_{12} & 0 \\ I_{12} & I_{22} & 0 \\ 0 & 0 & I_{33} \end{pmatrix}$$

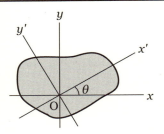

と与えられる．z 軸のまわりに角度 θ だけ座標回転した座標系 $\mathrm{O}'x'y'z'$ における剛体の慣性テンソルを

$$\boldsymbol{I}' = \begin{pmatrix} I'_{11} & I'_{12} & 0 \\ I'_{12} & I'_{22} & 0 \\ 0 & 0 & I'_{33} \end{pmatrix}$$

と表すと，$I'_{33} = I_{33}$ となる．

(1) $I'_{11}, I'_{22}, I'_{12}$ を，それぞれ $I_{11}, I_{22}, I_{12}, \theta$ を用いた式で表せ．

(2) 慣性テンソル $\boldsymbol{I}'$ が対角化されるときの角度 θ に対して $\tan 2\theta$ を，I_{11}, I_{22}, I_{12} を用いた式で表せ．

【解】 (1) 記述を簡単にするために $c \equiv \cos\theta, s \equiv \sin\theta$ とおく．座標回転の関係式は

$$x = cx' - sy', \quad y = sx' + cy', \quad z = z'$$

と書ける．逆に

$$x' = cx + sy, \quad y' = -sx + cy, \quad z' = z$$

である．行列で表せば

$$\begin{pmatrix} x' \\ y' \\ z' \end{pmatrix} = \begin{pmatrix} c & s & 0 \\ -s & c & 0 \\ 0 & 0 & 1 \end{pmatrix} \begin{pmatrix} x \\ y \\ z \end{pmatrix} \quad \text{および} \quad \begin{pmatrix} x \\ y \\ z \end{pmatrix} = \begin{pmatrix} c & -s & 0 \\ s & c & 0 \\ 0 & 0 & 1 \end{pmatrix} \begin{pmatrix} x' \\ y' \\ z' \end{pmatrix}$$

と表せる．行列 A, B を

$$A \equiv \begin{pmatrix} c & s & 0 \\ -s & c & 0 \\ 0 & 0 & 1 \end{pmatrix}, \qquad B \equiv \begin{pmatrix} c & -s & 0 \\ s & c & 0 \\ 0 & 0 & 1 \end{pmatrix}$$

と定義すれば $AB = BA = E$（単位行列）となっている．ここで，座標軸回転に対する座標変換の式は $r' = Ar$ と表せる．逆は $r = Br'$ である．位置ベクトルについて成り立つ変換式は，他の一般のベクトルについても成り立つ．すなわち

$$L = I\omega, \quad L' = I'\omega' \quad \text{に対して} \quad L' = AL, \quad \omega' = A\omega, \quad \omega = B\omega'$$

である．したがって

$$L' = AL = AI\omega = AIB\omega'$$

となる．これを $L' = I'\omega'$ と比べると $I' = AIB$ である．具体的に計算すると

$$I' = \begin{pmatrix} c & s & 0 \\ -s & c & 0 \\ 0 & 0 & 1 \end{pmatrix} \begin{pmatrix} I_{11} & I_{12} & 0 \\ I_{12} & I_{22} & 0 \\ 0 & 0 & I_{33} \end{pmatrix} \begin{pmatrix} c & -s & 0 \\ s & c & 0 \\ 0 & 0 & 1 \end{pmatrix}$$

$$= \begin{pmatrix} c & s & 0 \\ -s & c & 0 \\ 0 & 0 & 1 \end{pmatrix} \begin{pmatrix} cI_{11} + sI_{12} & -sI_{11} + cI_{12} & 0 \\ cI_{12} + sI_{22} & -sI_{12} + cI_{22} & 0 \\ 0 & 0 & I_{33} \end{pmatrix}$$

$$= \begin{pmatrix} c^2 I_{11} + 2sc I_{12} + s^2 I_{22} & sc(I_{22} - I_{11}) + (c^2 - s^2)I_{12} & 0 \\ sc(I_{22} - I_{11}) + (c^2 - s^2)I_{12} & s^2 I_{11} - 2sc I_{12} + c^2 I_{22} & 0 \\ 0 & 0 & I_{33} \end{pmatrix}$$

となる．これより，求める式は，次のように書ける．

$$I'_{11} = I_{11}\cos^2\theta + I_{12}\sin 2\theta + I_{22}\sin^2\theta,$$
$$I'_{22} = I_{11}\sin^2\theta - I_{12}\sin 2\theta + I_{22}\cos^2\theta,$$
$$I'_{12} = \frac{1}{2}(I_{22} - I_{11})\sin 2\theta + I_{12}\cos 2\theta$$

(2) I' が対角化されるためには $I'_{12} = 0$ であればよい．すなわち

$$\tan 2\theta = \frac{2I_{12}}{I_{11} - I_{22}}$$

が求める式である．【終】

大山 これは，平板剛体について一般的に成り立つ関係式です．次回は，平面運動の話になります．

☆ **練習 7.31** 右図のように，辺の長さが a と b の長方形の内部に質量 M が一様に分布した平板状剛体がある（$a \geq b > 0$ とする）．

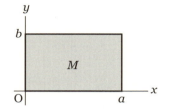

(1) 剛体の慣性テンソルを求めよ．

(2) z 軸のまわりに x, y 軸を角度 θ だけ反時計回りに回転して慣性テンソルを対角化する（ただし $0 \leq \theta \leq \frac{\pi}{4}$）．このときの $\tan 2\theta$ と，対角化した後の主慣性モーメント $I'_{11}, I'_{22}, I'_{33}$ を求めよ．

セミナー8日目

——平面運動する剛体——

剛体を構成している各点が，互いに平行な平面内で運動するときの様子を調べてみます．まっすぐに転がる球の運動が，その代表的な例としてあげられます．支点のまわりの棒の回転運動やビリヤードにおける球の運動などを調べます．

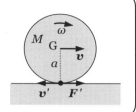

8 剛体の平面運動

大山 剛体のそれぞれの点が，互いに平行な平面の中で運動する場合に，剛体が**平面運動**しているといいます．固定軸をもつ運動も平面運動の一種ですが，ここでは重心が並進運動していくような平面運動も見ていきます．例えば，平面上を真っ直ぐ転がる球の運動などがあります．

8.1 棒の運動

大山 棒がひとつの鉛直面内で重力を受けながら行う平面運動の問題を考えてみましょう．まず，固定軸のまわりの運動から調べます．

□□□ 棒の回転 □□□

問題 8.1A 質量 M が一様に分布した長さ $2a$ の棒 AC が，点 C を支点として鉛直面内で運動する．支点での摩擦は無視できる．初め，棒を鉛直にして，端点 A の水平方向の速度が v_0 となるように運動させた．

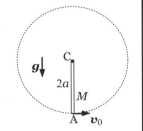

(1) 棒と鉛直下方のなす角が θ のときの棒の角速度の大きさ ω を求めよ．

(2) 棒が水平となったときにちょうど角速度 ω が 0 となったとすると，v_0 はいくらか．

【解】(1) 棒の質量線密度を $\lambda = \dfrac{M}{2a}$ とおく．点Cを通る棒に垂直な水平軸（z軸）のまわりの慣性モーメントは

$$I = \int_0^{2a} s^2 \cdot \lambda ds = \frac{4}{3}Ma^2$$

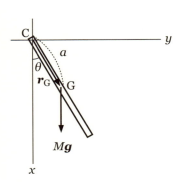

である．棒が鉛直下方と角度 θ をなすとき，端点Cのまわりの重力のモーメントの z 成分は $N_z = -Mga\sin\theta$ である．棒の回転の運動方程式は

$$I\ddot{\theta} = -Mga\sin\theta \qquad \bigcirc \text{ 固定軸回転の運動方程式 } I\ddot{\theta} = N_z$$

と書ける．I を代入して変形すると

$$\ddot{\theta} = -\frac{3g}{4a}\sin\theta$$

となる．両辺に $\dot{\theta}$ をかけて $\qquad \bigcirc$ 運動方程式に速度相当量をかけて積分

$$\dot{\theta}\ddot{\theta} = -\frac{3g}{4a} \cdot \dot{\theta}\sin\theta \quad \text{より} \quad \frac{d}{dt}\left(\frac{\dot{\theta}^2}{2}\right) = \frac{d}{dt}\left(\frac{3g}{4a}\cos\theta\right)$$

となるので，積分する．

$$\frac{\dot{\theta}^2}{2} = \frac{3g}{4a}\cos\theta + C_1 \quad (C_1\text{は積分定数})$$

条件「$\theta = 0$ のとき $v = 2a\dot{\theta} = v_0$」により $C_1 = \dfrac{1}{2}\left(\dfrac{v_0}{2a}\right)^2 - \dfrac{3g}{4a}$ である．したがって $\omega^2 = \dot{\theta}^2 = \dfrac{v_0^2}{4a^2} - \dfrac{3g}{2a}(1-\cos\theta)$ より

$$\omega = \frac{1}{2a}\sqrt{v_0^2 - 6ag(1-\cos\theta)}$$

と得られる．

(2) $\theta = \dfrac{\pi}{2}$ となるとき $\omega = 0$ であるから $v_0 = \sqrt{6ag}$ と得られる．**【終】**

西澤 運動方程式を積分して結果を得ているので，**力学的エネルギー保存の法則**を用いても解けますね．

☆ **練習 8.11** 問題 **8.1A** において，時刻 $t=0$ に，棒の先端の初速度の大きさ $v_0 = \sqrt{12ag}$ で運動させる．棒と鉛直下方のなす角が θ になる時刻 t を求めよ $(0 \leq \theta \leq \pi)$．

□□□ 棒へ撃力 □□□

問題 8.1B 質量 M が一様な密度で分布した長さ $2a$ の棒 AB が，xy 平面内において，一端 A が座標原点 O に，他端 B が x 軸上の点 $(2a, 0)$ に一致するように静止状態でおかれている．$x = a+h$ の位置で棒に撃力を加えて y 軸正方向の力積 $\bar{F}$ を与えた $(0 \leq h \leq a)$．

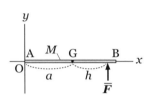

(1) 撃力を受けた直後の重心の速度および棒の回転の角速度を求めよ．

(2) 撃力を受けた直後の瞬時回転中心 C の x 座標を $a - b$ とする．b を求めよ．

【解】(1) 撃力が働いた直後の重心の並進速度の大きさを v_0，回転の角速度の大きさを ω_0 とする．

撃力 $F(t)$ が働いている時間 $0 \leq t \leq t_0$ における重心の並進運動および重心のまわりの回転運動の方程式は

$$\frac{dP}{dt} = F, \qquad \frac{dL'}{dt} = N'$$

と書ける．P は y 軸正方向への運動量，L' は重心のまわりの角運動量ベクトルの z 成分，$N' = hF$ は重心のまわりの外力 $\boldsymbol{F}$ のモーメント・ベクトルの z 成分である．並進運動と回転運動の方程式を積分する．

$$\int_0^{Mv_0} dP = \int_0^{t_0} F dt \quad \text{より} \quad Mv_0 = \bar{F},$$

$$\int_0^{L_0'} dL' = \int_0^{t_0} hF dt \quad \text{より} \quad L_0' = I_G \omega_0 = h\bar{F}$$

ここで，$I_G = \frac{1}{3}Ma^2$ は重心を通る棒に垂直な軸のまわりの慣性モーメントである．よって，$v_0 = \dfrac{\bar{F}}{M}$, $\omega_0 = \dfrac{3h}{Ma^2}\bar{F}$ となる．

(2) 棒は重心が速度 v_0 で y 軸正方向へ並進運動しつつ，重心のまわりに角速度の大きさ ω_0 で反時計回りに回転運動している．よって，**撃力を受けた直後の** $x = a-b$ **の点 C の** y **軸正方向への速度は**

$$v_0 - b\omega_0 = \frac{\bar{F}}{M}\left(1 - \frac{3hb}{a^2}\right)$$

である．点 C が瞬時回転中心であるためには，これが 0 でなければならないから，$b = \dfrac{a^2}{3h}$ と得られる．【終】

浅川 瞬時回転中心の位置は，撃力が加わる点によって変ってくるね．

西澤 点 C を通る棒に垂直な軸のまわりの慣性モーメントは $I'' = \frac{1}{3}Ma^2 + Mb^2$ なので，点 C が瞬時回転中心なら，この点のまわりの角運動量ベクトルの大きさ $L'' = (b+h)\bar{F}$ は $I''\omega_0$ に等しくなる．これにより $b = \dfrac{a^2}{3h}$ と求めることもできました．

大山 点 C は瞬時回転中心なので固定軸での関係式 $L'' = I''\omega_0$ が成り立ちます．原点 O のまわりの角運動量の大きさは $L_O = (a+h)\bar{F}$ ですが，$b = a$ となる場合を除き，原点 O は瞬時回転中心ではないので，上のような関係式は成り立ちません．

小林 $h = \frac{1}{3}a$ の場合には $b = a$ となって，原点が瞬時回転中心になるから，撃力が加わったとき左端を支えていなくてもその瞬間に左端は動かないですね．

大山 はい．$h = \frac{1}{3}a$ の場合には，$\bar{F} = Ma\omega_0$ なので $L_O = \frac{4}{3}a\bar{F} = I_O\omega_0$ が

成り立つことになります．原点を支えていても，撃力の衝撃が支点に表れないです．

8.2　球・円柱の運動

大山　球や円柱が平らな面上を滑らずに転がるとき，平面と接している点がその後運動する軌道は**サイクロイド**と呼ばれる曲線になります．次からの問題で，球や円柱が行う平面運動を見てみましょう．

□□□　円周の点の運動　□□□

問題 8.2A 図のように，点 C を中心とする半径 a の球が，角速度の大きさ $\omega\,(>0)$ で水平な床の上を滑らずに転がる運動を行うとき，床と接する点 A (はじめ原点 O にあった) は，サイクロイド曲線を描きつつ xy 面内を移動する．時刻 $t=0$ に原点から動き始めたとしたとき，再び床に接するまでの間の時刻 t においては，点 A の座標は

$$x = a(\omega t - \sin\omega t), \quad y = a(1 - \cos\omega t)$$

と表される．

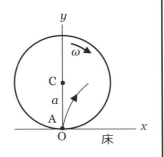

(1) 点 A が再び床に接するまでの間にたどる経路の長さはどれだけか．

(2) 点 A が最高点の達したときの速さはいくらか．

【解】 (1) 点 A の経路に沿って座標 s をとる (原点で $s=0$ とする)．

$$x = a(\omega t - \sin\omega t), \quad y = a(1 - \cos\omega t)$$

の全微分をとって，時刻 $t \sim t + dt$ における変化量を計算すると

$$dx = a\omega(1 - \cos\omega t)\,dt, \quad dy = a\omega \sin\omega t \cdot dt$$

となる．

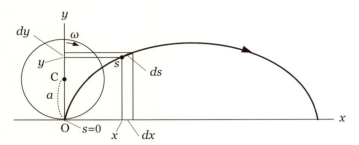

これらより，時刻 $t \sim t+dt$ における s の変化量は

○ 三平方の定理

$$ds = \sqrt{(dx)^2 + (dy)^2} = a\omega dt \sqrt{(1-\cos\omega t)^2 + \sin^2\omega t}$$
$$= 2a\omega \sqrt{\sin^2\frac{\omega t}{2}} dt = 2a\omega \left|\sin\frac{\omega t}{2}\right| dt$$

と計算される．再び床に接する時刻を $t=T$ とすると $\omega T = 2\pi$ である．ここで，$0 \le t \le T$ である時刻 t に対しては $0 \le \dfrac{\omega t}{2} \le \pi$ となるので

$$ds = 2a\omega \sin\frac{\omega t}{2} \cdot dt$$

○ dt 時間に軌道に沿って移動する距離

と書ける．これを積分すると，時刻 t においては

$$s = \int_0^s ds = \int_0^t 2a\omega \sin\frac{\omega t}{2} \cdot dt = 4a\left(1 - \cos\frac{\omega t}{2}\right)$$

となる．再び床に接するまでの時間は $T = \dfrac{2\pi}{\omega}$ であるから，求める経路の長さは

$$s = 4a\left(1 - \cos\frac{2\pi}{2}\right) = 8a$$

○ 直線距離は円周の長さ $2\pi a$

である．

(3) 点 A の速さは

$$v_A = \frac{ds}{dt} = 2a\omega \sin\frac{\omega t}{2}$$

○ 軌道に沿った速さ

なので，最高点の条件 $t = \frac{T}{2}$ を代入して

$$v_A = 2a\omega \sin\frac{\omega T}{4} = 2a\omega \sin\frac{2\pi}{4} = 2a\omega \qquad \boxed{○ \text{ 速さは最大}}$$

と得られる．【終】

浅川 点 A が最高点にあるときの速さ $v_A = 2a\omega$ は，重心の並進速度 $v_G = a\omega$ と，重心のまわりの点 A の円運動の速さ $v' = a\omega$ との和，と考えていいですよね．

西澤 そうね．それと，もう一つ別に，床との接点を瞬時回転中心として点 A が角速度 ω で回転していると見れば，その速さが $v_A = 2a \cdot \omega$ で与えられているとも考えられる．

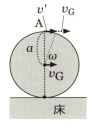
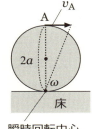

□□□ 水平な床面上の球の運動 □□□

問題 8.2B 質量 M が内部に一様に分布した半径 a の剛体球が，水平な床面上を角速度の大きさ $\omega (> 0)$ で滑らずに転がっている．

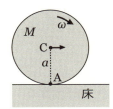

(1) 重心の並進運動エネルギーおよび重心のまわりの回転運動エネルギーを求めよ．

(2) 球と床との接点を通る軸のまわりの慣性モーメントを I として，球の運動エネルギーを，I を用いた式で表せ．

(3) (1),(2) の結果を利用して I を求めよ．

【解】(1) 回転の角速度の大きさは，剛体のどの点のまわりでも等しく ω である．重心の並進速度の大きさを v_G とすると，滑らずに転がるので $v_G = a\omega$ が成り立っている．したがって，重心の並進運動エネルギーは

である．重心のまわりの回転運動のエネルギーは

$$K' = \frac{1}{2}I_G\omega^2 = \frac{1}{5}Ma^2\omega^2$$

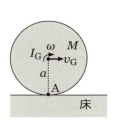

と計算される．
(2) 滑らずに転がる場合には球は瞬間的に接点を通る紙面に垂直な軸のまわりに回転していると考えることができる．よって，固定軸のまわりの運動になるので，球の運動エネルギーは $K = \frac{1}{2}I\omega^2$ と表せる．

(3) 運動エネルギーの分離の式 $K = K_G + K'$ から

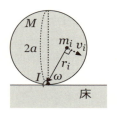

$$\frac{1}{2}I\omega^2 = \frac{1}{2}Ma^2\omega^2 + \frac{1}{5}Ma^2\omega^2 \quad \text{より} \quad I = \frac{7}{5}Ma^2$$

と得られる．【終】

浅川 床との接点が滑らないから，瞬間的に剛体の床との接点が静止して，**接点のまわりに剛体のすべての点が回っている**と考えるわけね．

西澤 接点を通る軸のまわりの慣性モーメント I は，軸間距離が h のときの平行軸の定理 $I = I_G + Mh^2$ を利用して $I = \frac{2}{5}Ma^2 + Ma^2$ としても導くことができました．

小林 運動エネルギー $K = \frac{1}{2}I\omega^2$ の中には，並進運動も重心のまわりの回転運動もすべてが含まれていて，とても簡潔ですね．瞬時回転軸を考えることのメリットがわかります．もともとは**剛体の各素片が慣性系においてもつ運動エネルギー** $\frac{1}{2}m_iv_i^2$ を足し合わせたものが，剛体全体の運動エネルギーになっているから，接点を原点とすると

$$K = \sum_{i=1}^{N} \frac{1}{2} m_i v_i^2 = \sum_{i=1}^{N} \frac{1}{2} m_i (r_i \omega)^2 = \frac{1}{2} \left(\sum_{i=1}^{N} m_i r_i^2 \right) \omega^2 = \frac{1}{2} I \omega^2$$

として導ける．

岸辺 接点が静止しているためすべての点で $v_i = r_i \omega$ が成り立っているから，和が I としてまとめられて，全ての寄与を足して K になるわけですね．

大山 そうですね．次は滑る問題に移りましょう．

□□□ 床面上を滑りながら転がる球 □□□

問題 8.2C 図のように，質量 M が半径 a の球の内部に一様に分布した剛体球が，水平な床の上を運動する．重心の右方向への速度を v，前方回転の角速度を ω，球の接点の床の接点に対する相対速度を右向きに v' とする．球と床の間の動摩擦係数を μ' とする．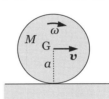

初めの時刻 $t = 0$ において $\omega = \omega_0$, $v = \frac{1}{2} a \omega_0$ であった (ω_0 は正の定数)．等速運動となるまでの時刻 t での運動について考える．

(1) 時刻 t における速度 v，角速度 ω，相対速度 v' を求めよ．

(2) 等速運動となる時刻 t_1 を求めよ．

(3) 積分値 $x_1 = \int_0^{t_1} v\, dt$ および $x_1' = \int_0^{t_1} v'\, dt$ を求めよ．

(4) 等速運動となるまでの間に球が失った力学的エネルギーはどれだけか．

【解】(1) 時刻 $t = 0$ における並進速度は $v_0 = \frac{1}{2} a \omega_0$，回転の角速度は ω_0 であるから，**接点の相対速度は**

$$v_0' = \frac{1}{2} a \omega_0 - a \omega_0 = -\frac{1}{2} a \omega_0 < 0$$

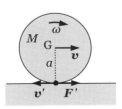

となっている．これにより，**接点における動摩擦力 F' は進行方向に働く．動摩擦力の大きさは $\mu' M g$** である．

球の運動方程式は，中心軸のまわりの慣性モーメントを $I = \frac{2}{5}Ma^2$ として

$$M\dot{v} = \mu' Mg,$$ ○ 重心の並進運動の方程式

$$I\dot{\omega} = -a \cdot \mu' Mg$$ ○ 重心のまわりの回転運動の方程式

と書ける．並進運動の方程式を積分して

$$\int_{v_0}^{v} dv = \int_0^t \mu' g\, dt \quad \text{より} \quad v = v_0 + \mu' gt = \frac{1}{2}a\omega_0 + \mu' gt$$

と得られる．また，回転運動の方程式を積分して

$$\int_{\omega_0}^{\omega} d\omega = -\int_0^t \frac{5\mu' g}{2a} dt \quad \text{より} \quad \omega = \omega_0 - \frac{5\mu' g}{2a}t$$

と得られる．接点の相対速度は，等速運動となるまでの間の時刻 t では

$$v' = v - a\omega = -\frac{1}{2}a\omega_0 + \frac{7}{2}\mu' gt < 0$$

となる． ○ 動摩擦力は進行方向を向いている

(2) **等速運動となる時刻には** $v' = 0$ **が成立するので** $t_1 = \dfrac{a\omega_0}{7\mu' g}$ である．

(3) 積分計算を行うと

$$x_1 = \int_0^{t_1} v\, dt = \int_0^{t_1} \left(\frac{1}{2}a\omega_0 + \mu' gt\right) dt = \frac{4a^2\omega_0^2}{49\mu' g},$$

$$x_1' = \int_0^{t_1} v'\, dt = \int_0^{t_1} \left(-\frac{1}{2}a\omega_0 + \frac{7}{2}\mu' gt\right) dt = -\frac{a^2\omega_0^2}{28\mu' g}$$

と得られる．

(4) 等速運動となるまでに球が失った力学的エネルギーの大きさは

$$\left|\int_0^{t_1} \mu' Mg \cdot v'\, dt\right| = \frac{1}{28}Ma^2\omega_0^2$$ ○ v' を用いて積分

となる．【終】

浅川 接点の速度は，並進運動によって前方へ v，回転運動によって後方へ $a\omega$ となるから，その差 $v - a\omega$ の符号で前向きか後ろ向きか決まるわけだよね．

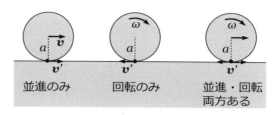

並進のみ　　回転のみ　　並進・回転両方ある

岸辺 そう，並進優勢なら前方へ，回転優勢なら後方へ向くことになる．だから，動摩擦力は逆に，**並進優勢なら後方へ，回転優勢なら前方へ向いて**働く．

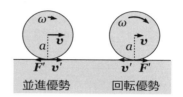

並進優勢　　回転優勢

浅川 動摩擦力の向きが接点での球の相対速度で決まるから，**初期条件で正しく向きを決めて運動方程式を立てる**ことが大事だね．

西澤 並進優勢の場合には，動摩擦力が後方へ働くから，**並進運動が減速**されていく．原点のまわりの動摩擦力のモーメントは時計回りに加速するように働き，**回転運動が加速**されていきますね．

小林 そうして，あるとき $v = a\omega$ が成り立って，相対速度は $v' = 0$ になって，その瞬間以降は動摩擦力は消えて，球は等速運動に移ることになる．

浅川 回転優勢の場合にも，同様に 並進加速・回転減速 が起こって，やはり $v = a\omega$ が成り立ったときから等速運動に変っていくね．

大山 剛体球は歪みが起こらない理想的物体と考えられていますが，**現実の物質では接点付近で構造に歪みが生じます**から，そのために運動エネルギーが熱的に失われていきます．

岸辺 **転がり摩擦**というのが，その歪みによるものから生じているのですね．

大山 はい．滑りがない場合でも，転がり摩擦があれば球の運動は減速していくことになります．しかし，それを無視すれば等速運動するということですね．

浅川 今まで，底面が平らな直方体状の物体の運動では動摩擦力のした仕事を(動摩擦力)×(移動距離) で計算してたけど，球の場合は違ってるね．

西澤 等速運動になるまでの時間の重心の移動距離は $\int_0^{t_1} v\, dt$ で得られますが，

それを使わず，動摩擦力と $\int_0^{t_1} v' dt$ の積の絶対値でなされた仕事の大きさが計算されていますね．後の方の積分値が，球の表面が床と擦れあった実際の長さになっているからだと思います．

岸辺 確かに，$\omega = 0$ なら $v' = v$ となって，回転がなくて重心の並進運動だけになっているね．

小林 $t = 0$ と $t = t_1$ での運動エネルギーの差を計算してみたら，解答にある動摩擦力と $\int_0^{t_1} v' dt$ の積の絶対値と同じになりました．

☆ **練習 8.21** 半径 a の球の内部に質量 M が一様に分布した剛体球と，半径 a の球の表面に質量 M が一様に分布した球殻がある．図のように，初めの時刻 $t = 0$ に，これら球と球殻に，回転は与えず，重心の並進速度 $v_0(>0)$ のみを右向きに与えて水平な台の上を運動させた．

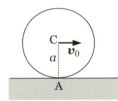

台と球または台と球殻との間の動摩擦係数は，いずれも μ' であるとする．球が等速運動になるまでの時間 t_1 と球殻が等速運動になるまでの時間 t_2 の比 $\dfrac{t_1}{t_2}$ はいくらか．

☆ **練習 8.22** 図のように，水平な床の上に質量 M が一様に分布した半径 a の球 1 と 2 がある．球 1 が床の上を滑らずに転がりながら並進速度 $v_0 (>0)$ で右方向へ等速運動していたところ，時刻 $t = 0$ のとき，静止していた球 2 に正面衝突した．

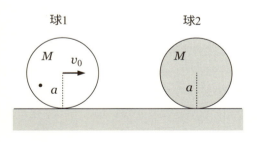

球 1 と床の間の動摩擦係数を μ' とする．球どうしの衝突は滑らかに起こり，回転運動の伝達はなかったものとする．

(1) 衝突により並進運動の止まった球 1 が再び動き出して，時刻 t_1 のとき等速運動になった．この時刻 t_1 を求めよ．

(2) 時刻 t_1 における球 1 の並進速度の大きさを求めよ．

□□□ 斜面を転がる球の運動 □□□

問題 8.2D 質量 M が内部に一様に分布した半径 a の球が，水平と角度 β をなす斜面上を滑らずに転がり落ちる．初めの時刻 $t=0$ のときの前方回転の角速度の大きさは $\omega_0\,(>0)$ であった．後の時刻 t での球の運動について考える．

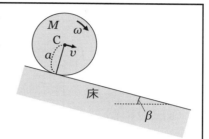

(1) 時刻 t における前方回転の角速度の大きさおよび運動エネルギーを求めよ．

(2) 初めの時刻から時刻 t までの間に球の重心が移動した距離を求めよ．

(3) 初めの時刻でのポテンシャル・エネルギーを 0 としたとき，時刻 t におけるポテンシャル・エネルギーを求めよ．

【解】(1) 図のように，初めの時刻 $t=0$ における球と床の接点を座標原点 O とし，斜面下方に x 軸正方向，斜面の法線方向に y 軸正方向をとって，運動を記述する．

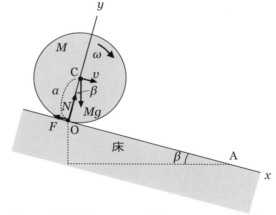

球には，重力 Mg，床からの垂直抗力 N，滑らず回転運動するための**静止摩擦力** F が働く．静止摩擦力は，斜面上方を正の向きとする．

斜面下方への重心の並進速度を v，前方回転の角速度を ω，球の中心軸のまわりの慣性モーメントを I とすると，運動方程式は

$$M\dot{v} = Mg\sin\beta - F, \quad I\dot{\omega} = aF$$

と書ける．滑らずに転がっているので $v = a\omega$ が成り立っている．よって $\dot{v} = a\dot{\omega}$ も成り立つ．この関係を用いると，運動方程式の第 2 式から $F = \frac{2}{5}M\dot{v}$ である．

これを運動方程式の第1式に代入して F を消去し，整理すると $\boxed{\dot{v} = \frac{5}{7}g\sin\beta}$ となる．初期条件「$t=0$ のとき $v=v_0=a\omega_0$」のもとに積分すると

$$\int_{v_0}^{v} dv = \int_0^t \frac{5}{7}g\sin\beta\, dt \quad \text{より} \quad v = a\omega_0 + \frac{5}{7}gt\sin\beta$$

と得られる．これより，前方回転の角速度は $\omega = \omega_0 + \frac{5g}{7a}t\sin\beta$ である．時刻 t における運動エネルギーは 〇 並進運動エネルギー＋回転運動エネルギー

$$K = \frac{1}{2}Mv^2 + \frac{1}{2}I\omega^2 = \frac{1}{2}M(a\omega)^2 + \frac{1}{2}\cdot\frac{2}{5}Ma^2\omega^2 = \frac{7}{10}Ma^2\omega^2$$
$$= \frac{7}{10}Ma^2\left(\omega_0 + \frac{5g}{7a}t\sin\beta\right)^2$$

となる．

(2) 重心の移動距離は，初めの時刻での接点と時刻 t における接点の間の距離に等しい．よって，$v(t)$ を積分して

$$\int_0^x dx = \int_0^t \left(a\omega_0 + \frac{5}{7}gt\sin\beta\right)dt \quad \text{より} \quad x = a\omega_0 t + \frac{5}{14}gt^2\sin\beta$$

となる．

(3) 求めるポテンシャル・エネルギーは

$$U = -Mgx\sin\beta = -Mga\sin\beta\left(\omega_0 t + \frac{5g}{14a}t^2\sin\beta\right)$$

と計算される．【終】

浅川 どのような場合に球は滑らず転がるのでしょうか．

大山 球と床との間の静止摩擦係数を μ とすると，**最大静止摩擦力**が $\boxed{\mu N}$ となります．ここで N は球が床面に押し付けられる力なので，床からの抗力 $Mg\cos\beta$ に等しいことになります．ですから，最大静止摩擦力は $\mu Mg\cos\beta$ です．問題の**静止摩擦力** $\boxed{F = \frac{2}{5}M\dot{v} = \frac{2}{7}Mg\sin\beta}$ が最大静止摩擦力を超えなければ，静かにはなすと滑らずに転がる運動となります．したがって，$\tan\beta \leq \frac{7}{2}\mu$ を満たす角度 β の斜面であれば，静かにはなしたとき球は滑らず転がることになります．

浅川 わかりました．静止摩擦力の働く向きは斜面上方向きにとるのですか．

大山 静止摩擦力の場合には**斜面との接点の相対速度が0なので，静止摩擦力の向きを斜面の上方または下方のどちら向きにとっても問題は解けます**．逆向きにとった場合には，F の値が逆符号で得られます．まったくの回転も並進の速度もなく球を静かに斜面にのせると，斜面下方へ転がり落ちていきますが，そのときもし滑っている場合には動摩擦力が斜面上向きに働きますので，それと同じ方向にしてみたわけです．計算結果を見ると，静止摩擦力の働く向きがこの向きになっています．

西澤 ポテンシャル・エネルギーを重心の高さで求めていますが，どうしてこれでいいのでしょうか

大山 本題と離れて，右図のように，鉛直上方に z 軸正方向をとり，重力のポテンシャル・エネルギーの基準となる水平面内に x, y 軸をとって考えてみます．剛体のポテンシャル・エネルギーは次のように計算されます．

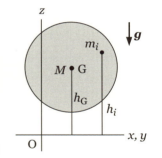

$$U \equiv \sum_{i=1}^{N} m_i g h_i = g \sum_{i=1}^{N} m_i h_i = g \cdot M h_{\mathrm{G}}$$
$$= M g h_{\mathrm{G}}$$

したがって，**基準水平面からの重心の高さ h_{G} で剛体のポテンシャル・エネルギーを計算すればよい**ことになります．これは，球に限らず，一般的に剛体について言えることです．

浅川 静止摩擦力は，重力の斜面方向の成分の $\frac{2}{7}$ の大きさをもっていて，並進速度の増え方を小さくしてるね．そのぶん，**重力ではできない回転運動の加速をしている**．

小林 時刻 t での運動エネルギー K と初めの時刻での運動エネルギー K_0 の差を計算してみると，ちょうどポテンシャル・エネルギーの減少量に等しくなっている．

岸辺 滑りがある場合の動摩擦力も，並進運動エネルギーの一部を回転運動エ

ネルギーにする役割をもっていると見ることもできるけど，**動摩擦力の場合にはエネルギーの散逸が起こってしまう．**

大山 ここまで質点系とその応用である剛体の慣性系での運動を見てきました．次回からは，慣性系でない座標系にのってみたとき質点や剛体の運動がどのように記述されるのか，ということを調べていきます．

☆ **練習 8.23 問題 8.2D** において，球の運動エネルギーが初めの時刻での値の n 倍になる時刻を求めよ $(n>1)$．

大山 ビリヤードで手球を的球に正面衝突させると，瞬間的に並進運動が止まりますが，前方回転が残っていると台との接点での動摩擦力により再び前方へ並進運動し始めます．この球の走らせ方を**押し球**といいます．また，逆に衝突の瞬間に後方回転が残っている場合には手前に戻る並進運動を始めます．このような走らせ方は**引き球**と呼ばれます．引き球では，手球の中心よりできるだけ下を突くと効果的です．押し球や引き球はビリヤードの競技での基礎技術となっています．

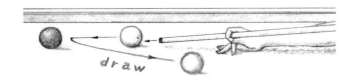

ビリヤードの引き球(球の衝突と並進・回転運動)

セミナー9日目

慣性系に対して加速度をもつ座標系での運動

慣性系での質点の運動は，ニュートンの運動方程式により記述することができました．慣性系に対して加速度をもつ座標系で成り立つ運動方程式は，どのようなものになるかを見ていきます．そこでは，見かけの力として慣性力を導入すると，形式的にはニュートンの運動方程式と同様な形で記述できます．

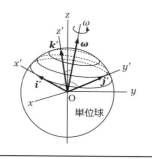

9 非慣性系における運動

9.1 並進座標系

大山 これまで見てきた質点および質点系の力学では，慣性系で成り立つニュートンの運動法則を使っていろいろな運動を扱ってきました．そこではニュートンの運動方程式 $\dfrac{d\boldsymbol{p}}{dt} = \boldsymbol{F}$ が基礎方程式となっていて，それを基にして並進運動と回転運動を記述することができました．質点系で成り立つ運動法則も，ニュートンの運動の三法則から導かれました．

今回からは，慣性系に対して加速度をもっているような座標系，すなわち**非慣性系**にのって運動がどのように記述されるかを，見ていきます．慣性系 $\mathrm{O}xyz$ に対して座標原点 O' が加速度をもって並進する**並進加速系**や，座標軸方向が慣性系に対して回転しつつある**回転座標系**，それらが複合している座標系などがあります．慣性系との区別をわかりやすくするために，非慣性系を，「$'$」をつけて $\mathrm{O}'x'y'z'$ と表すことにします．両方の座標系で時刻 t は共通であるとします．

ある慣性系に対して，座標軸の向きは回転運動せず，原点 O' が加速度 $\boldsymbol{\alpha}_0$ をもって並進運動している座標系 $\mathrm{O}'x'y'z'$ にのって質量 m の質点の運動を観測したときには，慣性系でも働いている**真の力** $\boldsymbol{F}$ 以外に $-m\boldsymbol{\alpha}_0$ も力のように運動

方程式に入ってきて $m\dfrac{d^2 r'}{dt^2} = F - m\alpha_0$ と書けます．非慣性系でだけ入ってくる力を**慣性力**と呼びます．慣性力も質点に働く力とみなせば，非慣性系での運動方程式は上のように形式上はニュートンの運動方程式と同様の形で表せます．

◻︎◻︎◻︎ 加速度をもって並進する座標系での運動 ◻︎◻︎◻︎

問題 9.1A 図のように，慣性系に固定された水平な床の上を移動できる台がある．床に固定した座標系 Oxy と，台に固定した座標系 O'x'y' を図に示したようにとる．時刻 $t=0$ において，両方の座標系の原点が同じ鉛直線上にあったとする．AB 面は水平であり，AB=$2h$, BO'=h, OO'=δ の長さをもっている (h, δ は正の定数)．台は，時刻 t とともに，床に対して速度 $\frac{1}{2}gt + \sqrt{gh}$ で右方向へ移動している．

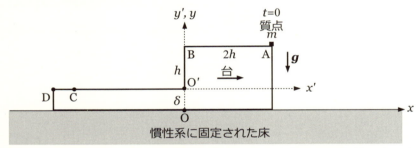

時刻 $t=0$ に，質量 m の質点を，床に対する速度が 0 の状態で台の点 A に置いたところ，質点は台上を点 A から点 B まで滑りながら運動し，時刻 $t=t_1$ に点 B から空中に飛び出して，時刻 $t=t_2$ に台の水平面 O'D 上の点 C に到達した．質点と台との動摩擦係数を $\frac{1}{4}$ とし，空気抵抗は無視する．

(1) 台にのって観測した場合に，質点が点 B に達する時刻 t_1 とそのときの速度 v_1'，点 C に達する時刻 t_2 とそのときの x' 座標および x 座標を求めよ．

(2) 床にのって観測した場合に，質点が AB 面上にある間の時刻 t での質点の x 座標を求めよ．

(3) 床にのって観測した場合に，質点が台の点 C に達したときの質点の x 座標を求めよ．

【解】(1) 台は床に対して右向きの加速度 $a = \frac{1}{2}g$ で動いている．

台にのって観測した場合には，AB 間の運動において，動摩擦係数が $\mu' = \frac{1}{4}$ であるので質点には**動摩擦力** $\frac{1}{4}mg$ が右向きに，**慣性力** $ma = \frac{1}{2}mg$ が左向きに働く．合力として，左向きに大きさ $\frac{1}{4}mg$ の力が働くことになる．

点 B に達する時刻 t_1 までの間の運動方程式

$$m\ddot{x}' = -\frac{1}{4}mg \qquad \text{○ 並進加速系での運動方程式}$$

を，初期条件「$t = 0$ のとき $x' = 2h$, $\dot{x}' = -\sqrt{gh}$」のもとに積分すると

$$\dot{x}' = -\frac{1}{4}gt - \sqrt{gh}, \qquad x' = -\frac{1}{8}gt^2 - \sqrt{gh}\,t + 2h$$

が得られる．点 B に到達する時刻 t_1 は，$x' = 0$ より

$$t_1 = 4(\sqrt{2} - 1)\sqrt{\frac{h}{g}}$$

となる．このときの速度は水平方向に $v_1' = -\sqrt{2gh}$ である．

時刻 $t = t_1$ を $t' = 0$ として新しい時刻 t' を導入し，$t = t_1$ 以後の運動を追う．運動方程式は　　○ 慣性力と重力による運動

$$m\ddot{x}' = -\frac{1}{2}mg, \qquad m\ddot{y}' = -mg$$

である．初期条件「$t' = 0$ のとき $x' = 0$, $\dot{x}' = -\sqrt{2gh}$, $y' = h$, $\dot{y}' = 0$」のもとに積分すると

$$x' = -\frac{1}{4}gt'^2 - \sqrt{2gh}\,t', \qquad y' = -\frac{1}{2}gt'^2 + h$$

が得られる．点 C に到達する時刻 $t' = t_2'$ は $y' = 0$ より $t_2' = \sqrt{\frac{2h}{g}}$ である．もとの時刻 t では

$$t_2 = t_1 + t_2' = (5\sqrt{2} - 4)\sqrt{\frac{h}{g}}$$

のとき点 C に達することになる．点 C の x' 座標は $x_2' = -\frac{5}{2}h$ である．

時刻 t における O′ 点の x 座標を X とすると，速度が $V = \dot{X} = \frac{1}{2}gt + \sqrt{gh}$

であるから，積分して $X = \frac{1}{4}gt^2 + \sqrt{gh}t$ と表せる．時刻 $t = t_2$ のとき点 O′ の x 座標は

$$X_2 = \frac{25 - 10\sqrt{2}}{2}h$$

となるので，質点が台の点 C に達したときの x 座標は，次のように得られる．

$$x_2 = X_2 + x'_2 = (10 - 5\sqrt{2})h$$

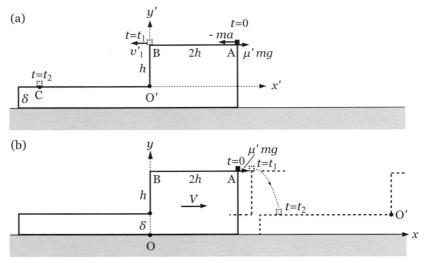

並進加速系(a)と慣性系(b)における質点の運動

(2) 同じ運動を床 (慣性系) にのって観測した場合にはどのようにみえるかを調べてみる．台の AB 面上にある間の運動においては，**真の力である動摩擦力** $\frac{1}{4}mg$ のみによる運動方程式

$$m\ddot{x} = \frac{1}{4}mg$$

で記述される．初期条件「$t = 0$ のとき $x = 2h$, $\dot{x} = 0$」のもとに積分して

$$\dot{x} = \frac{1}{4}gt, \qquad x = \frac{1}{8}gt^2 + 2h$$

が得られる．

(3) 時刻 t における点 O′ の x 座標は $X = \frac{1}{4}gt^2 + \sqrt{gh}t$ であり，**質点が点 B に**

達したとき $x = X$ が成り立つ．その時刻 t_1 は

$$\frac{1}{8}gt_1^2 + 2h = \frac{1}{4}gt_1^2 + \sqrt{gh}\,t_1$$

より $t_1 = 4(\sqrt{2}-1)\sqrt{\dfrac{h}{g}}$ となり，(1) で求めた値と一致する．時刻 t_1 における質点の x 座標と速度 v_1 は，次のように得られる．

$$x_1 = 4(2-\sqrt{2})h, \qquad v_1 = (\sqrt{2}-1)\sqrt{gh}$$

時刻 $t = t_1$ を $t' = 0$ として，以後の時刻における運動方程式

$$\boxed{m\ddot{x} = 0}, \quad \boxed{m\ddot{y} = -mg} \qquad \bigcirc\text{重力のみによる運動}$$

を解く．初期条件「$t'=0$ のとき $x = x_1, \dot{x} = v_1, y = h+\delta, \dot{y} = 0$」のもとに積分すると

$$x = (\sqrt{2}-1)\sqrt{gh}\,t' + 4(2-\sqrt{2})h, \qquad y = -\frac{1}{2}gt'^2 + h + \delta$$

となる．$y = \delta$ となる時刻は

$$t' = t_2' = \sqrt{\frac{2h}{g}}, \qquad t = t_1 + t_2' = (5\sqrt{2}-4)\sqrt{\frac{h}{g}}$$

となる．そのときの x 座標は

$$x_2 = (\sqrt{2}-1)\sqrt{gh}\sqrt{\frac{2h}{g}} + 4(2-\sqrt{2})h = (10-5\sqrt{2})h$$

と得られる．これは (1) での結果と一致する．【終】

西澤 同じ運動が2つの座標系にのって観測される様子を比べるのは面白いですね．慣性系では前方に運動するのに，非慣性系では後方に運動している．

岸辺 両方の座標系での運動を比べるときは，座標原点 O' の動きに注目すると理解しやすい気がする．

大山 並進加速系はわかりやすかったと思います．次は $O'x'y'z'$ 系の座標軸

9 非慣性系における運動

の方向が慣性系に対して回転運動している場合の問題を見てみましょう．

☆ **練習 9.11** 図のように，慣性系に固定された水平な台の上を，直方体の形をした質量の大きな箱が，時刻 t における右向きの速度 $V_0 + at$ をもって直進する（V_0, a は正の定数）．箱の内部の空間を質量 m の質点が運動する．

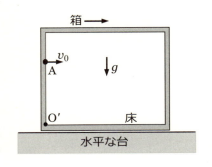

時刻 $t = 0$ に，箱の左側の鉛直な内壁の点 A から，質点を右向きに箱に対して速さ $v_0 \, (> 0)$ で投げ出した．点 A の床面からの高さは $h \, (> 0)$ である．

質点がちょうど箱の内部の左下の点 O′ に到達するようにしたい．v_0 をいくらにすればよいか．

9.2 回転座標系

大山 慣性系 Oxyz に対して**座標原点 O′ が並進運動しつつ，その座標軸方向が原点 O′ を通る軸のまわりに角速度 ω で回転しつつある座標系 O′$x'y'z'$** を考えます．

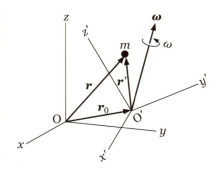

座標系 O′$x'y'z'$ を**回転系**と呼ぶことにします．座標軸回転を，軸の方向，回転の向き，回転の角速度の大きさをすべて含む量として，**角速度ベクトル $\boldsymbol{\omega}$** 用いて表します．

各瞬間にそのときの角速度ベクトル $\boldsymbol{\omega}$ のまわりに回転座標系の x', y', z' 座標軸が回転しています．したがって，基本ベクトルである $\boldsymbol{i'}$, $\boldsymbol{j'}$, $\boldsymbol{k'}$ も，$\boldsymbol{\omega}$ のまわりを円錐面を描くように動いています．6.3 節で出てきた重心の平行移動だけの重心系との違いに注意してください．慣性系にのってみると，基本ベクトル

i', j', k' の運動は

$$\frac{di'}{dt} = \boldsymbol{\omega} \times i', \quad \frac{dj'}{dt} = \boldsymbol{\omega} \times j',$$

$$\frac{dk'}{dt} = \boldsymbol{\omega} \times k'$$

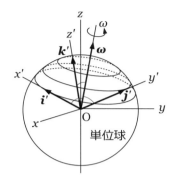

により記述されます.

いま，ベクトル $\boldsymbol{A}(t)$ の運動を観測します．時刻 t において，ベクトル $\boldsymbol{A}$ の回転系の座標軸に対する成分が $A'_x(t)$, $A'_y(t)$, $A'_z(t)$ であったとすると

$$\boldsymbol{A} = A'_x(t)\, i'(t) + A'_y(t)\, j'(t) + A'_z(t)\, k'(t)$$

です．慣性系においてベクトル $\boldsymbol{A}$ を時間微分すると

$$\begin{aligned}\left(\frac{d\boldsymbol{A}}{dt}\right)_{\mathrm{I}} &= \frac{dA'_x}{dt} i' + \frac{dA'_y}{dt} j' + \frac{dA'_z}{dt} k' + A'_x \frac{di'}{dt} + A'_y \frac{dj'}{dt} + A'_z \frac{dk'}{dt} \\ &= \left(\frac{d\boldsymbol{A}}{dt}\right)_{\mathrm{R}} + A'_x \boldsymbol{\omega} \times i' + A'_y \boldsymbol{\omega} \times j' + A'_z \boldsymbol{\omega} \times k' \\ &= \left(\frac{d\boldsymbol{A}}{dt}\right)_{\mathrm{R}} + \boldsymbol{\omega} \times (A'_x i' + A'_y j' + A'_z k') \\ &= \left(\frac{d\boldsymbol{A}}{dt}\right)_{\mathrm{R}} + \boldsymbol{\omega} \times \boldsymbol{A}\end{aligned}$$

となります．添え字の「I」と「R」は，それぞれ**慣性系** (Inertial system) または**回転系** (Rotating system) にのって時間微分を行うことを意味しています．これより，**回転系で時間微分したベクトル**は

$$\left(\frac{d\boldsymbol{A}}{dt}\right)_{\mathrm{R}} = \left(\frac{d\boldsymbol{A}}{dt}\right)_{\mathrm{I}} + \boldsymbol{A} \times \boldsymbol{\omega}$$

となり，慣性系で時間微分した量と $\boldsymbol{A} \times \boldsymbol{\omega}$ のぶんだけ違ってきます．

時刻 t において，運動する質量 m の質点の慣性系でみた位置ベクトルを $\boldsymbol{r}$，回転系でみた位置ベクトルを $\boldsymbol{r}'$，回転系の原点 O' の慣性系でみた位置ベクトルを $\boldsymbol{r}_0$ とします．このとき $\boldsymbol{r} = \boldsymbol{r}_0 + \boldsymbol{r}'$ が成り立っています．これを 2 回時間微分すると，慣性系における加速度ベクトルが

$$\frac{d^2\boldsymbol{r}}{dt^2} = \frac{d^2\boldsymbol{r}_0}{dt^2} + \left(\frac{d^2\boldsymbol{r}'}{dt^2}\right)_{\mathrm{R}} + 2\boldsymbol{\omega}\times\left(\frac{d\boldsymbol{r}'}{dt}\right)_{\mathrm{R}} + \left(\frac{d\boldsymbol{\omega}}{dt}\right)_{\mathrm{R}}\times\boldsymbol{r}' + \boldsymbol{\omega}\times(\boldsymbol{\omega}\times\boldsymbol{r}')$$

となります．これを慣性系での運動方程式

$$m\frac{d^2\boldsymbol{r}}{dt^2} = \boldsymbol{F}_0 \qquad \bigcirc \text{右辺は真の力だけ}$$

の左辺に代入し，$m\left(\dfrac{d^2\boldsymbol{r}'}{dt^2}\right)_{\mathrm{R}}$ の項だけを残して他の項をすべて右辺に移項すると

$$m\left(\frac{d^2\boldsymbol{r}'}{dt^2}\right)_{\mathrm{R}} = \boldsymbol{F}_0 - m\frac{d^2\boldsymbol{r}_0}{dt^2} + m\boldsymbol{r}'\times\frac{d\boldsymbol{\omega}}{dt}$$

$$+ 2m\left(\frac{d\boldsymbol{r}'}{dt}\right)_{\mathrm{R}}\times\boldsymbol{\omega} + m(\boldsymbol{\omega}\times\boldsymbol{r}')\times\boldsymbol{\omega}$$

となります．移項によって右辺に現れた項は，**慣性力**と呼ばれる**見かけの力**であり，慣性系では消えます．上の式は，**非慣性系での運動方程式**となっています．

回転系で観測される量は，「′」を付けて表すことにします．

4番目の項 $\boldsymbol{F}_v = 2m\boldsymbol{v}'\times\boldsymbol{\omega}$ は，**コリオリの力**と呼ばれ，回転系で質点が速度 $\boldsymbol{v}'$ をもつ場合に現れます．

最後の項 $\boldsymbol{F}_\omega = m(\boldsymbol{\omega}\times\boldsymbol{r}')\times\boldsymbol{\omega}$ は，**遠心力**と呼ばれる慣性力で，質点が回転軸上にあるとき以外には回転系で必ず現れて，回転軸に垂直で，軸から遠ざかる向きを向いたベクトルとなります．

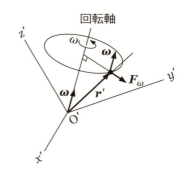

浅川 遠心力にはベクトル $\boldsymbol{\omega}$ が2回入ってきてるから，逆回転の場合でも同じ向きになっているね．

小林 コリオリの力には $\boldsymbol{v}'$ と $\boldsymbol{\omega}$ が1つずつ入っているから，$\boldsymbol{v}'$ または $\boldsymbol{\omega}$ が逆向きになると，コリオリの力も逆向きになりますよね．

大山 はい．まずは，簡単な問題を調べてみましょう．

□□□ 回転座標系での運動 □□□

問題 9.2A 慣性系 $Oxyz$ に対して，z 軸のまわりに角速度ベクトル $\boldsymbol{\omega} = \omega \boldsymbol{k}$ で回転している座標系 $O'x'y'z'$ を考える（ω は正の定数）．回転系の基本ベクトルを $\boldsymbol{i'}, \boldsymbol{j'}, \boldsymbol{k'}$ とする．時刻 $t=0$ に x' 軸は x 軸と一致していた．時刻 t における質量 m の質点の慣性系での位置ベクトルは，$\boldsymbol{r} = a\boldsymbol{i}$ である（a は正の定数）．

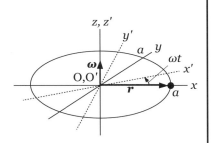

(1) 慣性系の基本ベクトル $\boldsymbol{i}, \boldsymbol{j}$ を，回転系の基本ベクトル $\boldsymbol{i'}, \boldsymbol{j'}$ を用いて表せ．

(2) 慣性系にのって質点をみたときの速度ベクトル $\boldsymbol{v}(t)$ を求めよ．

(3) 回転系にのって質点をみたときの位置ベクトル $\boldsymbol{r'}(t)$ を求めよ．

(4) 回転系にのって質点をみたときの速度ベクトル $\boldsymbol{v'}(t)$ を求めよ．

【解】 (1) 基本ベクトルの関係式は右図より

$$\boldsymbol{i} = \cos\omega t\, \boldsymbol{i'} - \sin\omega t\, \boldsymbol{j'},$$

$$\boldsymbol{j} = \sin\omega t\, \boldsymbol{i'} + \cos\omega t\, \boldsymbol{j'}$$

となる．

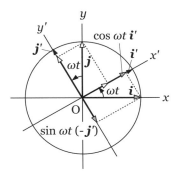

(2) 慣性系での位置ベクトルが $\boldsymbol{r} = a\boldsymbol{i}$ であるから，慣性系で質点をみたときの速度ベクトルは，これを時間微分して $\boldsymbol{v}(t) = \boldsymbol{0}$ となる．すなわち，質点は慣性系に対して静止している．

(3) 回転系で質点をみたときの位置ベクトルは，(1) で得た基本ベクトルの間の関係式を利用して

$$\boldsymbol{r'}(t) = a\left(\cos\omega t\, \boldsymbol{i'} - \sin\omega t\, \boldsymbol{j'}\right)$$

となる．

(4) (3) で得た $\boldsymbol{r'}(t)$ を時間微分して，回転系で質点をみたときの速度ベクトルは

$$\boldsymbol{v}'(t) = -a\omega(\sin\omega t\, \boldsymbol{i}' + \cos\omega t\, \boldsymbol{j}')$$

と得られる．ここで $\dot{\boldsymbol{r}} + \boldsymbol{r} \times \boldsymbol{\omega}$ を計算すると

$$\dot{\boldsymbol{r}} + \boldsymbol{r} \times \boldsymbol{\omega} = \boldsymbol{0} + a\boldsymbol{i} \times \omega\boldsymbol{k}$$
$$= -a\omega\boldsymbol{j}$$
$$= -a\omega(\sin\omega t\, \boldsymbol{i}' + \cos\omega t\, \boldsymbol{j}')$$

となり，上で得た回転系でみた速度ベクトルとなっている．【終】

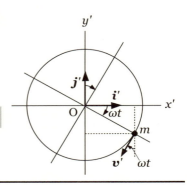

大山 慣性系でみたときは $\boldsymbol{i}', \boldsymbol{j}'$ は時間変化しますが，回転系にのってみるとこれらのベクトルは一定なベクトルとなります．ベクトルの時間微分を計算するときは，この点に注意する必要があります．よく似た次の問題を考えてみましょう．

□□□ 回転座標系における円運動 □□□

問題 9.2B 質量 m の質点が，中心力を受けながら xy 面内を円運動している．時刻 t における質点の慣性系での位置ベクトルは $\boldsymbol{r} = a\cos\omega t\, \boldsymbol{i} - a\sin\omega t\, \boldsymbol{j}$ で与えられる (a, ω は正の定数)．z 軸のまわりに角速度ベクトル $\boldsymbol{\omega} = \omega\boldsymbol{k}$ で回転している座標系 $\mathrm{O}'x'y'z'$ を考える．

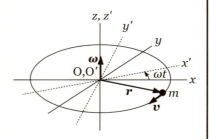

回転系の基本ベクトルを $\boldsymbol{i}', \boldsymbol{j}', \boldsymbol{k}'$ とする．また，$x'y'$ 面内にとった x' 軸を極軸とした平面極座標の基本ベクトルを $\boldsymbol{e}'_r, \boldsymbol{e}'_\varphi$ とする．時刻 $t = 0$ に x' 軸は x 軸と一致していた．

(1) 慣性系における速度ベクトル $\boldsymbol{v}(t)$ を求めよ．

(2) 回転系における位置ベクトル $\boldsymbol{r}'(t)$ および速度ベクトル $\boldsymbol{v}'(t)$ を求めよ．

(3) 質点が受けている真の力を，$\boldsymbol{e}'_r$ を含む式で表せ．

(4) 回転系で質点が受けるコリオリの力，遠心力，全体の力を，それぞれ $\boldsymbol{e}'_r$ を含む式で表せ．

【解】(1) 慣性系における速度ベクトルは，$\bm{r}(t)$ を時間微分して

$$\bm{v} = -a\omega\,(\sin\omega t\,\bm{i} + \cos\omega t\,\bm{j})$$

となる．

(2) 慣性系と回転系の基本ベクトルの関係式は

$$\bm{i} = \cos\omega t\,\bm{i}' - \sin\omega t\,\bm{j}',$$

$$\bm{j} = \sin\omega t\,\bm{i}' + \cos\omega t\,\bm{j}'$$

である．位置ベクトルを慣性系で表すと

$$\bm{r} = a\,(\cos\omega t\,\bm{i} - \sin\omega t\,\bm{j}) = a\,\bm{e}_r$$

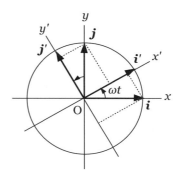

だから，上の基本ベクトルの関係式を利用して回転系で表すと，次のようになる．

$$\bm{r}' = a\,\bigl[\cos\omega t\,(\cos\omega t\,\bm{i}' - \sin\omega t\,\bm{j}') - \sin\omega t\,(\sin\omega t\,\bm{i}' + \cos\omega t\,\bm{j}')\bigr]$$
$$= a\,(\cos 2\omega t\,\bm{i}' - \sin 2\omega t\,\bm{j}') = a\,\bm{e}'_r$$

回転系においても，質点は O′ を中心とした半径 a の円周上をまわる円運動をしている．また

$$\bm{e}_r = \cos\omega t\,(\cos\omega t\,\bm{i}' - \sin\omega t\,\bm{j}') - \sin\omega t\,(\sin\omega t\,\bm{i}' + \cos\omega t\,\bm{j}') = \bm{e}'_r$$

が成り立つ．回転系における速度ベクトルは，$\bm{r}'(t)$ を時間微分して

$$\bm{v}' = -2a\omega\,(\sin 2\omega t\,\bm{i}' + \cos 2\omega t\,\bm{j}')$$

○ 回転系では $\bm{i}', \bm{j}'$ は一定

となる．

(3) 真の力 (向心力) の大きさを F_0，慣性系での速さを v とする．慣性系における運動方程式の法線成分は $m\dfrac{v^2}{a} = F_0$ と書ける．ここで $v = a\omega$ であるから $\bm{F}_0 = -ma\omega^2 \bm{e}_r$ と書ける．回転座標系では

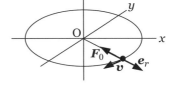

$$\bm{F}_0 = -ma\omega^2 \bm{e}'_r$$

と表せる．

(4) 角速度ベクトルは $\boldsymbol{\omega} = \omega \boldsymbol{k}'$ と書ける．上で求めた $\boldsymbol{r}'$ と $\boldsymbol{v}'$ の表式を用いてコリオリの力と遠心力を計算する．

$\boldsymbol{e}'_r$ を用いて書けば，コリオリの力は

$$\begin{aligned}\boldsymbol{F}_v &= 2m\boldsymbol{v}' \times \boldsymbol{\omega} \\ &= 2m(-2a\omega)(\sin 2\omega t\,\boldsymbol{i}' + \cos 2\omega t\,\boldsymbol{j}') \times \omega \boldsymbol{k}' \\ &= -4ma\omega^2(\cos 2\omega t\,\boldsymbol{i}' - \sin 2\omega t\,\boldsymbol{j}') \\ &= -4ma\omega^2 \boldsymbol{e}'_r,\end{aligned}$$

遠心力は

$$\begin{aligned}\boldsymbol{F}_\omega &= m(\boldsymbol{\omega} \times \boldsymbol{r}') \times \boldsymbol{\omega} = m\bigl[\omega \boldsymbol{k}' \times a(\cos 2\omega t\,\boldsymbol{i}' - \sin 2\omega t\,\boldsymbol{j}')\bigr] \times \omega \boldsymbol{k}' \\ &= ma\omega^2(\cos 2\omega t\,\boldsymbol{j}' + \sin 2\omega t\,\boldsymbol{i}') \times \boldsymbol{k}' \\ &= ma\omega^2(\cos 2\omega t\,\boldsymbol{i}' - \sin 2\omega t\,\boldsymbol{j}') \\ &= ma\omega^2 \boldsymbol{e}'_r\end{aligned}$$

である．これらより，回転系で質点が受ける全体の力は

$$\boldsymbol{F} = \boldsymbol{F}_0 + \boldsymbol{F}_v + \boldsymbol{F}_\omega = (-ma\omega^2 - 4ma\omega^2 + ma\omega^2)\boldsymbol{e}'_r = -4ma\omega^2 \boldsymbol{e}'_r$$

となる．【終】

浅川 質点の慣性系での位置ベクトルは $\boldsymbol{r} = a(\cos \omega t\,\boldsymbol{i} - \sin \omega t\,\boldsymbol{j})$，回転系での位置ベクトルは $\boldsymbol{r}' = a(\cos 2\omega t\,\boldsymbol{i}' - \sin 2\omega t\,\boldsymbol{j}')$ だから，どちらも z 軸方向からみた場合，時計回りに回転してるね．

岸辺 回転系では，円運動の角速度が慣性系の2倍になってる．そのため，質点の速さも，慣性系で $v = a\omega$，回転系で $v' = 2a\omega$ だから，回転系では2倍になってる．

西澤 回転系における速さは $\boldsymbol{v}' = -2a\omega(\sin 2\omega t\,\boldsymbol{i}' + \cos 2\omega t\,\boldsymbol{j}')$ から $v' = 2a\omega$ と得られるけど，運動方程式の法線成分 $m\dfrac{v'^2}{a} = 4ma\omega^2$ からも $v' = 2a\omega$ となっています．

小林 位置ベクトルについては，$\boldsymbol{r}$ の式の $\boldsymbol{i}, \boldsymbol{j}$ を座標軸回転の変換式を使って

i', j' で表してやれば r' の式が得られるけど，**速度ベクトル v について同じことをやっみたら**

$$\bar{v} = -a\omega(\sin 2\omega t\, i' + \cos 2\omega t\, j')$$

となって，回転系での速度ベクトル v' にはならないですね．まず i', j' で表した r' を求めてから，それを時間微分して v' が得られるわけですね．

岸辺 位置ベクトルのように，**座標軸回転で大きさが変らず座標軸に対する向きだけが変る量を計算する場合には**，i, j を i', j' で書き直してやればいいけど，速度ベクトルの場合は回転系で大きさも変る．$\bar{v}$ と v' は違うベクトルですね．

西澤 i', j' で表した $\bar{v}$ は座標軸に対する v の向きを新しい座標系で変えてるだけですね．

小林 式 $v + r \times \omega$ を，i', j' を用いて表すと

$$v + r \times \omega = \bar{v} + r \times \omega = -2a\omega\,(\sin 2\omega t\, i' + \cos 2\omega t\, j')$$

となりました．

大山 慣性系から見ると，回転系の基本ベクトルが時間変化していくために，回転系でのベクトルの時間微分を計算するときには $\left(\dfrac{d\bm{A}}{dt}\right)_{\mathrm{I}}$ に加えて $\bm{A} \times \bm{\omega}$ の項を取り入れる必要があるわけです．間違えやすいところなので注意しましょう．　○ 回転系での速度 v' は $v + r \times \omega$ を i', j' で表した式

岸辺 x', y' 座標軸が一定の角度 φ だけ x, y 方向から傾いて止まっている場合は，$\bm{\omega} = \bm{0}$ だから $\dot{\bm{A}}' = \dot{\bm{A}}$ でいいですね．

大山 はい．その場合は $\mathrm{O}'x'y'z'$ 座標系は慣性系 $\mathrm{O}xyz$ に対して加速度をもたないので，やはり慣性系になります．

☆ **練習 9.21** 滑らかな棒に束縛された質量 m の物体 (質点とする) がある．棒の一端 O' を固定点として，O' を通り棒に垂直な軸のまわりに一定の角速度 $\omega\,(>0)$ で棒を回転させた．O' を原点とし棒に沿って x' 軸を選んだ回転座標系で考える．はじめの時刻 $t = 0$ において，物体は座標 $x' = a\,(>0)$ にあり，棒に沿った速さは 0 であった．

(1) 時刻 t での物体の位置 $x'(t)$ を求めよ．

(2) 時刻 t において物体が棒から受ける抗力の大きさ R を求めよ．

☆ **練習 9.22** 慣性系 $Oxyz$ の z 軸のまわりに角速度ベクトル $\boldsymbol{\omega} = \omega \boldsymbol{k}$ で回転している座標系 $O'x'y'z'$ を考える (ω は正の定数)．回転系の基本ベクトルを $\boldsymbol{i}'$, $\boldsymbol{j}'$, $\boldsymbol{k}'$ とする．時刻 $t = 0$ に x' 軸は x 軸と一致していた．質量 m の質点が，時刻 $t = 0$ から位置ベクトル $\boldsymbol{r}' = v_0 t\, \boldsymbol{i}'$ で表される運動をしている (v_0 は正の定数)．

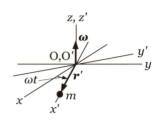

この運動を起こさせるために時刻 $t\,(>0)$ において質点に加えている力 $\boldsymbol{F}_0$ を，$\boldsymbol{i}'$, $\boldsymbol{j}'$ を用いた式で表せ．

☆ **練習 9.23** 慣性系 $Oxyz$ の z 軸のまわりに角速度ベクトル $\boldsymbol{\omega} = \omega \boldsymbol{k}$ で回転している座標系 $O'x'y'z'$ を考える (ω は正の定数)．回転系の基本ベクトルを $\boldsymbol{i}'$, $\boldsymbol{j}'$, $\boldsymbol{k}'$ とする．時刻 $t = 0$ に x' 軸は x 軸と一致していた．質量 m の質点が，時刻 t において位置ベクトル $\boldsymbol{r} = a \sin \omega t\, \boldsymbol{i}$ で表される運動をしている (a は正の定数)．

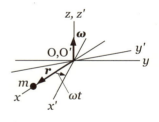

(1) 時刻 t に回転系でみたとき質点に働いている復元力 $\boldsymbol{F}_0$ と遠心力 $\boldsymbol{F}_\omega$ を，$\boldsymbol{r}'$ を用いた式で表せ．

(2) 時刻 t に回転系でみたとき質点に働いているコリオリの力 $\boldsymbol{F}_v$ を，$\boldsymbol{i}'$, $\boldsymbol{j}'$ を用いた式で表せ．さらに，$\boldsymbol{F}_v$ を，回転系でみたときの質点の加速度ベクトル $\boldsymbol{\alpha}'$ を用いた式で表せ．

(3) 回転系における軌道のグラフを描け．さらに，時刻 $t\left(0 < t < \frac{\pi}{4\omega}\right)$ におけるベクトル $\boldsymbol{F}_0$, $\boldsymbol{F}_\omega$, $\boldsymbol{F}_v$ を，図の中に記入せよ．

9.3 地球表面に固定した座標系

大山 地球表面に固定された座標系で物体の運動を考えます．地球の自転の

角速度ベクトルを一定として考えると，運動する質量 m の質点には地球からの万有引力，遠心力，コリオリの力，それ以外の真の力が働きます．このうち，**地球の自転による遠心力と万有引力をベクトル的に合成してその結果の力が働く向きを鉛直下方**とし，合成された力を**重力**とします．重力加速度ベクトル $\boldsymbol{g}$ の大きさは，地球上の位置によってわずかずつ違ってきます．

地表に固定された座標系での質点の運動方程式は

$$m\ddot{\boldsymbol{r}} = \boldsymbol{F} + m\boldsymbol{g} + 2m\boldsymbol{v} \times \boldsymbol{\omega}$$

と書かれます．ここで $\boldsymbol{F}$ は重力以外の真の力，$\boldsymbol{v}$ はこの座標系における質点の速度ベクトル，$\boldsymbol{\omega}$ は地球の自転の角速度ベクトルです（回転系での量に付けていた「$'$」記号を以後は省略します）．

□□□ 塔からの落下運動 □□□

問題 9.3A 北緯 λ の地点の地表から鉛直に立つ塔がある．塔の立つ地上の点 O を座標原点とし，水平方向南方へ x 軸正方向，水平方向東方へ y 軸正方向，鉛直上方へ z 軸正方向をとる．

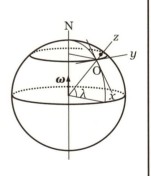

時刻 $t=0$ に，塔の z 軸上で高さ h の点から質量 m の物体を塔に対する速度が 0 であるようにして落下させた．物体は空中を運動した後，地表へ達した．地球の自転の角速度の大きさを ω，重力加速度の大きさを g とし，空気抵抗は無視する．

(1) 物体が空中を運動している時刻 t における x, y, z 座標を求めよ．

(2) $\omega t \ll 1$ の場合に，(1) で得られた $x(t), y(t), z(t)$ の式をテイラー展開し，t^3 の項まで残した近似式を求めよ．さらに，この近似式を用いて，物体が地表に達したときの y 座標を求めよ．

【解】 (1) 初期条件は

「$t=0$ のとき $x = y = 0, z = h, \dot{x} = \dot{y} = \dot{z} = 0$」

である．地球の自転の角速度ベクトルの各成分は

$$\omega_x = -\omega\cos\lambda, \quad \omega_y = 0, \quad \omega_z = \omega\sin\lambda$$

であるので，地表に固定した座標系 $Oxyz$ で記述した運動方程式は，両辺を m で割った形で

$$\ddot{x} = 2\omega\dot{y}\sin\lambda,$$
$$\ddot{y} = -2\omega(\dot{x}\sin\lambda + \dot{z}\cos\lambda),$$
$$\ddot{z} = -g + 2\omega\dot{y}\cos\lambda$$

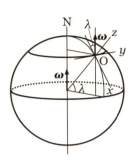

と書ける．これらを，初期条件のもとに積分する．まず，$\ddot{x}, \ddot{z}$ の方程式を 1 回積分すると

$$\dot{x} = 2\omega y\sin\lambda, \quad \dot{z} = -gt + 2\omega y\cos\lambda$$

が得られる．これらを y 成分についての方程式の右辺に代入して

$$\ddot{y} = -2\omega\left[(2\omega y\sin\lambda)\sin\lambda + (-gt + 2\omega y\cos\lambda)\cos\lambda\right]$$
$$= -4\omega^2 y + 2\omega gt\cos\lambda$$

と計算されるから，移項して

$$\ddot{y} + 4\omega^2 y = 2\omega gt\cos\lambda$$

となる．これは，$y(t)$ についての **2 階線形非同次微分方程式**となっている．この一般解は，同次方程式の一般解とこの方程式の特解 (t の 1 次式) を足し合わせて

$$y(t) = A\sin(2\omega t + \phi) + \frac{g\cos\lambda}{2\omega}t$$

とおくことができる (A, ϕ は定数)．微分して

$$\dot{y} = 2\omega A\cos(2\omega t + \phi) + \frac{g\cos\lambda}{2\omega}$$

である．初期条件は $A = -\dfrac{g\cos\lambda}{4\omega^2}$, $\phi = 0$ により満たされるので，解は

$$y(t) = \frac{g\cos\lambda}{2\omega}\left(t - \frac{\sin 2\omega t}{2\omega}\right)$$

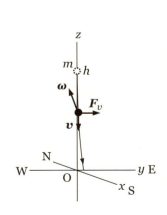

となる．さらに，$y(t)$ を $\dot{x}, \dot{z}$ の方程式の右辺に代入して積分すると

$$x(t) = \frac{g\sin 2\lambda}{4}\left[t^2 - \left(\frac{\sin\omega t}{\omega}\right)^2\right],$$
$$z(t) = h - \frac{1}{2}gt^2 + \frac{g\cos^2\lambda}{2}\left[t^2 - \left(\frac{\sin\omega t}{\omega}\right)^2\right]$$

と得られる．

(2) $\omega t \ll 1$ として $x(t), y(t), z(t)$ を**テイラー展開**し，t^3 の項まで残した近似式を求めると

$$x(t) \simeq 0, \quad y(t) \simeq \frac{\omega g\cos\lambda}{3}t^3, \quad z(t) = h - \frac{1}{2}gt^2$$

となる．$z = 0$ となる時刻は $t_1 = \sqrt{\dfrac{2h}{g}}$ であるから，そのときの y 座標は

$$y_1 = \frac{\omega g\cos\lambda}{3}\left(\frac{2h}{g}\right)^{\frac{3}{2}} \quad \boxed{\bigcirc\ y_1 > 0\ \text{なので点 O より東に着地する}}$$

となる．【終】

大山 (2) の $y(t), z(t)$ の近似式から t を消去すると，物体の近似的な軌道の式が

$$\boxed{y = \frac{\omega g\cos\lambda}{3}\left[\frac{2(h-z)}{g}\right]^{\frac{3}{2}}}$$

と得られます．これは**ナイルの放物線**と呼ばれています．

☆ **練習 9.31** 赤道 (北緯 $\lambda = 0°$) の地点 O から鉛直に立つ高さ h の柱がある．地点 O を座標原点とし，水平方向南方へ x 軸正方向，水平方向東方へ y 軸正方向，鉛直上方へ z 軸正方向をとる．時刻 $t = 0$ に，質量 m の物体を柱の頂点から鉛直上方へ速度 $v_0 (> 0)$ で投射した．物体は空中を運動した後，地表へ達した．地球の自転の角速度の大きさを ω，重力加速度の大きさを g とし，空気抵抗は無視する．

(1) 物体が空中を運動している時刻 t における x, y, z 座標を求めよ．

(2) $h = 0$, $\omega t \ll 1$ の場合に，(1) で得られた $y(t), z(t)$ の式をテイラー展開して近似し，物体が地上に達する地点の y 座標を ω^1 まで残す形で求めよ．

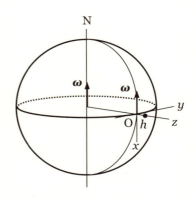

☆ **練習 9.32** 北緯 $45°$ の地点 O の地表に固定した座標系 $\mathrm{O}xyz$ として，水平方向南方へ x 軸正方向，水平方向東方へ y 軸正方向，鉛直上方へ z 軸正方向をとる．時刻 $t = 0$ に，原点 O から，南方へ仰角 $45°$ で質量 m の物体を投げ出した．物体は空中を運動した後，地表へ落下した．地球の自転の角速度の大きさを ω，重力加速度の大きさを g とし，空気抵抗は無視する．$\mathrm{O}xyz$ 座標系での運動方程式において，コリオリの力による $\dot{y}$ の項は他の項と比べて小さいものとして無視する．

(1) 物体が空中を運動している時刻 t における x, y, z 座標を，運動方程式を積分することにより求めよ．

(2) 物体が地表に到達した（$z = 0$ となる）時刻 t_1，およびそのときの y 座標を求めよ．

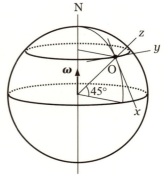

セミナー 10 日目

固定点のまわりに運動する剛体

これまで，剛体が固定軸のまわりに運動する場合と平面運動する場合を見てきましたが，ここでは剛体が固定点のまわりに運動する場合を調べます．最後に，こまの運動を調べてこのセミナーが終ります．

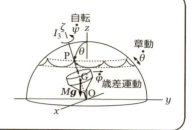

10 固定点のまわりの剛体の運動

10.1 主軸座標系での剛体の運動方程式

大山 固定点のまわりに回転している剛体の運動を調べてみましょう．固定点を原点として剛体に固定した主軸座標系 $O\xi\eta\zeta$ をとって考えます．その基本ベクトルを e_1, e_2, e_3，主慣性モーメントを I_1, I_2, I_3 とします．

角速度ベクトル ω，原点のまわりの角運動量ベクトル L，回転の運動エネルギー K は

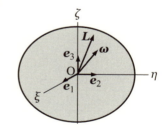

$$\omega = \omega_1 e_1 + \omega_2 e_2 + \omega_3 e_3,$$

$$L = I_1 \omega_1 e_1 + I_2 \omega_2 e_2 + I_3 \omega_3 e_3,$$

$$K = \frac{1}{2}(I_1 \omega_1^2 + I_2 \omega_2^2 + I_3 \omega_3^2)$$

と表されます．剛体に対して固定点のまわりに外力のモーメント N が働いている場合には，主軸座標系にのって運動を記述すると，運動方程式が

$$I_1 \dot{\omega}_1 - (I_2 - I_3)\omega_2 \omega_3 = N_1,$$

$$I_2 \dot{\omega}_2 - (I_3 - I_1)\omega_3 \omega_1 = N_2,$$

$$I_3 \dot{\omega}_3 - (I_1 - I_2)\omega_1 \omega_2 = N_3$$

と書けます．これは，オイラーの運動方程式と呼ばれます．外力のモーメント

が働いていない場合の運動は，剛体の**自由回転運動**といわれます．まず，自由回転運動の問題を考えてみます．

□□□ 剛体の自由回転運動の角速度ベクトル □□□

問題 10.1A 剛体が重心のまわりに回転運動している．剛体には外力のモーメントは働いていない．剛体の重心を原点とした剛体に固定した主軸座標系 $O\xi\eta\zeta$ をとる．剛体は ζ 軸に関して対称で，主慣性モーメントは $I_1 = I_2 < I_3$ である．角速度ベクトルは $\boldsymbol{\omega} = \omega_1 \boldsymbol{e}_1 + \omega_2 \boldsymbol{e}_2 + \omega_3 \boldsymbol{e}_3$ と表される．

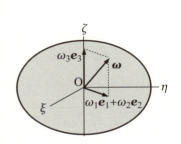

(1) ω_1 が単振動することを表す方程式を導け．

(2) (1)の解を $\omega_1(t) = \omega_n \sin(\Omega t + \phi)$ としたとき（ω_n, ϕ は定数），$\omega_2(t)$ を求めよ．ただし，$\Omega = \dfrac{I_3 - I_1}{I_1} \omega_3$ である．

【解】(1) $I_2 = I_1$ とおいて，オイラーの運動方程式は

$$I_1 \dot{\omega}_1 - (I_1 - I_3)\omega_2 \omega_3 = 0, \quad I_1 \dot{\omega}_2 - (I_3 - I_1)\omega_3 \omega_1 = 0, \quad I_3 \dot{\omega}_3 = 0$$

と書ける．変形すると

$$\dot{\omega}_1 = -\frac{I_3 - I_1}{I_1} \omega_2 \omega_3 \cdots \text{(i)} \quad \dot{\omega}_2 = \frac{I_3 - I_1}{I_1} \omega_3 \omega_1 \cdots \text{(ii)} \quad \dot{\omega}_3 = 0 \cdots \text{(iii)}$$

となる．式(iii)から ω_3 は**定数**であることがわかる．これより $\Omega = \dfrac{I_3 - I_1}{I_1} \omega_3$ も定数となるので，式(i)を時間微分して $\ddot{\omega}_1 = -\Omega \dot{\omega}_2$ となる．これに式(ii)を代入すると，ω_1 に対する単振動の方程式が，次のように得られる．

$$\ddot{\omega}_1 = -\Omega^2 \omega_1$$

(2) 単振動の運動方程式の解を

$$\omega_1 = \omega_n \sin(\Omega t + \phi) \quad (\omega_n, \phi は定数)$$

とおく．時間微分して

$$\dot{\omega}_1 = \omega_n \Omega \cos(\Omega t + \phi)$$

となる．これを式 (i) に代入すると

$$\omega_2 = -\omega_n \cos(\Omega t + \phi)$$

と表せる．【終】

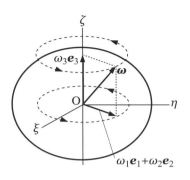

浅川 (1) の結果から，自転の角速度ベクトル $\boldsymbol{\omega}$ の ζ 軸に垂直な成分は

$$\boldsymbol{\omega}_\perp \equiv \omega_1 \boldsymbol{e}_1 + \omega_2 \boldsymbol{e}_2 = \omega_n \sin(\Omega t + \phi)\boldsymbol{e}_1 - \omega_n \cos(\Omega t + \phi)\boldsymbol{e}_2$$

となりますね．ベクトル $\boldsymbol{\omega}_\perp$ の始点を原点におくと，$\Omega > 0$ だから，終点が $\xi\eta$ 面内を ζ 軸正方向からみて反時計回りに等速円運動していることがわかります．

大山 自転軸 ($\boldsymbol{\omega}$ 方向) のこのような運動を，**歳差運動**といいます．

小林 自転の角速度ベクトル $\boldsymbol{\omega}$ の歳差運動の角速度の大きさは Ω なので，慣性モーメントの違いの程度 $\dfrac{I_3 - I_1}{I_1}$ が小さいほど回転はゆっくりとなりますね．

□□□ 自由回転運動する剛体の角運動量ベクトル □□□

問題 10.1B 剛体が重心のまわりに回転運動している．剛体には外力のモーメントは働いていない．剛体の重心を原点 O とした剛体に固定した主軸座標系 O$\xi\eta\zeta$ をとる．剛体は ζ 軸に関して対称で，主慣性モーメントは $I_1 = I_2 < I_3$ である．この運動では角速度ベクトル $\boldsymbol{\omega}$ は ζ 軸と一定の角度 α をなし，ζ 軸は角運動量ベクトル $\boldsymbol{L}$ と一定の角度 θ をなして，$\boldsymbol{L}$ を挟んでそれぞれ円錐面上を回転している．$\tan\theta$ を I_1, I_3, α を用いた式で表せ．

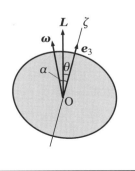

【解】右図より

$$\tan\alpha = \frac{\sqrt{\omega_1^2 + \omega_2^2}}{\omega_3} \cdots (i)$$

であることがわかる．また，次の図から

$$\tan\theta = \frac{\sqrt{I_1^2(\omega_1^2+\omega_2^2)}}{I_3\omega_3}$$
$$= \frac{I_1}{I_3}\cdot\frac{\sqrt{\omega_1^2+\omega_2^2}}{\omega_3} \cdots (ii)$$

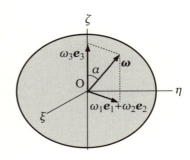

となる．式 (i), (ii) より

$$\tan\theta = \frac{I_1}{I_3}\cdot\tan\alpha$$

の関係式が導かれる．【終】

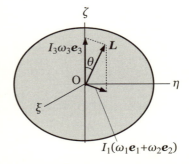

浅川 $I_1 \neq I_3$ なので角運動量ベクトルは角速度ベクトルと違う向きを向いているね．式と図から，e_3, L, ω が同一平面内にあることもわかる．

岸辺 自由回転運動を慣性系からみると，$N = 0$ なので，角運動量ベクトル L は時間変化しない．

西澤 L を挟んで，そのまわりを自転軸（ω ベクトル）と ζ 軸が回っていますね．

☆ **練習 10.11** 質量 M が一様に分布した半径 a の円板状剛体が，重心のまわりに回転運動している．円板には外力のモーメントは働いていない．円板の重心を原点とした円板に固定した主軸座標系 $O\xi\eta\zeta$ をとる．円板の中心軸を ζ 軸とする．角速度ベクトル ω は，ζ 軸と一定の角度 α を保って空間内を運動している．原点のまわりの角運動量ベクトルを L とする．

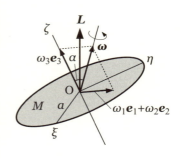

(1) 角速度ベクトル ω が角運動量ベクトル L のまわりを運動する周期 $T_{\Omega'}$ を，ω, α を用いた式で表せ．

(2) 円板の回転運動エネルギー K を，M, a, ω, α を用いた式で表せ．

☆ **練習 10.12** 質量が一様に分布した円板状剛体が，重心のまわりに回転運動している．円板には外力のモーメントは働いていない．円板の重心を原点とした円板に固定した主軸座標系 $O\xi\eta\zeta$ をとる．円板の中心軸を ζ 軸とする．角速度ベクトル ω は，ζ 軸と一定の角度 30° を保って空間内を運動している．原点のまわりの角運動量ベクトルを L とする．

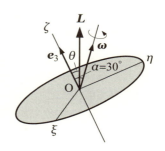

(1) ζ 軸正方向が L となす角を θ としたとき，$\tan\theta$ を求めよ．

(2) 角速度ベクトル ω が ζ 軸のまわりを歳差運動する角速度を求めよ．

10.2 こまの運動

大山 固定点のまわりの剛体の運動の例として，こまの運動を考えてみましょう．こまは，その自転軸のまわりに軸対称な質量分布をもっているものとします．**自転軸のまわりの主慣性モーメントを** I_3，それに**垂直な方向を軸とする主慣性モーメントを** $I_1 (< I_3)$ とし，こまの質量を M とします．こまが床に接する点 O を固定点として運動する場合を考えます．

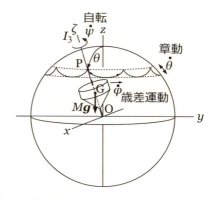

自転軸を ζ 軸とし，その正方向の単位ベクトルを e_3 とします．自転軸のまわりのこまの回転角を ψ とすると，**自転の角速度は** $\dot\psi$ で表されます．

時刻 $t = 0$ に，こまを**速く回転させて**，自転軸の傾き角を θ_0 として**静かにはなした**とします．初めの状態では，角速度ベクトルが自転軸方向を向いている

ため $\boldsymbol{\omega} = \dot{\psi}\boldsymbol{e}_3$ であり，支点のまわりの角運動量ベクトル $\boldsymbol{L}$ も自転軸方向を向いています．

こまの自転軸が鉛直上方 (z 軸正方向) と角度 $\theta (> 0)$ をなしているときには，こまの支点 O のまわりに**重力のモーメント $\boldsymbol{N} = \boldsymbol{r}_{\mathrm{G}} \times M\boldsymbol{g}$** が生じます．$\boldsymbol{r}_{\mathrm{G}}$ は，支点 O からのこまの重心 G の位置ベクトルです．OG 間の長さを h とすると，重力のモーメントの大きさは $N = Mgh\sin\theta$ であり，向きは z 軸と ζ 軸が作る平面に垂直な方向で，z 軸から ζ 軸へ角度 θ に沿って右ねじを回したときにねじが進む向きとなります．

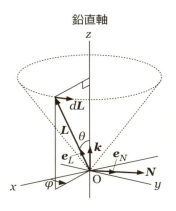

鉛直軸

運動方程式 $\dfrac{d\boldsymbol{L}}{dt} = \boldsymbol{N}$ より $d\boldsymbol{L} = \boldsymbol{N}dt$ ですから，この瞬間に角運動量ベクトルは z 軸と角度 θ をなしながら，その先端が z 軸 (鉛直軸) のまわりに円を描く運動をしようとします．

岸辺 自由回転運動の場合と違って，重力のモーメント $\boldsymbol{N}$ があるから，慣性系でみたとき角運動量ベクトルは時間変化するわけですね．

大山 はい．こまの自転軸も z 軸 (鉛直軸) のまわりを回る**歳差運動**をしようとします．**z 軸のまわりの自転軸の回転角**を表す変数 φ を導入すると，$\dot{\varphi}$ が**歳差運動の角速度**を表すことになります．

浅川 こまは，自転軸が z 軸から一定の角度 θ_0 だけ倒れた状態で歳差運動することになるのですか．

大山 ところが歳差運動をはじめると，z 軸のまわりの回転の角速度 $\dot{\varphi}$ をもつようになり，また，重力があるため θ も時間変化すると，**角速度ベクトルは**

$$\boldsymbol{\omega} = \dot{\psi}\boldsymbol{e}_3 + \dot{\varphi}\boldsymbol{k} + \dot{\theta}\boldsymbol{e}_N$$

となって，**自転軸方向 ($\boldsymbol{e}_3$ 方向) からはずれていきます**．$\boldsymbol{k}$ は z 軸正方向の単位ベクトル，$\boldsymbol{e}_N$ は重力のモーメント・ベクトル $\boldsymbol{N}$ 方向の単位ベクトルです．

角速度ベクトルが ζ 成分以外の成分をもつようになると，**角運動量ベクトル $\boldsymbol{L}$** ($= I_1\omega_1\boldsymbol{e}_1 + I_1\omega_2\boldsymbol{e}_2 + I_3\omega_3\boldsymbol{e}_3$) **も自転軸から離れていきます**．そのため，

「$\dot{\theta}=0, \dot{\varphi}=0$」の初期条件で運動させた場合には，$z$ 軸と一定の角度 θ_0 を保って歳差運動するとは言えなくなります．自転していても初めは重力で下方へ倒れていきます．同時に重力のモーメントが働き歳差運動が始まります．そうして，歳差運動しながらある $\theta(=\theta_1)$ まで倒れた後，再びもとの θ_0 まで戻ってきます．この θ の運動は**章動**と呼ばれます．

ちょうど θ_0 のところまで戻った時には，$\dot{\theta}=0, \dot{\varphi}=0$ となって歳差運動がその瞬間に止まって，その後また同じことを繰り返す運動をしていきます．このの運動では，ω_3 **保存の式**，L_z **保存の式，力学的エネルギー保存の式の 3 つの保存の式が成り立ちます．**順に

$$\dot{\varphi}\cos\theta + \dot{\psi} = \omega_3 = 一定, \quad \dot{\varphi}\sin^2\theta + a\cos\theta = b,$$
$$\dot{\theta}^2 + \dot{\varphi}^2\sin^2\theta + \mu\cos\theta = \lambda$$

と書けます．ここで各定数は

$$a \equiv \frac{L_3}{I_1}, \quad b \equiv \frac{L_z}{I_1}, \quad \mu \equiv \frac{2Mgh}{I_1}, \quad \lambda \equiv \frac{2E - I_3\omega_3^2}{I_1}$$

と定義されています．自転が速い (a が大きい) の場合には，章動の振れ幅が小さくなります．歳差運動の角速度は $\dot{\varphi} \simeq \dfrac{\mu}{2a}(1-\cos at)$ となり，自転が速いと歳差運動はゆっくりとなります．次の簡単化した問題で考えてみましょう．

ロロロ こまの歳差運動 ロロロ

問題 10.2A 軸対称なこまを，床に接する軸の先端を固定された支点として，速い自転の角速度を与えて鉛直上方から角度 θ ($0 < \theta < \frac{\pi}{2}$) だけ軸を傾けて静かにはなした．支点からこまの重心までの距離を h とする．

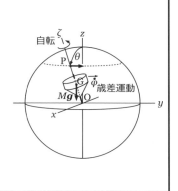

歳差運動の角速度 $\dot{\varphi}$ が自転の角速度と比べて小さく，章動の振れ幅も十分小さいものとして，こまの角速度ベクトル $\boldsymbol{\omega}$ が自転軸を向いていると近似した場合の歳差運動の角速度を計算せよ．

【解】 重心の位置ベクトルを $\boldsymbol{r}_{\mathrm{G}}$, 支点のまわりの重力のモーメント・ベクトル $\boldsymbol{N}$ 方向の単位ベクトルを $\boldsymbol{e}_N$ とすると, 重力のモーメント・ベクトルは

$$\boldsymbol{N} = \boldsymbol{r}_{\mathrm{G}} \times M\boldsymbol{g} = Mgh\sin\theta\, \boldsymbol{e}_N$$

である. 図のように, dt 時間における角運動量ベクトルの変化分 $d\boldsymbol{L}$ の大きさは $dL = L\sin\theta \cdot d\varphi$ である. 他方, 運動方程式より $dL = Mgh\sin\theta \cdot dt$ と表せる. これらより

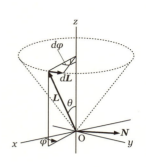

$$L\sin\theta \cdot d\varphi = Mgh\sin\theta \cdot dt$$

が成り立つ. 章動を無視するので, θ は一定とする. 変形して $\dfrac{d\varphi}{dt} = \dfrac{Mgh}{L}$ となる. 自転 $\dot\psi$ が速いので, 角速度ベクトル $\boldsymbol{\omega} = \dot\psi\boldsymbol{e}_3 + \dot\varphi\boldsymbol{k} + \dot\theta\boldsymbol{e}_N$ において $\dot\varphi$ と $\dot\theta$ の寄与を無視し

$$\omega_3 = \dot\varphi\cos\theta + \dot\psi \simeq \dot\psi$$

とすると, $\boldsymbol{\omega} \simeq \omega_3\boldsymbol{e}_3$ と自転軸成分だけで近似されるので $L \simeq I_3\omega_3$ となる. これより, 歳差運動の角速度は $\dfrac{d\varphi}{dt} = \dfrac{Mgh}{I_3\omega_3}$ と得られる. **【終】**

西澤 こまの自転が速いので, 角速度ベクトルへの章動の寄与や歳差運動の変動を無視して計算していますね.

大山 はい. 単位ベクトル $\boldsymbol{e}_3$ と $\boldsymbol{k}$ は角度 θ をなしていて直交していない場合を考えていますので, **角速度ベクトルの自転軸成分 ω_3 には, 自転による分 $\dot\psi$ に歳差運動によるベクトル $\dot\varphi\boldsymbol{k}$ の自転軸成分 $\dot\varphi\cos\theta$ が加わってきます**. しかし, これは自転軸のまわりの回転の角速度と比べて小さいとして無視してしまっています.

西澤 どの程度小さいのでしょうか.

大山 それがこの計算結果の式で与えられています. $\dot\psi$ が大きいほど $\dot\varphi$ の寄与は相対的に小さくなっています.

岸辺 章動があるときは $\dot\varphi$ は一定値でなく, $\dot\varphi$ が振動して歳差運動は動いた

り止まったりを繰り返していましたね．

小林 その $\dot{\varphi}$ の変動を平均すると，歳差運動の角速度が $\dfrac{\mu}{2a} = \dfrac{Mgh}{I_3\omega_3}$ となって，ここでの結果と一致する．

浅川 ここで行っている計算はかなり大ざっぱな近似をしているけど，それでも歳差運動の平均的な角速度は導けていることになりますね．

大山 こまを高速で回転させて**静かにはなしたとき**，章動が入ってきて，いきなりここで得られている平均の歳差運動の角速度の状態になるわけではないことは注意する必要があります．また，**正則歳差運動**と呼ばれる傾き角 θ が一定となっている運動を作るためには，初期条件は「$\dot{\varphi} = 0$」ではなくて，初めにある有限な $\dot{\varphi}$ の値を与えてやる必要があります．その意味で，**ここでの歳差運動は正則歳差運動とは違っています**．

浅川 こまが自転して角運動量をもつことで歳差運動することがわかりました．

❏❏❏ **セミナーの終りに** ❏❏❏

大山 基本的な問題を取り上げてきましたが，力学の問題は他にもたくさんありますから，自分でどんどん問題に取り組んでいくことをすすめます．

皆さん，十日間のセミナーに参加いただき有難うございました．さあ，扉は開かれました．これからは一人で歩いていくことになりますが，このセミナーで得たものを役立てて，先に拡がる世界に進んでいってもらえたらと思います．

著者 このセミナーは仮想的なものですが，理工学を学ぶための必須アイテムとともに，実際に学生が疑問をもちやすいところや間違えやすいと考えられる箇所を取り上げて，力学の内容を描きました．初めて力学を学ぼうとする人が直面する多くの疑問に答えることが出来たのではないかと思っています．この本によって，学問を志す人たちに力を与えることができたなら幸いです．

練習問題解答

1.21 (1) $(1-x)^3 = 1 - 3x + 3x^2 - x^3$　(2) $\dfrac{1}{(1-x)^2} = 1 + 2x + 3x^2 + 4x^3 + \cdots$
(3) $\dfrac{1}{1-x}$ のテイラー展開の式で $x \to x^2$ とおきかえて $\dfrac{x}{1-x^2} = x(1 + x^2 + \cdots) = x + x^3 + \cdots$　と得られる．
【記】(1) では，テイラー展開の 4 次以上の項の係数はすべて 0 になり，よく知られた 3 次の展開公式と一致する．(2) では，$\dfrac{1}{(1-x)^2} = \left(\dfrac{1}{1-x}\right)^2$ と変形して，$\dfrac{1}{1-x}$ の展開結果を利用しても計算できる．

1.22 原点近傍の x のときに $\dfrac{x}{a}$ を展開パラメータとして $f(x) = -a\sqrt{1 - \left(\dfrac{x}{2a}\right)^2}$ をテイラー展開し，x^2 の項まで残すと，$f(x) \simeq -a\left[1 - \dfrac{1}{2}\left(\dfrac{x}{2a}\right)^2\right]$ となる．これより，$g(x) = \dfrac{1}{8a}x^2 - a$ と得られる．

　半径 r，中心 $(0, h)$ の円 $x^2 + (y-h)^2 = r^2$ の下半分の関数 $y = h - r\sqrt{1 - \left(\dfrac{x}{r}\right)^2}$ を $x = 0$ の近傍でテイラー展開して x^2 の項まで残すと $y = h - r + \dfrac{1}{2r}x^2$ となる．

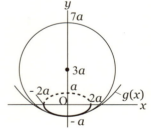

　これが $y = \dfrac{1}{8a}x^2 - a$ と同じになるのは $r = 4a$ かつ $h = 3a$ のときである．したがって，円の方程式は $x^2 + (y - 3a)^2 = (4a)^2$ である．
【記】$x = 0$ の近傍の円の形が放物線で近似できる．逆に放物線の形を円で近似できることになる．

1.31 (1) $\dfrac{1}{\cosh^2 x}$　(2) $(1 + \tanh x)(1 - \tanh x)$
(3) $\dfrac{2}{1 + \cosh 2x} = 1 - x^2 + \cdots$

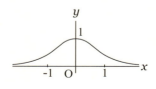

【記】波動の本を見ると，ソリトンと呼ばれる孤立した波がこの曲線形で書かれている．

1.41 ベクトル A と B の外積を計算すると

$$A \times B = i \times j - i \times k + j \times i - j \times k + k \times i + k \times j$$
$$= k + j - k - i + j - i = -2(i - j)$$

となる．求める単位ベクトルはこれと平行であるから $e_{\pm} = \pm \frac{1}{\sqrt{2}}(i - j)$ と得られる．
【記】3次元ベクトルを扱うときは，基本ベクトルでできる立方体の枠をつくって図を描くとイメージしやすくなる．

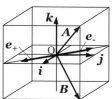

1.42 (1) 位置ベクトルを時間微分して，次のようになる．

$$v = 3a\omega \sinh \omega t\, i + a\omega \cosh \omega t\, j,$$
$$\alpha = 3a\omega^2 \cosh \omega t\, i + a\omega^2 \sinh \omega t\, j = \omega^2 r$$

(2) パラメータ (媒介変数) 表示された軌道の式 $x = 3a\cosh \omega t$, $y = a\sinh \omega t$ からパラメータ t を消去して，デカルト座標で表した軌道の式は $\left(\frac{x}{3a}\right)^2 - \left(\frac{y}{a}\right)^2 = 1$ となる．軌道のグラフは右図のように描ける．

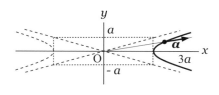

【記】双曲線関数からパラメータを消去すると双曲線軌道が得られる．この運動では，楕円の場合と反対に，加速度が原点から遠ざかる向きになるので，軌道は原点の反対側へと曲がっていく．

1.43 (1) 位置ベクトル $r = a\sin \omega t\, i - a\cos 2\omega t\, j$ を時間微分する．

$$v = a\omega \cos \omega t\, i + 2a\omega \sin 2\omega t\, j, \quad \alpha = -a\omega^2 \sin \omega t\, i + 4a\omega^2 \cos 2\omega t\, j$$

(2) パラメータ表示された軌道の式
$$x = a\sin\omega t, \quad y = -a\cos 2\omega t$$
からパラメータ t を消去して，デカルト座標で表した軌道の式は $y = \dfrac{2}{a}x^2 - a$ となる．時刻 $t = 0$ のときには
$$\boldsymbol{r} = -a\boldsymbol{j}, \quad \boldsymbol{v} = a\omega\boldsymbol{i}, \quad \boldsymbol{\alpha} = 4a\omega^2\boldsymbol{j}$$
となり，図に描かれている．

【記】x と y が同じ振幅で異なる角振動数をもって振動するとき，xy 面内の軌道は一般に正方形に内接する複雑な曲線となる．角振動数が整数比である場合には閉じた曲線を描く．この問題では，水平と垂直の角振動数の比が 1:2 になっていて，$t=0$ における位相の差によりちょうど放物線軌道になっている．

1.51 (1) 位置ベクトルは $\boldsymbol{r} = a\omega t \boldsymbol{e}_r$ である．速度ベクトルは，位置ベクトルを時間微分して $\boldsymbol{v} = a\omega(\boldsymbol{e}_r + \omega t \boldsymbol{e}_\varphi)$ となる．加速度ベクトルは，さらに時間微分して

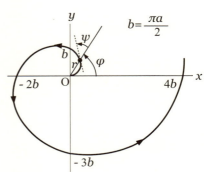

$$\boldsymbol{\alpha} = a\omega\left[\omega\boldsymbol{e}_\varphi + \omega\boldsymbol{e}_\varphi + \omega t(-\omega\boldsymbol{e}_r)\right]$$
$$= a\omega^2\left[-\omega t \boldsymbol{e}_r + 2\boldsymbol{e}_\varphi\right]$$

と得られる．
(2) 軌道のグラフは右図のようになる．
(3) 速度ベクトルの表式から $v = a\omega\sqrt{1+\omega^2 t^2}$ となるので，求める値は
$$\cos\psi = \frac{\boldsymbol{r}\cdot\boldsymbol{v}}{rv} = \frac{a^2\omega^2 t}{a\omega t \cdot a\omega\sqrt{1+\omega^2 t^2}} = \frac{1}{\sqrt{1+\omega^2 t^2}}$$
である．
【記】基本ベクトルの時間微分 $\dot{\boldsymbol{e}}_r = \dot{\varphi}\boldsymbol{e}_\varphi,\ \dot{\boldsymbol{e}}_\varphi = -\dot{\varphi}\boldsymbol{e}_r$ を用いて，$\boldsymbol{r} = r\boldsymbol{e}_r$ を微分していく．$\omega t = 1$ rad のとき $\psi = \dfrac{\pi}{4}$ となる．

1.61 直線に沿った座標 $s = at^2$ より

$$v = \dot{s} = 2at, \quad \dot{v} = 2a$$

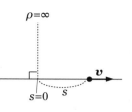

となる．速度ベクトルは $\boldsymbol{v} = 2at\boldsymbol{e}_v$，加速度ベクトルは曲率半径が $\rho \to \infty$ となるので $\boldsymbol{\alpha} = 2a\boldsymbol{e}_v$ と得られる．加速度は常に直線方向を向いている．

【記】内接円の半径 ρ が無限大となると，加速度の法線成分 $\dfrac{v^2}{\rho}$ が消えて直線運動になる．

2.21 (1) $y(t) = 0$ を満たす t の値を計算する．

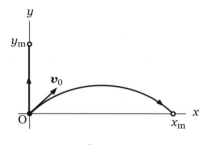

$$y = t\left(-\frac{1}{2}gt + v_0 \sin\varphi\right) = 0$$

より $t = 0$ または $t = \dfrac{2v_0 \sin\varphi}{g}$ となる．$t = 0$ は投げ上げた時刻なので $t_1 = \dfrac{2v_0 \sin\varphi}{g}$ が求める時刻となる．

$x(t)$ に t_1 を代入して，到達地点の x 座標が $x_1 = \dfrac{v_0^2}{g}\sin 2\varphi$ と得られる．

(2) $\dfrac{dx_1}{d\varphi} = 0$ より $\cos 2\varphi = 0$ なので，$\varphi = \dfrac{\pi}{4}$ のとき水平方向の最大到達距離を与える．このときの最大到達距離は $x_m = \dfrac{v_0^2}{g}$ となる．

$y(t)$ が最大となるのは $v_y(t) = 0$ となる時刻

$$t_2 = \frac{v_0}{g}\sin\varphi = \frac{t_1}{2}$$

のときである．この時刻を $y(t)$ に代入すると $y_2 = \dfrac{v_0^2}{2g}\sin^2\varphi$ となる．$y_2(\varphi)$ が最大となるのは，$\varphi = \dfrac{\pi}{2}$ のときであり，最大値は $y_m = \dfrac{v_0^2}{2g}$ である．したがって $x_m = 2y_m$ の関係がある．

【記】投げ出す角度 φ によって，水平方向の到達距離が違ってくる．投射地点と同じ水平面上に到達したときに最大距離になるのは $\varphi = \dfrac{\pi}{4}$ のときである．鉛直上方への到達距離はこの半分になる．

2.22 (1) 水平となす角 φ の方向へ速さ v_0 で質点を投げ上げた場合の運動方程式 $m\ddot{x} = 0$, $m\ddot{y} = -mg$ を，初期条件のもとに解いて

$$x = v_0 t \cos\varphi, \quad y = -\frac{g}{2}t^2 + v_0 t \sin\varphi + h$$

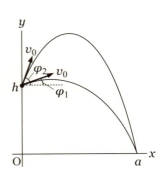

となる．$x = a$ のとき $y = 0$ となるので，そのときの時刻 $t = \dfrac{a}{v_0 \cos\varphi}$ を $y = 0$ とした式に代入して $\tan\varphi$ について整理すると

$$\tan^2\varphi - \frac{2v_0^2}{ga}\tan\varphi + \frac{ga^2 - 2v_0^2 h}{ga^2} = 0$$

となる．φ_1, φ_2 がこの方程式を満たすので

$$\tan\varphi_1 + \tan\varphi_2 = \frac{2v_0^2}{ga}, \quad \tan\varphi_1 \tan\varphi_2 = \frac{ga^2 - 2v_0^2 h}{ga^2}$$

である．したがって

$$\tan(\varphi_1 + \varphi_2) = \frac{\tan\varphi_1 + \tan\varphi_2}{1 - \tan\varphi_1 \tan\varphi_2} = \frac{a}{h}$$

となる．さらに変形すると

$$\tan(\varphi_1 + \varphi_2) = \tan\left(\frac{\varphi_1 + \varphi_2}{2} + \frac{\varphi_1 + \varphi_2}{2}\right) = \frac{2\tan\dfrac{\varphi_1 + \varphi_2}{2}}{1 - \tan^2\dfrac{\varphi_1 + \varphi_2}{2}} = \frac{a}{h}$$

である．$\tan\frac{1}{2}(\varphi_1 + \varphi_2)$ について整理すると

$$\tan^2\frac{\varphi_1 + \varphi_2}{2} + \frac{2h}{a}\tan\frac{\varphi_1 + \varphi_2}{2} - 1 = 0$$

となるから，正の根をとって

$$\tan\frac{\varphi_1 + \varphi_2}{2} = -\frac{h}{a} + \sqrt{\left(\frac{h}{a}\right)^2 + 1}$$

と得られる．

(2) $h = 0$ のとき $\tan\dfrac{\varphi_1 + \varphi_2}{2} = 1$ なので $\frac{1}{2}(\varphi_1 + \varphi_2) = \frac{\pi}{4}$ である．

したがって，投射方向は，直線 $y=x$ に関して対称となる2方向である．ここで，関係式

$$t_1 = \frac{2v_0 \sin \varphi_1}{g}, \quad t_2 = \frac{2v_0 \sin \varphi_2}{g}$$

が成り立っている．$\varphi_2 = \frac{\pi}{2} - \varphi_1$ を t_2 の式に代入して，時間差は次のように表せる．

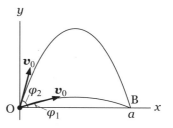

$$t_2 - t_1 = \frac{2v_0}{g}\left[\sin\left(\frac{\pi}{2} - \varphi_1\right) - \sin\varphi_1\right] = \frac{2\sqrt{2}v_0}{g}\sin\left(\frac{\pi}{4} - \varphi_1\right)$$

【記】点 B が x 軸上でない空中にあっても，$v_0 =$ 一定 で投射角度を変えて投げて点 B に到達できる場合には，一般に点 B に至る 2 通りの軌道がある．

2.23 (1) 運動方程式の x,y 成分は

$$m\ddot{x} = mg\sin\theta, \quad m\ddot{y} = -mg\cos\theta$$

と書ける．x 成分を変形して $\dfrac{dv_x}{dt} = g\sin\theta$ となる．dt をかけて積分する．

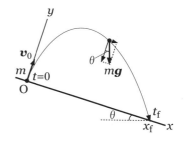

$$\int_0^{v_x} dv_x = \int_0^t g\sin\theta\, dt \quad \text{より} \quad v_x = gt\sin\theta$$

となる．

y 成分を変形して $\dfrac{dv_y}{dt} = -g\cos\theta$ となる．dt をかけて積分する．

$$\int_{v_0}^{v_y} dv_y = \int_0^t (-g\cos\theta)\, dt \quad \text{より} \quad v_y = -gt\cos\theta + v_0$$

である．

次に，$\dfrac{dx}{dt} = gt\sin\theta$ を積分する．

$$\int_0^x dx = \int_0^t gt\sin\theta\, dt \quad \text{より} \quad x = \frac{1}{2}gt^2\sin\theta$$

である．また，$\dfrac{dy}{dt} = -gt\cos\theta + v_0$ を積分すると

$$\int_0^y dy = \int_0^t (-gt\cos\theta + v_0)\, dt \quad \text{より} \quad y = -\frac{1}{2}gt^2\cos\theta + v_0 t$$

と得られる．

(2) $y=0$ となる時刻 $t_\mathrm{f}\,(>0)$ は
$$-\frac{1}{2}gt\cos\theta + v_0 = 0 \quad \text{より} \quad t_\mathrm{f} = \frac{2v_0}{g\cos\theta}$$
である．斜面への落下地点の x 座標は
$$x_\mathrm{f} = \frac{1}{2}g\sin\theta\left(\frac{2v_0}{g\cos\theta}\right)^2 = \frac{2v_0^2\sin\theta}{g\cos^2\theta}$$
と計算される．

【記】落下位置での v_y は $-v_0$ に等しくなっている．斜面に対する投射角度が 90° でない場合でも，速度の法線成分は投射地点と斜面の落下地点で，同じ大きさで逆向きになる．

2.31 $\beta \to 0$ の極限を計算する．
$$\lim_{\beta\to 0} v_x = g\sin\theta \cdot \lim_{\beta\to 0}\frac{1-e^{-\beta t}}{\beta} = g\sin\theta \cdot \lim_{\beta\to 0}\frac{te^{-\beta t}}{1} = gt\sin\theta$$
$$\lim_{\beta\to 0} x = g\sin\theta \cdot \lim_{\beta\to 0}\frac{\beta t - 1 + e^{-\beta t}}{\beta^2}$$
$$= g\sin\theta \cdot \lim_{\beta\to 0}\frac{1}{\beta^2}\left[\beta t - 1 + \left(1 - \beta t + \frac{\beta^2 t^2}{2} - \frac{\beta^3 t^3}{6} + \cdots\right)\right]$$
$$= g\sin\theta \cdot \lim_{\beta\to 0}\left[\frac{t^2}{2} - \frac{\beta t^3}{6} + \cdots\right] = \frac{g}{2}t^2\sin\theta$$
となって，**練習 2.2C** で θ を逆符号にして $\varphi = \frac{\pi}{2}$ とおいた場合の結果と一致する．

【記】$v_y(t), y(t)$ についても，$\beta \to 0$ の極限をとれば，**練習 2.2C** で θ を逆符号にして $\varphi = \frac{\pi}{2}$ とおいた場合の結果と一致する．

2.32 原点から落下地点に向かう方向に x 軸を，斜面の法線方向に y 軸を選んで斜面に到達するまでの間の時刻 t での運動を考える．運動方程式は
$$m\dot{v}_x = mg\sin\theta - m\beta v_x, \quad m\dot{v}_y = -mg\cos\theta - m\beta v_y$$
と書ける．第 2 式を，初期条件「$t=0$ のとき $y=0, v_y = v_0\cos\theta$」のもとに積分する．方程式を変形すると $\dot{v}_y + \beta v_y = -g\cos\theta$ となる．非同次線形微分方

程式であるから，一般解を $v_y = c_1 e^{-\beta t} - \dfrac{g}{\beta}\cos\theta$ とおく (c_1 は定数).
初期条件により $c_1 = \left(v_0 + \dfrac{g}{\beta}\right)\cos\theta$ と決まるので，解は

$$\frac{dy}{dt} = v_y = \cos\theta \left[\left(v_0 + \frac{g}{\beta}\right)e^{-\beta t} - \frac{g}{\beta} \right]$$

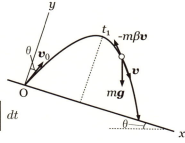

となる．dt をかけて，さらに積分する．

$$\int_0^y dy = \int_0^t \cos\theta \left[\left(v_0 + \frac{g}{\beta}\right)e^{-\beta t} - \frac{g}{\beta} \right] dt$$

より

$$y = \cos\theta \left[\frac{1}{\beta}\left(v_0 + \frac{g}{\beta}\right)(1 - e^{-\beta t}) - \frac{g}{\beta}t \right]$$

である．斜面から最も離れるとき $v_y = 0$ となる．その時刻は $t_1 = \dfrac{1}{\beta}\ln\left(1 + \dfrac{\beta v_0}{g}\right)$ と得られる．このときの質点と斜面との距離は

$$y_1 = \frac{\cos\theta}{\beta}\left[v_0 - \frac{g}{\beta}\ln\left(1 + \frac{\beta v_0}{g}\right) \right]$$

である．

【記】t_1 は θ によらない．斜面の法線方向へ投げ出した場合と違っている．

3.11

(1) 質点の運動方程式は

$$m\ddot{x} = -ma\omega^2 \cos\omega t, \quad m\ddot{y} = -ma\omega^2 \sin\omega t$$

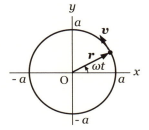

と書ける．これらを初期条件のもとに積分する．

x 成分は $\dfrac{dv_x}{dt} = -a\omega^2 \cos\omega t$ より，積分

$$\int_0^{v_x} dv_x = -\int_0^t a\omega^2 \cos\omega t\, dt$$

を実行して $v_x = \dfrac{dx}{dt} = -a\omega\sin\omega t$ と得られる．

続いて $\displaystyle\int_a^x dx = \int_0^t (-a\omega\sin\omega t)\, dt$ を計算して $x = a\cos\omega t$ となる．

y 成分は $\dfrac{dv_y}{dt} = -a\omega^2 \sin\omega t$ より，積分 $\displaystyle\int_{a\omega}^{v_y} dv_y = -\int_0^t a\omega^2 \sin\omega t\, dt$ を実

行して $v_y = \dfrac{dy}{dt} = a\omega\cos\omega t$ と得られる．さらに $\int_0^y dy = \int_0^t a\omega\cos\omega t\, dt$ を計算して $y = a\sin\omega t$ となる．よって，位置ベクトルと速度ベクトルは $\boldsymbol{r} = a\cos\omega t\, \boldsymbol{i} + a\sin\omega t\, \boldsymbol{j}$, $\boldsymbol{v} = -a\omega\sin\omega t\, \boldsymbol{i} + a\omega\cos\omega t\, \boldsymbol{j}$ と得られる．

【記】$\cos\omega t = \sin\left(\omega t + \frac{1}{2}\pi\right)$ なので，x と y に $\frac{\pi}{2}$ だけ位相の異なる単振動をさせて，その軌道を描くと円になる．見方を変えると，等速円運動は直交する 2 方向の単振動に分解して考えることができる．ブラウン管オシロスコープの XY モード動作では，互いに直交する 2 方向 (X, Y 方向) に独立に変えられる変動電場をかけて電子ビームに力をかけて進行方向を左右・上下方向に変えている．その結果，スクリーン上にできる輝点の軌跡のグラフを観測できるようになっている．このようにして描かれる曲線は，**リサジュー図形**と呼ばれる．

3.31 (1) $x = a e^{-\omega t}\cos\omega t$ を時間微分すると，速度は $\dot{x} = -a\omega e^{-\omega t}(\cos\omega t + \sin\omega t)$ となる．はじめに $\dot{x} = 0$ となるとき x が最小となる．そのときは $\tan\omega t = -1$ であるから，時刻は $t_1 = \dfrac{3\pi}{4\omega}$ である．したがって，最小値は $x_{\min} = -\dfrac{1}{\sqrt{2}} e^{-\frac{3\pi}{4}} a$ と得られる．

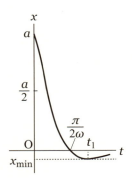

(2) $\dot{x}$ を時間微分して，$\ddot{x} = 2a\omega^2 e^{-\omega t}\sin\omega t$ である．$x(t), \dot{x}(t)$ から $\omega x + \dot{x} = -a\omega e^{-\omega t}\sin\omega t$ となる．これと $\ddot{x}$ から $\sin\omega t$ を消去して，m をかけると $m\ddot{x} = -2m\omega^2 x - 2m\omega\dot{x}$ と得られる．よって，$F_1 = -2m\omega^2 x$, $F_2 = -2m\omega\dot{x}$ である．

【記】$\left|\dfrac{x_{\min}}{a}\right| \fallingdotseq 0.07$ となる．抵抗力 $-2m\beta\dot{x}$ と復元力 $-m\omega_0^2 x$ の大きさを決めるパラメータの比は $\dfrac{\beta}{\omega_0} = \dfrac{1}{\sqrt{2}}$ である．

3.41 $x = C\sin(2\omega t + \phi)$ を方程式に代入すると

$$\left[-3\sin(2\omega t + \phi) + 4\cos(2\omega t + \phi)\right]C = a\sin 2\omega t$$

となる．左辺を合成して $5C\sin(2\omega t + \phi + \delta) = a\sin 2\omega t$ と変形される．ただし $\cos\delta = -\dfrac{3}{5}$, $\sin\delta = \dfrac{4}{5}$ である．

あらゆる時刻で成り立つためには $C = \dfrac{1}{5}a$, $\phi = -\delta$ でなければならない．特解は $x_2 = \dfrac{1}{5}a\sin(2\omega t - \delta) = -\dfrac{1}{25}a(3\sin 2\omega t + 4\cos 2\omega t)$ と得られる．

【記】普通に代入して解くのでわかりやすい方法といえる．

3.51 運動方程式 $\ddot{x}_1 = \beta(-2x_1 + x_2), \ddot{x}_2 = \beta(3x_1 - 4x_2)$ に，基準振動を行うときの複素数の解 $x_1 = a_1 e^{i\omega t}, x_2 = a_2 e^{i\omega t}$ を代入する $\left(\text{ここで}\beta = \sqrt{\dfrac{k}{m}}\right)$．

結果の等式があらゆる時刻で成り立つための条件は，両辺の $e^{i\omega t}$ の係数を等しくおいて，$\dfrac{a_2}{a_1} = \dfrac{2\beta - \omega^2}{\beta}$ および $\dfrac{a_2}{a_1} = \dfrac{3\beta}{4\beta - \omega^2}$ となる．これらから，ω についての代数方程式が $\omega^4 - 6\beta\omega^2 + 5\beta^2 = 0$ と得られる．

これを $(\omega^2 - \beta)(\omega^2 - 5\beta) = 0$ と因数分解して解を求めると，基準角振動数が $\omega = \sqrt{\dfrac{k}{m}}, \sqrt{\dfrac{5k}{m}}$ となる．これは，**問題 3.5A** で得た値と同じものである．

【記】基準角振動数を求めるだけなら，こちらの方法が直接的で考えやすい．ω が決まれば $\dfrac{a_2}{a_1}$ が得られるから，こちらの方法でも基準振動モードを求めることができる．

3.52 (1) 粒子1は右へ b，粒子2は右へ a だけ変位したとすると，ばねから受ける力は右図のようになる．粒子1に働く力のつりあい $kb = k(a-b)$ より，粒子1の変位は $b = \dfrac{1}{2}a$ となる．

i は右方向の単位ベクトル

(2) 粒子系が縦振動するときの運動方程式は，次のように書ける．
$$m_1 \ddot{x}_1 = -kx_1 + k(x_2 - x_1), \quad m_2 \ddot{x}_2 = -k(x_2 - x_1)$$

(3) 粒子系の運動方程式は
$$\frac{3}{2}m\ddot{x}_1 = -kx_1 + k(x_2 - x_1), \quad m\ddot{x}_2 = -k(x_2 - x_1)$$

である．$\beta = \dfrac{k}{m}$ とおくと $\ddot{x}_1 = -\dfrac{4}{3}\beta x_1 + \dfrac{2}{3}\beta x_2, \ddot{x}_2 = \beta x_1 - \beta x_2$ となる．新しい変数 $q_1 = x_1 + x_2, q_2 = 3x_1 - 2x_2$ を導入すると，それぞれ単振動の運動方程式 $\ddot{q}_1 = -\dfrac{1}{3}\beta q_1, \ddot{q}_2 = -2\beta q_2$ を満たす．これらの一般解を

$$q_1 = A_1 \sin(\omega_1 t + \phi_1), q_2 = A_2 \sin(\omega_2 t + \phi_2) \quad (A_1, A_2, \phi_1, \phi_2 \text{は定数})$$

とおいて，初期条件「$t = 0$ のとき $q_1 = \dfrac{3}{2}a, q_2 = -\dfrac{1}{2}a, \dot{q}_1 = \dot{q}_2 = 0$」のもとに

解を求める．ただし，$\omega_1 = \sqrt{\dfrac{\beta}{3}}$, $\omega_2 = \sqrt{2\beta}$ である．解は

$$q_1 = \frac{3}{2}a\cos\omega_1 t, \quad q_2 = -\frac{1}{2}a\cos\omega_2 t$$

と得られる．x_1, x_2 は $x_1 = \frac{2}{5}q_1 + \frac{1}{5}q_2$, $x_2 = \frac{3}{5}q_1 - \frac{1}{5}q_2$ により計算できる．すなわち

$$x_1 = \frac{3}{5}a\cos\sqrt{\frac{k}{3m}}\,t - \frac{1}{10}a\cos\sqrt{\frac{2k}{m}}\,t,$$

$$x_2 = \frac{9}{10}a\cos\sqrt{\frac{k}{3m}}\,t + \frac{1}{10}a\cos\sqrt{\frac{2k}{m}}\,t$$

である．

(4) $m_1 = 0$ の場合には，運動方程式の第1式から $0 = -kx_1 + k(x_2 - x_1)$ となるので，$x_1 = \frac{1}{2}x_2$ である．このとき第2式は $m\ddot{x}_2 = -k(x_2 - x_1) = -\frac{1}{2}kx_2$ となる．一般解を $x_2 = B\sin(\omega_3 t + \phi_3)$ (B, ϕ_3 は定数) とおく．ただし $\omega_3 = \sqrt{\dfrac{k}{2m}}$ である．初期条件「$t = 0$ のとき $x_2 = a$, $\dot{x}_2 = 0$」のもとに解くと $x_2 = a\cos\sqrt{\dfrac{k}{2m}}\,t$ と得られる．

【記】粒子1の質量が0の場合は，2本のばね (ばね定数 k_1, k_2) の合成ばね定数 k_3 による粒子2の運動となっている．ここで，ばね定数の合成は，直列の場合 $\dfrac{1}{k_3} = \dfrac{1}{k_1} + \dfrac{1}{k_2}$ によって計算できる．

3.61 (1) 運動方程式は

$$m\dot{v} = -kv, \quad m\frac{v^2}{a} = R$$

である．接線成分を積分すると

$$\int_{v_0}^{v} \frac{dv}{v} = -\frac{k}{m}\int_0^t dt$$

より $v = v_0 e^{-\frac{k}{m}t}$ となる．これを法線成分の式に代入して

$$R = \frac{mv_0^2}{a}e^{-\frac{2k}{m}t}$$

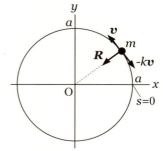

が得られる．

(2) $v = \dfrac{ds}{dt} = v_0 e^{-\frac{k}{m}t}$ を積分する．$\displaystyle\int_0^s ds = \int_0^t v_0 e^{-\frac{k}{m}t} dt$ より

$$s = \dfrac{mv_0}{k}\left(1 - e^{-\frac{k}{m}t}\right)$$

と得られる．

【記】 滑らかな束縛なので動摩擦力は働かない．束縛力は，円軌道に垂直に円の中心方向を向いているので，円運動における向心力になっている．等速円運動と違って，向心力がだんだん弱くなっていく．直線運動しようとするのを，速度の向きを変えて円軌道に乗せるために向心力が働くので，速さが小さくなれば，円軌道へ引き戻す力は小さくてよいことになる．

3.62 (1) 滑らかな束縛なので，質点には棒からの垂直抗力 R だけが働いている．$\dot{\varphi} = \omega, \ddot{\varphi} = 0$ であるから，平面極座標で表した運動方程式は

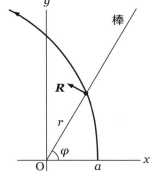

$$m(\ddot{r} - r\omega^2) = 0, \quad m(2\omega\dot{r}) = R$$

である．第1式 $\ddot{r} = \omega^2 r$ の一般解を

$$r = A\sinh\omega t + B\cosh\omega t$$

とおく（A, B は定数）．微分して

$$\dot{r} = A\omega\cosh\omega t + B\omega\sinh\omega t$$

である．条件「$t = 0$ のとき $r = a, \dot{r} = 0$」を適用して $A = 0, B = a$ と決まる．よって，解は $r = a\cosh\omega t$ となる．

(2) 上の結果から $\dot{r} = a\omega\sinh\omega t$ なので $R = 2ma\omega^2\sinh\omega t$ となる．

【記】 指輪に棒を通して，棒を一定の角速度で一端のまわりに回すような運動が，実際の例として考えられる．棒が回転するにつれて，質点は原点から遠ざかっていく．

4.11 (1) 定義より $\nabla r^2 = \dfrac{\partial r^2}{\partial x}\boldsymbol{i} + \dfrac{\partial r^2}{\partial y}\boldsymbol{j} + \dfrac{\partial r^2}{\partial z}\boldsymbol{k}$ である．ここで

$$\dfrac{\partial r^2}{\partial x} = \dfrac{dr^2}{dr}\cdot\dfrac{\partial r}{\partial x} = 2r\cdot\dfrac{x}{r} = 2x$$

となるので $\nabla r^2 = 2x\boldsymbol{i} + 2y\boldsymbol{j} + 2z\boldsymbol{k} = 2\boldsymbol{r} = 2r\boldsymbol{e}_r$ と得られる．
(2) $r \neq 0$ のとき，定義より $\nabla \dfrac{1}{r} = \dfrac{\partial}{\partial x}\left(\dfrac{1}{r}\right)\boldsymbol{i} + \dfrac{\partial}{\partial y}\left(\dfrac{1}{r}\right)\boldsymbol{j} + \dfrac{\partial}{\partial z}\left(\dfrac{1}{r}\right)\boldsymbol{k}$ である．ここで

$$\frac{\partial}{\partial x}\left(\frac{1}{r}\right) = \frac{d}{dr}\left(\frac{1}{r}\right) \cdot \frac{\partial r}{\partial x} = -\frac{1}{r^2} \cdot \frac{x}{r} = -\frac{x}{r^3}$$

なので $\nabla \dfrac{1}{r} = -\dfrac{1}{r^3}(x\boldsymbol{i} + y\boldsymbol{j} + z\boldsymbol{k}) = -\dfrac{\boldsymbol{r}}{r^3} = -\dfrac{1}{r^2}\boldsymbol{e}_r$ $(r \neq 0)$ と得られる．
(3) $r \neq 0$ のとき，定義より

$$\nabla \cdot \left(\frac{1}{r^2}\boldsymbol{e}_r\right) = \nabla \cdot \left(\frac{\boldsymbol{r}}{r^3}\right) = \frac{\partial}{\partial x}\left(\frac{x}{r^3}\right) + \frac{\partial}{\partial y}\left(\frac{y}{r^3}\right) + \frac{\partial}{\partial z}\left(\frac{z}{r^3}\right)$$

である．ここで

$$\frac{\partial}{\partial x}\left(\frac{x}{r^3}\right) = \frac{1}{r^3} + x\frac{\partial}{\partial x}\left(\frac{1}{r^3}\right) = \frac{1}{r^3} + x\frac{d}{dr}\left(\frac{1}{r^3}\right) \cdot \frac{\partial r}{\partial x} = \frac{1}{r^3} - 3\frac{x^2}{r^5}$$

なので $\nabla \cdot \left(\dfrac{1}{r^2}\boldsymbol{e}_r\right) = \dfrac{3}{r^3} - 3\dfrac{x^2 + y^2 + z^2}{r^5} = \dfrac{3}{r^3} - 3\dfrac{1}{r^3} = 0$ $(r \neq 0)$ となる．
【記】原点にある点電荷のつくるクーロン電場は，$\boldsymbol{E} = \dfrac{k}{r^2}\boldsymbol{e}_r$ (k は定数) の形をしている．このベクトル場は電荷のある原点を除いては $\nabla \cdot \boldsymbol{E} = 0$ となる．

4.21 $U(x) = -ke^{-ax^2}$ を $x = 0$ のまわりにテイラー展開すると $U(x) \simeq -k + akx^2$ と得られる．微小振動するときの運動方程式は $m\ddot{x} = -2akx$ であるので $\ddot{x} = -\dfrac{2ak}{m}x$ より角振動数が $\omega = \sqrt{\dfrac{2ak}{m}}$ となる．したがって，振動数は $\nu = \dfrac{\omega}{2\pi} = \dfrac{1}{\pi}\sqrt{\dfrac{ak}{2m}}$ と得られる．周期は $T = \dfrac{1}{\nu} = \dfrac{2\pi}{\omega} = \pi\sqrt{\dfrac{2m}{ak}}$ である．

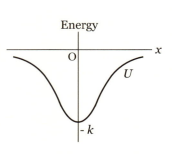

【記】a, k が大きいとポテンシャル極小点での尖り方が鋭くなるので，復元力が大きく周期は短くなる．

4.22 (1) 力 $\boldsymbol{F}$ に対して $\nabla \times \boldsymbol{F} = -m\omega^2 \nabla \times \boldsymbol{r} = \boldsymbol{0}$ となるから保存力である．
(2) ポテンシャル・エネルギーを $U(x, y, z)$ とおくと，$\boldsymbol{F} = -\nabla U$ となる．この

式の x 成分は，$F_x = -m\omega^2 x = -\dfrac{\partial U}{\partial x}$ と書ける．これを積分する．

$$\int dU = -\int (-m\omega^2 x)\,dx \quad \text{より} \quad U = \frac{1}{2}m\omega^2 x^2 + C_1(y,z)$$

となる (C_1 は y, z だけの関数)．

y 成分は，$F_y = -m\omega^2 y = -\dfrac{\partial U}{\partial y}$ と書ける．ここで $\dfrac{\partial U}{\partial y} = \dfrac{\partial C_1}{\partial y}$ であるから，$\dfrac{\partial C_1}{\partial y} = -(-m\omega^2 y)$ となっている．積分して

$$\int dC_1 = \int m\omega^2 y\,dy \quad \text{より} \quad C_1 = \frac{1}{2}m\omega^2 y^2 + C_2(z)$$

となる (C_2 は z だけの関数)．よって，$U = \frac{1}{2}m\omega^2(x^2+y^2) + C_2$ である．

z 成分は，$F_z = -m\omega^2 z = -\dfrac{\partial U}{\partial z}$ と書ける．ここで $\dfrac{\partial U}{\partial z} = \dfrac{\partial C_2}{\partial z}$ であるから，$\dfrac{\partial C_2}{\partial z} = -(-m\omega^2 z)$ となっている．積分して

$$\int dC_2 = \int m\omega^2 z\,dz \quad \text{より} \quad C_2 = \frac{1}{2}m\omega^2 z^2 + C_3$$

となる (C_3 は x, y, z によらない定数)．よって，$U = \frac{1}{2}m\omega^2(x^2+y^2+z^2) + C_3$ である．原点において $U = 0$ となるから，$C_3 = 0$ と決まる．したがって，求めるポテンシャル・エネルギーは $U = \frac{1}{2}m\omega^2(x^2+y^2+z^2)$ と得られる．

(3) 運動方程式

$$m\ddot{x} = -m\omega^2 x, \quad m\ddot{y} = -m\omega^2 y,$$
$$m\ddot{z} = -m\omega^2 z$$

の一般解を

$$x = A_1 \sin(\omega t + \phi_1), \quad y = A_2 \sin(\omega t + \phi_2),$$
$$z = A_3 \sin(\omega t + \phi_3)$$

とおく ($A_1, A_2, A_3, \phi_1, \phi_2, \phi_3$ は定数)．時間微分して

$$\dot{x} = \omega A_1 \cos(\omega t + \phi_1), \quad \dot{y} = \omega A_2 \cos(\omega t + \phi_2), \quad \dot{z} = \omega A_3 \cos(\omega t + \phi_3)$$

である．初期条件を適用して，$A_1 = a$, $A_2 = \dfrac{v_0}{\omega}$, $A_3 = 0$, $\phi_1 = \dfrac{\pi}{2}$, $\phi_2 = 0$ となる．したがって，解は

$$x = a\cos\omega t, \quad y = \frac{v_0}{\omega}\sin\omega t, \quad z = 0$$

と得られる．時間微分して

$$\dot{x} = -a\omega\sin\omega t, \quad \dot{y} = v_0\cos\omega t, \quad \dot{z} = 0$$

となるので，運動エネルギーは $K = \frac{1}{2}m(a^2\omega^2\sin^2\omega t + v_0^2\cos^2\omega t)$ である．ポテンシャル・エネルギーは $U = \frac{1}{2}m(a^2\omega^2\cos^2\omega t + v_0^2\sin^2\omega t)$ となる．これらより，力学的エネルギーは $E = \frac{1}{2}m(a^2\omega^2 + v_0^2)$ となり，時間的に一定である．
【記】力 $\boldsymbol{F}$ が具体的に与えられているときには，ポテンシャル・エネルギー U は $\boldsymbol{F} = -\nabla U$ の各成分を順に積分していけば求めることができる．保存力であるから，力学的エネルギーは時間的に一定となる．運動は xy 面内の楕円運動となる．力学的エネルギーが保存されるので，質点が原点に近づいて U が小さくなると，そのぶん K が大きくなり，質点の速さが速くなる．

4.23 (1) 質点の速度 $\dot{y}$ は鉛直上向きを正として定義されているが，ここでは落下運動なので鉛直下方への速さを v として計算する．すなわち $\dfrac{dy}{dt} = -v$ である．質点の運動方程式は $m\dot{v} = mg - m\beta v$ と書ける．両辺を m で割って変形すると $\dot{v} + \beta v = g$ となる．この一般解を $v = ce^{-\beta t} + \dfrac{g}{\beta}$ とおく（c は定数）．初期条件「$t=0$ のとき $v=0$」を適用して $c = -\dfrac{g}{\beta}$ と決まるので，解は $v = \dfrac{g}{\beta}(1 - e^{-\beta t})$ と得られる．$y(t)$ は，$dy = -vdt$ を積分して

$$\int_h^y dy = -\frac{g}{\beta}\int_0^t (1 - e^{-\beta t})\,dt \quad \text{より} \quad y = h - \frac{g}{\beta}t + \frac{g}{\beta^2}(1 - e^{-\beta t})$$

と求まる．
(2) 上の結果を用いると

$$K = \frac{m}{2}\cdot\frac{g^2}{\beta^2}(1 - e^{-\beta t})^2 \quad \text{および} \quad U = mgh - \frac{mg^2}{\beta}t + \frac{mg^2}{\beta^2}(1 - e^{-\beta t})$$

となるので，力学的エネルギーは

$$E = mgh - \frac{mg^2}{\beta}t + \frac{mg^2}{2\beta^2}(3 - 4e^{-\beta t} + e^{-2\beta t})$$

と得られる．これを時間微分して $\dfrac{dE}{dt} = -\dfrac{mg^2}{\beta}(1-e^{-\beta t})^2$ となる．

(3) $t \to \infty$ のとき $\dfrac{dE}{dt} \to -\dfrac{mg^2}{\beta}$ と漸近する．

【記】最終速度の大きさは $m\beta v_{\mathrm{f}} = mg$ より $v_{\mathrm{f}} = \dfrac{g}{\beta}$ となる．v_{f} で落下すると，単位時間当たりのポテンシャル・エネルギーの減少は $mgv_{\mathrm{f}} = \dfrac{mg^2}{\beta}$ となる．速度が変らないとすると，運動エネルギーの増加がないので，力学的エネルギーが $\dfrac{dE}{dt} = -\dfrac{mg^2}{\beta}$ によって減少していく．

4.24 (1) ポテンシャル $U = \tfrac{1}{2}m\omega^2(4x^2 + y^2)$ を空間微分して

$$\frac{\partial U}{\partial x} = 4m\omega^2 x, \quad \frac{\partial U}{\partial y} = m\omega^2 y, \quad \frac{\partial U}{\partial z} = 0$$

となるので，質点に働く力は

$$\boldsymbol{F} = -\nabla U = -4m\omega^2 x\,\boldsymbol{i} - m\omega^2 y\,\boldsymbol{j}$$

である．

(2) 運動方程式は

$$m\ddot{x} = -4m\omega^2 x, \quad m\ddot{y} = -m\omega^2 y, \quad m\ddot{z} = 0$$

と書ける．時刻 $t=0$ のとき $z=0$, $\dot{z}=0$ だから，z 成分の積分は $\dot{z}=0$, $z=0$ となり，xy 面内で運動することがわかる．x, y 成分の一般解を

$$x = A\sin(2\omega t + \phi), \quad y = B\sin(\omega t + \phi') \quad (A, B, \phi, \phi' は定数)$$

とおく．時間微分して

$$\dot{x} = 2\omega A\cos(2\omega t + \phi), \quad \dot{y} = \omega B\cos(\omega t + \phi')$$

である．初期条件「$t=0$ のとき $x=y=a$, $\dot{x}=\dot{y}=0$」を適用して

$$a = A\sin\phi, \quad a = B\sin\phi', \quad 0 = 2\omega A\cos\phi, \quad 0 = \omega B\cos\phi'$$

となるから $A = B = a$, $\phi = \phi' = \tfrac{\pi}{2}$ と選ぶ．よって $x = a\cos 2\omega t$, $y = a\cos\omega t$ となるので，位置ベクトルは $\boldsymbol{r} = a\cos 2\omega t\,\boldsymbol{i} + a\cos\omega t\,\boldsymbol{j}$ と得られる．これを時間微分して，速度ベクトルは $\boldsymbol{v} = -2a\omega\sin 2\omega t\,\boldsymbol{i} - a\omega\sin\omega t\,\boldsymbol{j}$ となる．

(3) デカルト座標で表した軌道の式は $x(t)$, $y(t)$ から t を消去して，$x = \dfrac{2}{a}y^2 - a$ となる．軌道のグラフは，図に描いたように放物線となる．

(4) 質点の速さが $v = a\omega\sqrt{4\sin^2 2\omega t + \sin^2 \omega t}$ と書けるので，時刻 t における運動エネルギーは

$$K = \frac{1}{2}ma^2\omega^2(4\sin^2 2\omega t + \sin^2 \omega t)$$

である．また，ポテンシャル・エネルギーは

$$U = \frac{1}{2}ma^2\omega^2(4\cos^2 2\omega t + \cos^2 \omega t)$$

なので，力学的エネルギーが

$$E = K + U = \frac{1}{2}ma^2\omega^2(4 + 1) = \frac{5}{2}ma^2\omega^2$$

と得られる．

【記】質点の x 座標と y 座標がそれぞれ単振動し，それを合成した図形として，周波数比 (振動数比) が $\nu_x : \nu_y = 2 : 1$ のリサジュー図形の軌道が描かれる．

5.11 (1) 位置ベクトル

$$\boldsymbol{r} = 2a\cos\omega t\,\boldsymbol{i} + a\sin\omega t\,\boldsymbol{j}$$

を時間微分して

$$\boldsymbol{v} = -2a\omega\sin\omega t\,\boldsymbol{i} + a\omega\cos\omega t\,\boldsymbol{j},$$
$$\boldsymbol{\alpha} = -2a\omega^2\cos\omega t\,\boldsymbol{i} - a\omega^2\sin\omega t\,\boldsymbol{j}$$
$$= -\omega^2 \boldsymbol{r}$$

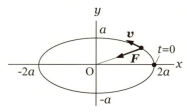

となる．質点が受ける中心力は

$$\boldsymbol{F} = m\boldsymbol{\alpha} = -m\omega^2 \boldsymbol{r}$$

である．

(2) 時刻 t における運動エネルギー K は

$$K = \frac{1}{2}mv^2 = \frac{1}{2}m(4a^2\omega^2\sin^2\omega t + a^2\omega^2\cos^2\omega t) = \frac{1}{4}ma^2\omega^2(5 - 3\cos 2\omega t)$$

となる.また,$\int_0^U dU = \int_0^r m\omega^2 r\, dr$ より $U = \frac{1}{2}m\omega^2 r^2$ と表せるから,時刻 t におけるポテンシャル・エネルギーは

$$U = \frac{1}{2}m\omega^2 r^2 = \frac{1}{2}m\omega^2(4a^2\cos^2\omega t + a^2\sin^2\omega t) = \frac{1}{4}ma^2\omega^2(5 + 3\cos 2\omega t)$$

である.

(3) 速さが最大となるのは $\cos 2\omega t = -1$ のとき,最小になるのは $\cos 2\omega t = 1$ のときである.したがって,次のようになる.

$$\text{速さが最大となるとき}\quad \boldsymbol{r} = \pm a\boldsymbol{j},\ K = 2ma^2\omega^2,\ U = \frac{1}{2}ma^2\omega^2$$

$$\text{速さが最小となるとき}\quad \boldsymbol{r} = \pm 2a\boldsymbol{i},\ K = \frac{1}{2}ma^2\omega^2,\ U = 2ma^2\omega^2$$

【記】質点が原点に近づくほど速さは速くなる.力学的エネルギーはどの時刻でも $\frac{5}{2}ma^2\omega^2$ であり,保存されている.**問題 1.4E** で出された疑問 (ただし長半径は $3a$ だった) の解答がここにある.

5.12 位置ベクトルを微分して

$$\boldsymbol{v} = a\omega(\sinh\omega t\,\boldsymbol{i} - \cosh\omega t\,\boldsymbol{j}),\quad \boldsymbol{\alpha} = a\omega^2(\cosh\omega t\,\boldsymbol{i} - \sinh\omega t\,\boldsymbol{j}) = \omega^2 \boldsymbol{r}$$

となる.

$x = a\cosh\omega t$, $y = -a\sinh\omega t$ から t を消去して,軌道の式が

$$\left(\frac{x}{a}\right)^2 - \left(\frac{y}{a}\right)^2 = 1$$

となり,質点は双曲線軌道を運動している.時刻 t における運動エネルギーは

$$K = \frac{1}{2}mv^2 = \frac{1}{2}ma^2\omega^2\cosh 2\omega t$$

と計算される.質点に働いている中心力は

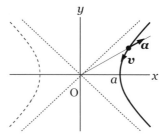

$$\boldsymbol{F} = m\boldsymbol{\alpha} = m\omega^2 \boldsymbol{r} = m\omega^2 r \boldsymbol{e}_r = -\frac{dU}{dr}\boldsymbol{e}_r$$

であるから，積分

$$\int_0^U dU = -\int_0^r m\omega^2 r\, dr$$

より $U = -\frac{1}{2}m\omega^2 r^2$ となる．時刻 t における
ポテンシャル・エネルギーは

$$U = -\frac{1}{2}ma^2\omega^2 \cosh 2\omega t$$

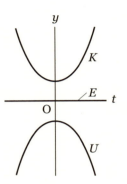

と得られる．質点の力学的エネルギーは，あらゆる時刻で $E = K + U = 0$ となり，保存されている．

【記】$t = 0$ での速さが $v_0 = a\omega$ となっている場合で，力学的エネルギーがちょうど 0 になる．

5.21 質点の質量を m，棒の質量線密度を λ，万有引力定数を G とする．図のように，棒を線素片 ds に分割し，線素片の位置 P までの点 H からの距離 PH を s，原点からの距離 OP を r とする．点 H の x 座標を a とおくと，$r = \sqrt{a^2 + s^2}$ である．OP と x 軸正方向がなす角を φ とする．線素片から質点に及ぼされる万有引力 $d\boldsymbol{F}$ の大きさは $dF = \dfrac{Gm\lambda ds}{r^2}$ である．

万有引力 $d\boldsymbol{F}$ の x 成分と y 成分 $dF_x = dF\cos\varphi,\ dF_x = dF\sin\varphi$ をそれぞれ足し合わせて，棒が質点に及ぼす万有引力の x, y 成分を計算する．HA$=s_1$，HB$=s_2$ とすると

$$F_x = \int_{s_1}^{s_2} \frac{Gm\lambda ds}{a^2 + s^2} \cdot \frac{a}{\sqrt{a^2 + s^2}} = Gm\lambda a \int_{s_1}^{s_2} \frac{ds}{(a^2 + s^2)^{\frac{3}{2}}}$$

$$F_y = \int_{s_1}^{s_2} \frac{Gm\lambda ds}{a^2 + s^2} \cdot \frac{s}{\sqrt{a^2 + s^2}} = Gm\lambda \int_{s_1}^{s_2} \frac{s\,ds}{(a^2 + s^2)^{\frac{3}{2}}}$$

となる．変数変換 $s = a\tan\varphi$ を行うと $a^2 + s^2 = a^2\sec^2\varphi,\ ds = a\sec^2\varphi\, d\varphi$ であるから

$$F_x = Gm\lambda a \int_\alpha^\beta \frac{1}{a^2} \cos\varphi\, d\varphi$$
$$= \frac{Gm\lambda}{a}(\sin\beta - \sin\alpha),$$
$$F_y = Gm\lambda \int_\alpha^\beta \frac{1}{a} \sin\varphi\, d\varphi$$
$$= \frac{Gm\lambda}{a}(-\cos\beta + \cos\alpha)$$

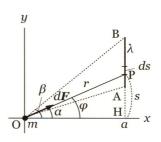

と計算される．質点が受ける万有引力の向きが x 軸正方向となす角を θ とすると

$$\tan\theta = \frac{F_y}{F_x} = \tan\frac{\alpha+\beta}{2}$$

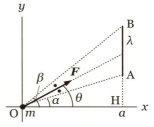

となり，求める角度が $\theta = \frac{1}{2}(\alpha+\beta)$ と得られる．これは，∠BOA の二等分線の向きとなっている．

【記】同様な計算は点電荷と棒状電荷分布との間のクーロン力についても行える．

5.31 (1) 位置ベクトル $\boldsymbol{r} = \dfrac{l}{1+\varepsilon\cos\varphi}\boldsymbol{e}_r$ を微分し $r^2\dot{\varphi} = h$ により $\dot{\varphi}$ を消去すると $\boldsymbol{v} = \dfrac{h}{l}[\varepsilon\sin\varphi\,\boldsymbol{e}_r + (1+\varepsilon\cos\varphi)\,\boldsymbol{e}_\varphi]$ と得られる．さらに $h = \sqrt{GMl}$ で置き換えて $\boldsymbol{v} = \sqrt{\dfrac{GM}{l}}[\varepsilon\sin\varphi\,\boldsymbol{e}_r + (1+\varepsilon\cos\varphi)\,\boldsymbol{e}_\varphi]$ となる．

(2) 角度 φ のとき惑星の速さは

$$v = \sqrt{\frac{GM}{l}(1+\varepsilon^2 + 2\varepsilon\cos\varphi)}$$

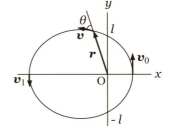

である．$\varphi = \pi$ のとき $v_1 = \sqrt{\dfrac{GM}{l}}(1-\varepsilon)$ であり，$\varphi = 0$ のとき $v_0 = \sqrt{\dfrac{GM}{l}}(1+\varepsilon)$ である．

したがって，比は $\dfrac{v_1}{v_0} = \dfrac{1-\varepsilon}{1+\varepsilon}$ となる．

(3) 角運動量ベクトル $\boldsymbol{L} = \boldsymbol{r} \times m\boldsymbol{v}$ から $L = mrv\sin\theta$ である．

$L = mh = m\sqrt{GMl}$ を用いて

$$\sin\theta = \frac{L}{mrv} = \frac{1+\varepsilon\cos\varphi}{\sqrt{1+\varepsilon^2+2\varepsilon\cos\varphi}}$$

と表せる.

(4) 速さが $v = \sqrt{\dfrac{GM}{l}(1+\varepsilon^2+2\varepsilon\cos\varphi)}$ なので $K = \dfrac{GMm}{2l}(1+\varepsilon^2+2\varepsilon\cos\varphi)$ と得られる. ポテンシャル・エネルギーは $U = -\dfrac{GMm}{l}(1+\varepsilon\cos\varphi)$ である. よって, 力学的エネルギーは $E = K + U = -\dfrac{GMm}{2l}(1-\varepsilon^2)$ となる. φ によらず一定の負の値をとる.

【記】ポテンシャル・エネルギーが原点から無限遠方で 0 になるとしているので, 楕円運動のように質点が力の中心から無限遠方に離れられない場合には, 力学的エネルギーは負になっている.

5.32 (1) 位置ベクトル $\boldsymbol{r} = \dfrac{l}{1+\cos\varphi}\boldsymbol{e}_r$ を微分する. 面積速度 $r^2\dot\varphi = h$ を利用して

$$\boldsymbol{v} = -\frac{l\cdot(-\dot\varphi\sin\varphi)}{(1+\cos\varphi)^2}\boldsymbol{e}_r + r\cdot\dot\varphi\boldsymbol{e}_\varphi = \frac{h}{l}\left[\sin\varphi\,\boldsymbol{e}_r + (1+\cos\varphi)\,\boldsymbol{e}_\varphi\right]$$

となる. さらに微分して $\boldsymbol{\alpha} = -\dfrac{h^2}{lr^2}\boldsymbol{e}_r$ が得られる. ここで $h = \sqrt{GMl}$ であるから $\varphi = 0$ のとき次のようになる.

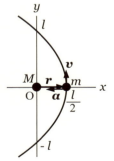

$$\boldsymbol{r} = \frac{l}{2}\boldsymbol{e}_r, \quad \boldsymbol{v} = 2\sqrt{\frac{GM}{l}}\boldsymbol{e}_\varphi, \quad \boldsymbol{\alpha} = -\frac{4GM}{l^2}\boldsymbol{e}_r$$

(2) (1) の結果から $\varphi = 0$ のとき次のようになる.

$$\boldsymbol{r} = \frac{l}{2}\boldsymbol{i}, \quad \boldsymbol{v} = 2\sqrt{\frac{GM}{l}}\boldsymbol{j}, \quad \boldsymbol{\alpha} = -\frac{4GM}{l^2}\boldsymbol{i}$$

(3) 位置ベクトルと速度ベクトルのなす角 θ に対して

$$\tan\theta = \frac{v_\varphi}{v_r} = \frac{1+\cos\varphi}{\sin\varphi} = \frac{1}{\tan\dfrac{\varphi}{2}}$$

となるので $\theta = \frac{1}{2}(\pi - \varphi)$ が成り立つ．これより，速度ベクトル $\boldsymbol{v}$ と $\boldsymbol{e}_\varphi$ のなす角が $\frac{1}{2}\varphi$ となることがわかる．

(4) 運動エネルギーは

$$K = \frac{m}{2} \cdot \frac{h^2}{l^2} \left[\sin^2\varphi + (1+\cos\varphi)^2 \right] = \frac{mh^2}{lr} = \frac{GMm}{r},$$

ポテンシャル・エネルギーは

$$U = -\frac{GMm}{r},$$

力学的エネルギーは $E = K + U = 0$ である．

【記】楕円に対する表式において $\varepsilon \to 1$ の極限をとることによっても，放物線に対する式を得ることができる．

5.33 運動方程式の x, y 成分は

$$m\ddot{x} = -m\omega^2 x, \quad m\ddot{y} = -m\omega^2 y$$

であるから，一般解を

$$x = A\sin(\omega t + \phi), \quad y = B\sin(\omega t + \phi')$$

とおく（A, B, ϕ, ϕ' は定数）．時間微分して

$$\dot{x} = A\omega\cos(\omega t + \phi), \quad \dot{y} = B\omega\cos(\omega t + \phi')$$

である．初期条件「$t = 0$ のとき $x = a, y = 0, \dot{x} = 0, \dot{y} = v_0$」を適用すると

$$a = A\sin\phi, \quad 0 = B\sin\phi', \quad 0 = A\omega\cos\phi, \quad v_0 = B\omega\cos\phi'$$

であるから $A = a, \phi = \frac{1}{2}\pi, B = \frac{v_0}{\omega}, \phi' = 0$ とする．よって位置ベクトル，速度ベクトルは

$$\boldsymbol{r} = a\cos\omega t\, \boldsymbol{i} + \frac{v_0}{\omega}\sin\omega t\, \boldsymbol{j}, \quad \boldsymbol{v} = -a\omega\sin\omega t\, \boldsymbol{i} + v_0\cos\omega t\, \boldsymbol{j}$$

となる．原点のまわりの角運動量ベクトルは $\boldsymbol{L} = \boldsymbol{r} \times m\boldsymbol{v} = mav_0 \boldsymbol{k}$ である．

【記】復元力 $-m\omega^2 \boldsymbol{r}$ は中心力なので，原点のまわりの角運動量は保存されている．

5.34 (1) 運動方程式を初期条件のもとに解くと，時刻 t における位置ベクトルが

$$\boldsymbol{r} = v_0 t \cos\varphi\, \boldsymbol{i} + \left(-\frac{1}{2}gt^2 + v_0 t \sin\varphi\right)\boldsymbol{j}$$

と得られる．速度ベクトルは

$$\boldsymbol{v} = v_0 \cos\varphi\, \boldsymbol{i} + \left(-gt + v_0 \sin\varphi\right)\boldsymbol{j}$$

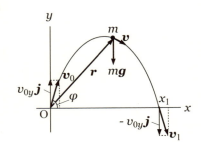

となる．重力は $\boldsymbol{F} = -mg\,\boldsymbol{j}$ と書ける．

　原点のまわりの角運動量ベクトルは $\boldsymbol{L} = \boldsymbol{r}\times m\boldsymbol{v} = -\frac{1}{2}mgv_0 t^2 \cos\varphi\, \boldsymbol{k}$ である．

(2) 原点のまわりの重力のモーメント・ベクトルは $\boldsymbol{N} = \boldsymbol{r}\times\boldsymbol{F} = -mgv_0 t\cos\varphi\, \boldsymbol{k}$ と得られる．

(3) 質点が地面に達する時刻は $y = 0$ より $t_1 = \dfrac{2v_0 \sin\varphi}{g}$ となるから，このときの角運動量ベクトルは $\boldsymbol{L}_1 = -\dfrac{mv_0^3}{g}\sin 2\varphi \sin\varphi\, \boldsymbol{k}$ と得られる．着地点の x 座標は $x_1 = \dfrac{v_0^2}{g}\sin 2\varphi$ である．

【記】角運動量の大きさは，重力のモーメント・ベクトルによって大きくなっていく．重力のモーメント・ベクトルは，$\boldsymbol{N} = \dfrac{d\boldsymbol{L}}{dt}$ で計算しても同じになる．初速度の y 成分 $v_{0y} = v_0 \sin\varphi$ を用いて，着地点での角運動量ベクトルは，$\boldsymbol{L}_1 = x_1 \cdot (-mv_{0y})\,\boldsymbol{k}$ と表せる．

5.41 運動可能領域の境界では $\dot{r} = 0$ となるので r_1, r_2 は r についての方程式 $\dfrac{L^2}{2mr^2} + \dfrac{1}{2}m\omega^2 r^2 = E$ を満たしている．変形して $r^4 - \dfrac{2E}{m\omega^2}r^2 + \dfrac{L^2}{m^2\omega^2} = 0$ である．これより $r_1^2 + r_2^2 = \dfrac{2E}{m\omega^2}$, $r_1^2 r_2^2 = \dfrac{L^2}{m^2\omega^2}$ となるから

$$(r_1 + r_2)^2 = r_1^2 + r_2^2 + 2r_1 r_2 = \frac{2}{m\omega^2}(E + \omega L)$$

$$(r_1 - r_2)^2 = r_1^2 + r_2^2 - 2r_1 r_2 = \frac{2}{m\omega^2}(E - \omega L)$$

平方根をとって (円軌道の場合も含めて $r_1 \leq r_2$)

$$r_2 + r_1 = \sqrt{\frac{2}{m\omega^2}(E + \omega L)}, \quad r_2 - r_1 = \sqrt{\frac{2}{m\omega^2}(E - \omega L)}$$

となる．したがって，楕円軌道の長半径 a と短半径 b は

$$a = r_2 = \frac{1}{\omega\sqrt{2m}}(\sqrt{E+\omega L} + \sqrt{E-\omega L})$$
$$b = r_1 = \frac{1}{\omega\sqrt{2m}}(\sqrt{E+\omega L} - \sqrt{E-\omega L})$$

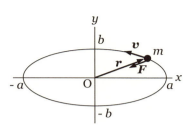

と得られる．

【記】別法として，次のようにしても結果を導ける．復元力の場合，位置ベクトル $\boldsymbol{r} = a\cos\omega t\,\boldsymbol{i} + b\sin\omega t\,\boldsymbol{j}\ (a \geq b > 0,\ \omega > 0$ とする) から $\boldsymbol{L} = mab\omega\boldsymbol{k}$ となり，$L = mab\omega$ である．また $\boldsymbol{F} = m\boldsymbol{\alpha} = -m\omega^2\boldsymbol{r}$ より $U = \frac{1}{2}m\omega^2 r^2$ となるから $E = \frac{1}{2}m\omega^2(a^2 + b^2)$ である．E, L の式を a, b について解けば上と同じ結果が得られる．ここで，$E - \omega L = \frac{1}{2}m\omega^2(a-b)^2$ となっている．

5.42 (1) 質点が x 軸上にあるのは $\varphi = \pi$ のときだけである．このとき $r = \frac{1}{2}a$ となる．$\varphi = \pi - \theta$ とおくと $\cos\varphi = \cos(\pi - \theta) = -\cos\theta$ となるから，軌道の式は $r = \dfrac{a}{1+\cos\theta}$ と表せる．これは (r, θ) を平面極座標とした円錐曲線の式であり，離心率が 1 であるから放物線軌道になる．グラフで表すと右図のようになっている．

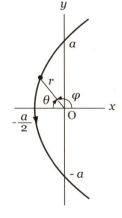

$t = 0$ のときの質点の原点のまわりの角運動量ベクトルは

$$\boldsymbol{L}_0 = \boldsymbol{r}_0 \times m\boldsymbol{v}_0 = \frac{1}{2}a \cdot mv_0 \cdot \sin\frac{1}{2}\pi\,\boldsymbol{k} = \frac{1}{2}mav_0\,\boldsymbol{k}$$

である．角運動量ベクトルは保存されるので，軌道上の任意の点において $L = mr^2\dot\varphi = \frac{1}{2}mav_0$ が成り立つ．したがって $\dot\varphi = \dfrac{av_0}{2r^2}$ となる．これを利用して $\dot r, \ddot r$ を計算する．

$$\dot r = -\frac{a\sin\varphi}{(1-\cos\varphi)^2}\dot\varphi = -\frac{a\sin\varphi}{(1-\cos\varphi)^2}\cdot\frac{av_0}{2r^2} = -\frac{a^2 v_0 \sin\varphi}{2a^2} = -\frac{v_0 \sin\varphi}{2}$$

と計算される．さらに時間微分して

$$\ddot r = -\frac{v_0}{2}\cos\varphi \cdot \dot\varphi = -\frac{v_0}{2}\cos\varphi \cdot \frac{av_0}{2r^2} = -\frac{av_0^2 \cos\varphi}{4r^2}$$

となる．力は
$$f = m\ddot{r} - \frac{L^2}{mr^3} = -\frac{mav_0^2\cos\varphi}{4r^2} - \frac{1}{mr^3}\cdot\frac{a^2m^2v_0^2}{4} = -\frac{mav_0^2}{4r^2}$$
と得られる．

(2) $\varphi = \pi$ のとき $r = \frac{1}{2}a$ であるから，このとき受けている力は $f_0 = -\dfrac{mv_0^2}{a}$ となる．したがって $\dfrac{mav_0^2}{4r^2} = \dfrac{1}{16}\cdot\dfrac{mv_0^2}{a}$ より $\dfrac{a^2}{r^2} = \dfrac{1}{4}$ となる．よって $\cos\varphi = \dfrac{1}{2}$ である．求める角度は $\varphi = \frac{1}{3}\pi, \frac{5}{3}\pi$ と得られる．

【記】極座標をとりなおすことによって，通常の円錐曲線が得られる．中心力の軌道の式から逆自乗則の力であることが導ける．

5.43 (1) 運動平面内にとった平面極座標 (r,φ) を用いる．有効ポテンシャル

$$U_e = \frac{L^2}{2mr^2} + \frac{1}{2}m\omega^2 r^2$$

を r で微分して

$$\frac{dU_e}{dr} = \frac{m\omega^2}{r^3}\left(r^4 - \frac{L^2}{m^2\omega^2}\right)$$

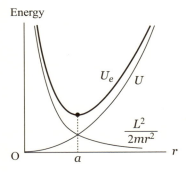

となる．$\dfrac{dU_e}{dr} = 0$ が成り立つのは $L = ma^2\omega$ のときである．

(2) 運動エネルギーは

$$K = \frac{m}{2}\dot{r}^2 + \frac{L^2}{2mr^2} = \frac{1}{2ma^2}\cdot m^2a^4\omega^2 = \frac{ma^2\omega^2}{2} = U$$

となるので，常に $K = U$ が成り立つ．

(3) 力学的エネルギー E と角運動量の大きさ L との間に

$$E = ma^2\omega^2 = m\omega^2\cdot\frac{L}{m\omega} = \omega L$$

の関係が成り立つ．

【記】別法で求めることもできる．円運動では $L = a\times ma\omega = ma^2\omega$ となる．運動エネルギーを変形して $K = \frac{1}{2}mv^2 = \frac{1}{2}m(a\omega)^2 = \frac{1}{2}ma^2\omega^2 = U$ と得られる．

6.11 周の長さは $l = 12a$ である．三角形の周上に質量 M が一様分布しているとすると，質量線密度は $\lambda = \dfrac{M}{12a}$ である．

辺に沿った座標 x, s_1, s_2 を図のようにとり，それぞれの辺の線素片 dx, ds_1, ds_2 からの寄与を足し合わせる．

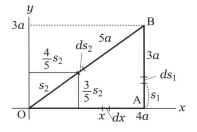

重心の x, y 座標は

$$x_{\mathrm{G}} = \frac{1}{M}\left(\int_0^{4a} x\cdot\lambda dx + \int_0^{3a} 4a\cdot\lambda ds_1 + \int_0^{5a}\frac{4}{5}s_2\cdot\lambda ds_2\right)$$

$$= \frac{\lambda}{M}\left(\left[\frac{x^2}{2}\right]_0^{4a} + 4a\left[s_1\right]_0^{3a} + \frac{4}{5}\left[\frac{s_2^2}{2}\right]_0^{5a}\right) = \frac{5}{2}a$$

$$y_{\mathrm{G}} = \frac{1}{M}\left(\int_0^{4a} 0\cdot\lambda dx + \int_0^{3a} s_1\cdot\lambda ds_1 + \int_0^{5a}\frac{3}{5}s_2\cdot\lambda ds_2\right)$$

$$= \frac{\lambda}{M}\left(\left[\frac{s_1^2}{2}\right]_0^{3a} + \frac{3}{5}\left[\frac{s_2^2}{2}\right]_0^{5a}\right) = a$$

となる．したがって，重心の位置ベクトルは $\boldsymbol{r}_{\mathrm{G}} = \frac{5}{2}a\boldsymbol{i} + a\boldsymbol{j}$ である．

【記】三角形の周上に質量が一様分布しているので，重心の位置は幾何学的重心とは違う位置にある．

6.12 図のように面積素片 $dS = dxdy$ をとり，それらからの寄与を足し合わせる．ここで $y_1 = \dfrac{x^3}{a^2}$ である．領域 I, II の面積 S_1, S_2 は，それぞれ

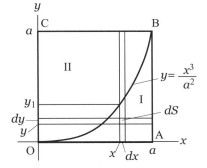

$$S_1 = \int_{\mathrm{I}} dS = \int_0^a \left[\int_0^{y_1} dy\right] dx$$
$$= \int_0^a \frac{x^3}{a^2} dx = \frac{1}{4}a^2$$

$$S_2 = \int_{\mathrm{II}} dS = \int_0^a \left[\int_{y_1}^a dy\right] dx = \int_0^a \left(a - \frac{x^3}{a^2}\right) dx = \frac{3}{4}a^2$$

となる．領域 I, II の質量を M_1, M_2，面積密度を σ_1, σ_2 とする．

(1) 領域 I の重心の x, y 座標は次のように計算できる．

$$x_{G1} = \frac{1}{M_1}\int_I x\cdot\sigma_1 dS = \frac{1}{M_1}\int_0^a\left[\int_0^{y_1} x\cdot\sigma_1 dy\right]dx$$

$$= \frac{\sigma_1}{M_1}\int_0^a xy_1 dx = \frac{4}{5}a$$

$$y_{G1} = \frac{1}{M_1}\int_I y\cdot\sigma_1 dS = \frac{1}{M_1}\int_0^a\left[\int_0^{y_1} y\cdot\sigma_1 dy\right]dx$$

$$= \frac{\sigma_1}{M_1}\int_0^a \frac{y_1^2}{2}dx = \frac{2}{7}a$$

これより，重心の位置ベクトルは $\boldsymbol{r}_{G1} = \frac{4}{5}a\,\boldsymbol{i} + \frac{2}{7}a\,\boldsymbol{j}$ となる．

(2) 領域 II の重心の x, y 座標は次のように計算できる．

$$x_{G2} = \frac{1}{M_2}\int_{II} x\cdot\sigma_2 dS = \frac{1}{M_2}\int_0^a\left[\int_{y_1}^a x\cdot\sigma_2 dy\right]dx$$

$$= \frac{\sigma_2}{M_2}\int_0^a x(a-y_1)dx = \frac{2}{5}a$$

$$y_{G2} = \frac{1}{M_2}\int_{II} y\cdot\sigma_2 dS = \frac{1}{M_2}\int_0^a\left[\int_{y_1}^a y\cdot\sigma_2 dy\right]dx$$

$$= \frac{\sigma_2}{M_2}\int_0^a \frac{1}{2}(a^2-y_1^2)dx = \frac{4}{7}a$$

これより，重心の位置ベクトルは $\boldsymbol{r}_{G2} = \frac{2}{5}a\,\boldsymbol{i} + \frac{4}{7}a\,\boldsymbol{j}$ となる．

(3) 正方形の質量を $M = M_1 + M_2 = \frac{1}{4}(\sigma_1 + 3\sigma_2)a^2$ とする．正方形の重心の x, y 座標は次のように計算できる．

$$x_G = \frac{1}{M}\int_0^a\left[\int_0^{y_1} x\cdot\sigma_1 dy + \int_{y_1}^a x\cdot\sigma_2 dy\right]dx$$

$$= \frac{1}{M}\int_0^a\left[\sigma_1 xy_1 + \sigma_2 x(a-y_1)\right]dx = \frac{2(2\sigma_1+3\sigma_2)}{5(\sigma_1+3\sigma_2)}a$$

$$y_G = \frac{1}{M}\int_0^a\left[\int_0^{y_1} y\cdot\sigma_1 dy + \int_{y_1}^a y\cdot\sigma_2 dy\right]dx$$

$$= \frac{1}{M}\int_0^a\left[\sigma_1\frac{y_1^2}{2} + \sigma_2\cdot\frac{1}{2}(a^2-y_1^2)\right]dx = \frac{2(\sigma_1+6\sigma_2)}{7(\sigma_1+3\sigma_2)}a$$

これより，重心の位置ベクトルは次の式で表される．

$$\boldsymbol{r}_G = \frac{2a}{\sigma_1+3\sigma_2}\left(\frac{2\sigma_1+3\sigma_2}{5}\,\boldsymbol{i} + \frac{\sigma_1+6\sigma_2}{7}\,\boldsymbol{j}\right)$$

【記】(3) の結果の式で $\sigma_1 = \sigma_2$ とすれば $\boldsymbol{r}_G = \frac{1}{2}a(\boldsymbol{i}+\boldsymbol{j})$ となり，重心は正方形の対角線の交点にある．また $\sigma_2 = 0$ の場合には $\boldsymbol{r}_G = \frac{4}{5}a\boldsymbol{i} + \frac{2}{7}a\boldsymbol{j}$, $\sigma_1 = 0$ の場合には $\boldsymbol{r}_G = \frac{2}{5}a\boldsymbol{i} + \frac{4}{7}a\boldsymbol{j}$ となり，(1), (2) の結果と一致する．

6.13 曲面の式は $z = \dfrac{h}{a^2}(x^2 + y^2)$ である．右図のように，立体を z 軸に垂直な面で体積素片 (円板) に分割する．底面の中心が $(0,0,z)$ にある厚さ dz の円板の体積は

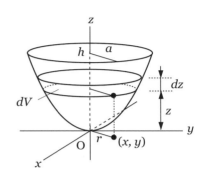

$$dV = \pi r^2 dz = \pi(x^2 + y^2)dz = \frac{\pi a^2}{h} z dz$$

と書ける．したがって，立体の体積は

$$V = \frac{\pi a^2}{h}\int_0^h z dz = \frac{1}{2}\pi a^2 h$$

である．質量を M，質量体積密度を $\rho = \dfrac{M}{V} = \dfrac{2M}{\pi a^2 h}$ とする．重心の z 座標は

$$z_G = \frac{1}{M}\int_V z \cdot \rho dV = \frac{\rho}{M}\int_0^h z \cdot \frac{\pi a^2}{h} z dz = \frac{2}{\pi a^2 h} \cdot \frac{\pi a^2}{h} \cdot \frac{h^3}{3} = \frac{2}{3}h$$

と得られる．

【記】質量が一様に分布した高さ h の直円錐の重心は，中心軸上で頂点から $\frac{3}{4}h$ のところにある．ここで扱った回転体では，側面が外側へ凸となっているので，質量は直円錐と比べて先端側 (座標原点側) にいくらか多く分布している．そのため重心の位置が先端側に近くなっている．

6.21 重心の座標は

$$x_G = \frac{1}{\lambda l}\int_0^x x \cdot \lambda dx = \frac{1}{l}\int_0^x x dx = \frac{x^2}{2l}$$

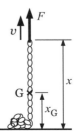

である．これを時間微分して $\dot{x}_G = \dfrac{xv}{l}$, $\ddot{x}_G = \dfrac{1}{l}(v^2 + x\dot{v})$ となる．重心の運動方程式は $\lambda l \cdot \dfrac{1}{l}(v^2 + x\dot{v}) = \lambda a^2$ と表される．すなわち

$$v^2 + x\frac{dv}{dt} = a^2$$

となるので，**問題 6.2A** と同じ形の方程式が得られた．以下は，同じ手順を経て $v = a$ が得られる．

【記】重心の位置がわかっていれば，時間微分して重心の加速度を計算して，運動方程式を立てて解くことができる．

6.22 (1) 運動方程式は $\dfrac{d(\lambda x v)}{dt} = \lambda x g$ と書ける．$\dfrac{d(xv)}{dx} \cdot \dfrac{dx}{dt} = gx$ と変形して $v \dfrac{d(xv)}{dx} = gx$ となる．xdx をかけて積分 $\displaystyle\int_0^{xv} xv \, d(xv) = \int_0^x gx^2 \, dx$ を計算すると，$v = \sqrt{\dfrac{2}{3}gx}$ が得られる．

(2) $\dfrac{dx}{dt} = \sqrt{\dfrac{2}{3}gx}$ を積分する．$\displaystyle\int_0^x x^{-\frac{1}{2}} dx = \int_0^t \sqrt{\dfrac{2g}{3}} dt$ を実行して $x = \frac{1}{6}gt^2$ と得られる．これを微分すると $v = \frac{1}{3}gt, \; \alpha = \frac{1}{3}g$ となる．

【記】dt 時間における運動量の増加は $dP = d(\lambda xv) = \lambda x \, dv + \lambda v \, dx$ と書ける．右辺第 1 項 $\lambda x \, dv = m \, dv$ はすでに垂れ下がっている部分 (質量を m とする) の速度の増加による．第 2 項 $\lambda v \, dx = \lambda dx \cdot v$ は静止していた鎖の λdx の質量が速度 v を得ることを表している (高次の微小量 $dx dv$ は無視する)．

6.31 (1) 球 1 と 2 は静止しているので，それぞれ単独でも力の総和と球の中心のまわりの力のモーメント・ベクトルの総和がゼロ・ベクトルとなっていなければならない．球の中心のまわりの力のモーメント・ベクトルの総和がゼロ・ベクトルとなるためには，それぞれに働く糸の張力方向の直線が球の中心を通っている必要がある．したがって，右図のように力が働いているとして，問題を解く．

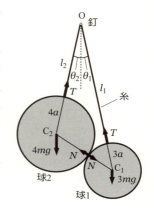

球 1 と 2 を質点系とすると，静止しているとき，質点系に働く外力の和と点 O のまわりの外力のモーメント・ベクトルの和が，いずれもゼロ・ベクトルとなる．

外力の水平成分，鉛直成分，モーメント・ベクトルの紙面に垂直な成分を式

で表すと

水平成分： $-T\sin\theta_1 + T\sin\theta_2 = 0, \cdots$(i)

鉛直成分： $T\cos\theta_1 + T\cos\theta_2 - 3mg - 4mg = 0, \cdots$(ii)

モーメントの垂直成分：
$$(l_1 + 3a) \cdot 3mg\sin\theta_1 - (l_2 + 4a) \cdot 4mg\sin\theta_2 = 0 \cdots \text{(iii)}$$

と書ける．球の中心 C_1, C_2 間の距離について，第二余弦定理から

$$(7a)^2 = (l_1 + 3a)^2 + (l_2 + 4a)^2 - 2(l_1 + 3a)(l_2 + 4a)\cos(\theta_1 + \theta_2) \cdots \text{(iv)}$$

となる．また，糸の全長は $21a$ なので

$$l_1 + l_2 = 21a \cdots \text{(v)}$$

である．(i) より $\theta_1 = \theta_2 \equiv \theta$ となる．これを用いて，(iii) より

$$3l_1 - 4l_2 = 7a$$

となる．(v) と合わせて，l_1, l_2 について解くと

$$l_1 = 13a, \quad l_2 = 8a$$

と得られる．上の結果を (iv) に代入して変形すると $\cos 2\theta = \frac{117}{128}$ となる．これより $\cos\theta = \frac{7\sqrt{5}}{16}$ である．よって，球の中心の高低差 h は，球 2 のほうが高いとすると

$$h = (l_1 + 3a)\cos\theta - (l_2 + 4a)\cos\theta = \frac{7\sqrt{5}}{4}a$$

と得られる．値が正であるから，球 2 の中心のほうが約 $3.9\,a$ 高い．

(2) (ii) より

$$T = \frac{7}{2\cos\theta}mg = \frac{8\sqrt{5}}{5}mg$$

と得られる．張力の大きさは，約 $3.6\,mg$ となっている．

【記】質点系が静止してつりあっているときには，質点系全体に働く外力の総和と任意の点のまわりの力のモーメント・ベクトルの総和が **0** となるだけでなく，

部分系も静止しているために，それについても力の総和と任意の点のまわりの力のモーメント・ベクトルの総和が **0** となっている．

球の間に働く垂直抗力の大きさは，個々の球のつりあいから $N = \frac{2}{\sqrt{5}}mg$ と得られ，約 $0.9\,mg$ である．

球1(半径 a_1，質量 m_1)，球2(半径 a_2，質量 m_2)，糸の全長 l の一般的な場合には

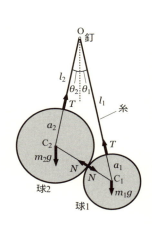

$$\cos\theta = \frac{(m_1+m_2)\sqrt{l(l+2a_1+2a_2)}}{2\sqrt{m_1 m_2}(l+a_1+a_2)},$$

$$l_1 = \frac{m_2}{m_1+m_2}(l+a_1+a_2) - a_1,$$

$$l_2 = \frac{m_1}{m_1+m_2}(l+a_1+a_2) - a_2,$$

$$h = \frac{m_2-m_1}{2\sqrt{m_1 m_2}}\sqrt{l(l+2a_1+2a_2)},$$

$$T = \frac{(l+a_1+a_2)\sqrt{m_1 m_2}\,g}{\sqrt{l(l+2a_1+2a_2)}},$$

$$N = \sqrt{\frac{m_1 m_2}{l(l+2a_1+2a_2)}}\,(a_1+a_2)\,g$$

となる．

7.11 (1) B から OA におろした垂線の足を $C(c,0)$ とすると，三平方の定理より $(13a)^2 - c^2 = (15a)^2 - (14a-c)^2$ が成り立つ．これを解くと $c = 5a$ となる．また $BC = 12a$ である．

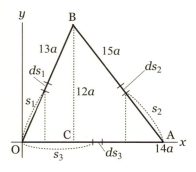

右図のように，辺に沿って座標 s_1, s_2, s_3 をとる．線密度を $\lambda = \frac{M}{42a}$ とおく．各辺からの寄与を足し合わせて重心の x 座標 x_G を計算すると

$$x_G = \frac{1}{M}\left[\int_0^{13a} \frac{5}{13}s_1 \cdot \lambda ds_1 + \int_0^{15a}\left(14a - \frac{3}{5}s_2\right)\cdot\lambda ds_2 + \int_0^{14a} s_3 \cdot \lambda ds_3\right]$$

$$= \frac{13}{2}a$$

と得られる．重心の y 座標を計算すると，次のように得られる．

$$y_G = \frac{1}{M}\left[\int_0^{13a} \frac{12}{13}s_1 \cdot \lambda ds_1 + \int_0^{15a} \frac{4}{5}s_2 \cdot \lambda ds_2\right] = 4a$$

(2) x 軸のまわりの慣性モーメントは

$$I_1 = \int_0^{13a} \left(\frac{12}{13}s_1\right)^2 \cdot \lambda ds_1 + \int_0^{15a} \left(\frac{4}{5}s_2\right)^2 \cdot \lambda ds_2 = 32Ma^2$$

と計算される．

(3) 点 B を通り y 軸に平行な軸のまわりの慣性モーメントを計算する．右図のようにとった線素片からの寄与を足し合わせて

$$I_2 = \int_0^{13a} \left(\frac{5}{13}s_1\right)^2 \cdot \lambda ds_1$$
$$+ \int_0^{15a} \left(\frac{3}{5}s_2\right)^2 \cdot \lambda ds_2$$
$$+ \int_{-5a}^{9a} s_3^2 \cdot \lambda ds_3 = 19Ma^2$$

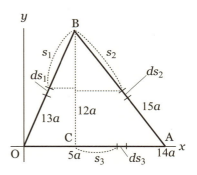

と得られる．

(4) 点 C を通り z 軸に平行な軸のまわりの慣性モーメントは，平板の定理より

$$I_3 = I_1 + I_2 = 51Ma^2$$

である．CG 間の距離を h_1 とすると

$$h_1^2 = \left(\frac{13}{2}a - 5a\right)^2 + (4a)^2 = \frac{73}{4}a^2$$

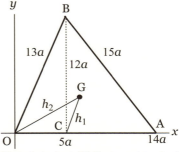

となる．これより，重心を通り z 軸に平行な軸のまわりの慣性モーメント I_4 は $I_4 = I_3 - M \cdot \frac{73}{4}a^2 = \frac{131}{4}Ma^2$ である．また OG 間の距離を h_2 とすると $h_2^2 = \frac{233}{4}a^2$ なので，z 軸のまわりの慣性モーメントは $I_5 = I_4 + Mh_2^2 = 91Ma^2$ となる．したがって，剛体が z 軸のまわりに角速度 ω で回転しているときの運動エネルギーは $K = \frac{1}{2} \cdot 91Ma^2 \cdot \omega^2 = \frac{91}{2}Ma^2\omega^2$ と得られる．

【記】重心を通る軸のまわりの慣性モーメントをいかに知るか，を考える．直接，

線素片の寄与を足し合わせて I_5 を計算する方法もある．その場合には，原点から辺 AB に垂線をおろす．

7.12 図のように，重心 G を通り x 軸に平行な軸のまわりの慣性モーメントを I_{Gx}，y 軸に平行な軸のまわりの慣性モーメントを I_{Gy} とする．平行軸の定理により，次の関係式が成り立つ．

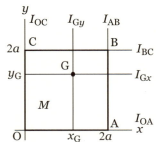

$$I_{OA} = I_{Gx} + M y_G^2,$$
$$I_{BC} = I_{Gx} + M(2a - y_G)^2,$$
$$I_{OC} = I_{Gy} + M x_G^2,$$
$$I_{AB} = I_{Gy} + M(2a - x_G)^2$$

これらの式より I_{Gx}, I_{Gy} を消去すると

$$I_{OA} - I_{BC} = M y_G^2 - M(2a - y_G)^2, \quad I_{OC} - I_{AB} = M x_G^2 - M(2a - x_G)^2$$

となる．これらより，重心の座標は次の式で計算できる．

$$x_G = a + \frac{I_{OC} - I_{AB}}{4Ma}, \quad y_G = a + \frac{I_{OA} - I_{BC}}{4Ma}$$

【記】向かい合う辺のまわりの慣性モーメントの大小関係により，重心の x および y 座標が中央の値 a からどれだけずれるかが決まる．本文の**問題 7.1B** の場合に適用してみると，

$$x_G = a + \frac{a}{4}\left(\frac{5}{3} - 1\right) = \frac{7}{6}a, \quad y_G = a + \frac{a}{4}\left(\frac{4}{3} - \frac{4}{3}\right) = a$$

となり，本文で求めた値と一致する．

7.13 図のように，面積素片 $dS = dxdy$ をとってその寄与を足し合わせる．質量面密度は $\sigma = \dfrac{M}{\pi ab}$，積分の上限は

$$y_1 = b\sqrt{1 - \frac{x^2}{a^2}}$$

である．

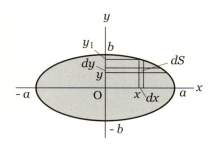

対称性から，x軸，y軸のまわりの慣性モーメントとも，第1象限の寄与を4倍すれば求める値が得られることがわかる．まず，x軸のまわりの慣性モーメントI_xを計算をする．

$$I_x = 4\int_0^a \left[\int_0^{y_1} y^2 \sigma dy\right]dx = 4\sigma \int_0^a \frac{1}{3}y_1^3 dx = \frac{4}{3}\sigma \cdot b^3 \int_0^a \left[1 - \frac{x^2}{a^2}\right]^{\frac{3}{2}} dx$$

となる．ここで，変数変換 $x = a\sin\theta$ を行うと $dx = a\cos\theta\, d\theta$ なので

$$I_x = \frac{4}{3}\sigma b^3 a \int_0^{\frac{\pi}{2}} \cos^4\theta\, d\theta = \frac{1}{4}Mb^2$$

と得られる．同様な計算により $I_y = \frac{1}{4}Ma^2$ となる．これらから，平板の定理を用いて $I_z = \frac{1}{4}M(a^2 + b^2)$ と計算される．

【記】$a = b$ の場合には円板の慣性モーメントになる．

7.14 大きい半円の面積は $S_1 = 2\pi a^2$，小さい半円の面積は $S_2 = \frac{1}{2}\pi a^2$ であるから，薄板の面積は $S = S_1 - S_2 = \frac{3}{2}\pi a^2$ である．したがって，薄板の質量面密度は $\sigma = \dfrac{M}{S} = \dfrac{2M}{3\pi a^2}$ と計算される．

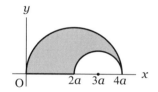

これより，大きい円板と小さい円板に面密度 σ で一様に質量が分布したとするとは，それぞれの質量 M_1，M_2 は

$$M_1 = 2\pi a^2 \sigma = \frac{4}{3}M, \quad M_2 = \frac{1}{2}\pi a^2 \sigma = \frac{1}{3}M$$

と得られる．

右図のように，半径 a の円の内部に質量 $2M$ が一様に分布した円板の直径 l のまわりの慣性モーメントは $\frac{1}{4}(2M)a^2 = \frac{1}{2}Ma^2$ である．これより，上半分の半円の直線 l のまわりの慣性モーメントは $\frac{1}{4}Ma^2$ であることがわかる．

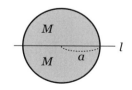

このことを利用して，大きい半円の慣性モーメント I_1 から，小さい半円部分の寄与 I_2 を引いて，求める慣性モーメントは

$$I = I_1 - I_2 = \frac{1}{4}M_1(2a)^2 - \frac{1}{4}M_2 a^2 = \frac{4}{3}Ma^2 - \frac{1}{12}Ma^2 = \frac{5}{4}Ma^2$$

と得られる.

【記】 この問題のように,ある質量分布からその一部分を取り去ったものの慣性モーメントを求める場合には,それぞれの慣性モーメントを計算して,取り去る部分の寄与を引き去れば計算できる.

また,半径 a の半円に質量 M が一様分布しているときの半円の底辺にあたる線のまわりの慣性モーメントを求めるには,半径 a の全円に質量 M が一様分布しているときの下半分の質量 $\frac{1}{2}M$ を上半分の半円上に移して重ねたと考えれば,全円の慣性モーメントに等しく,$\frac{1}{4}Ma^2$ と得られる.

7.15 はじめに,辺の長さ $2a$ の正方形の内部に質量 M が一様に分布した板状剛体の対辺の中点どうしを結ぶ軸(図の x 軸)のまわりの慣性モーメントを求める.質量面密度は $\sigma = \dfrac{M}{4a^2}$ である.図のように面積素片 $dS = dxdy$ からの寄与を足し合わせる.対称性から,第1象限の寄与を4倍すればよい.すなわち

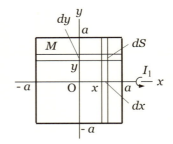

$$I_1 = 4 \int_0^a \left(\int_0^a y^2 \cdot \sigma dy \right) dx = \frac{1}{3}Ma^2$$

である.この結果,正方形の面から距離 b だけ離れている x 軸と平行な軸のまわりの慣性モーメントは

$$I_2 = M\left(\frac{1}{3}a^2 + b^2\right)$$

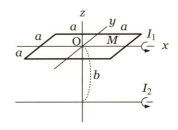

となる.

直方体の体心を通る x 軸のまわりの慣性モーメントを求めるために,底面に平行な面で直方体の体積を分割する.座標 z のところと $z+dz$ のところにある面で切り取られる体積素片の体積は $dV = 4a^2 dz$ である.また,直方体の質量体積密度は $\rho = \dfrac{M}{8a^2 h}$ となっている.

体積素片からの慣性モーメントへの寄与は

$$dI_3 = \left(\frac{1}{3}a^2 + z^2\right)\rho dV = \frac{M}{2h}\left(\frac{1}{3}a^2 + z^2\right)dz$$

と表せる．

これを積分して，求める慣性モーメントは

$$I_3 = \int_{-h}^{h} \frac{M}{2h}\left(\frac{1}{3}a^2 + z^2\right)dz$$
$$= \frac{1}{3}M(a^2 + h^2)$$

と得られる．

【記】半径と高さの関係が，$h \ll a$ のときには辺の長さが $2a$ の正方形の慣性モーメントの式 $\frac{1}{3}Ma^2$ に漸近し，$h \gg a$ のときには長さ $2h$ の棒の慣性モーメントの式 $\frac{1}{3}Mh^2$ に漸近している．この関係は，円柱の場合とよく似ている．

7.16 図のように，xy 面に平行な面で楕円体を分割する．楕円体の zy 面での断面では表面を表す楕円が

$$\left(\frac{y_1}{a}\right)^2 + \left(\frac{z}{b}\right)^2 = 1$$

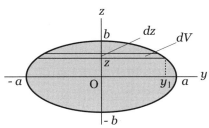

となっている．z を通る面と $z + dz$ を通る面ではさまれた体積素片の体積は

$$dV = \pi y_1^2 dz = \pi a^2\left(1 - \frac{z^2}{b^2}\right)dz$$

である．これより，楕円体の体積は

$$V = \int_V dV = \pi a^2 \int_{-b}^{b} \left(1 - \frac{z^2}{b^2}\right)dz = \frac{4}{3}\pi a^2 b$$

と計算される．したがって，質量体積密度は $\rho = \dfrac{3M}{4\pi a^2 b}$ となる．

はじめに，z 軸のまわりの慣性モーメント I_z を計算する．質量 M が内部に一様分布した半径 a の円板の中心軸のまわりの慣性モーメントは，$I_s = \frac{1}{2}Ma^2$ である．これを体積素片に応用して，z 軸のまわりの慣性モーメントが

$$I_z = \int_V \frac{1}{2}y_1^2 \rho dV = \frac{1}{2}\rho \int_{-b}^{b} a^2\left(1 - \frac{z^2}{b^2}\right)\cdot \pi a^2\left(1 - \frac{z^2}{b^2}\right)dz = \frac{2}{5}Ma^2$$

と得られる.

次に,y軸のまわりの慣性モーメントI_yを計算する.質量Mが内部に一様分布した半径aの円板の直径のまわりの慣性モーメントは,$I_d = \frac{1}{4}Ma^2$であり,直径と平行で距離zだけ離れた軸のまわりの慣性モーメントは$I_p = M\left(\frac{1}{4}a^2 + z^2\right)$である.

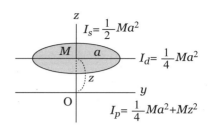

これを楕円体の体積素片に応用すると,I_yへの体積素片からの寄与は

$$dI_y = \left(\frac{1}{4}y_1^2 + z^2\right)\rho dV = \left[\frac{1}{4}a^2\left(1 - \frac{z^2}{b^2}\right) + z^2\right] \cdot \frac{3M}{4\pi a^2 b} \cdot \pi a^2\left(1 - \frac{z^2}{b^2}\right)dz$$

となる.体積全体にわたって足し合わせると

$$I_y = \frac{3M}{4b}\int_{-b}^{b}\left[\frac{a^2}{4} + \left(1 - \frac{a^2}{2b^2}\right)z^2 - \frac{1}{b^2}\left(1 - \frac{a^2}{4b^2}\right)z^4\right]dz = \frac{1}{5}M(a^2 + b^2)$$

と得られる.

【記】z軸のまわりの慣性モーメントは,質量Mが一様分布した半径aの球の直径のまわりの慣性モーメント$\frac{2}{5}Ma^2$と同じ値である.$a > b$の場合には$I_z > I_y$となる.例えば,地球は自転のため南北の極を結ぶ方向の半径より,赤道への半径のほうがわずかに大きくなっている.

7.21 (1) 質量線密度を$\lambda = k\left(1 + \frac{x}{2a}\right)$とおく ($k$は定数).このとき,棒の質量は$M = \int_0^{2a} k\left(1 + \frac{x}{2a}\right)dx = 3ka$と計算されるから,$\lambda = \frac{M}{3a}\left(1 + \frac{x}{2a}\right)$である.重心Gの原点Oからの距離は$x_G = \frac{1}{M}\int_0^{2a}\frac{M}{3a}\left(1 + \frac{x}{2a}\right)x\,dx = \frac{10}{9}a$と計算される.

(2) 回転軸 (y軸) のまわりの棒の慣性モーメントは

$$I_y = \int_0^{2a} x^2 \cdot \frac{M}{3a}\left(1 + \frac{x}{2a}\right)dx = \frac{14}{9}Ma^2$$

である.回転の運動方程式のy成分は

$$\frac{14}{9}Ma^2 \cdot \ddot{\theta} = \frac{10}{9}a \cdot Mg\cos\theta$$

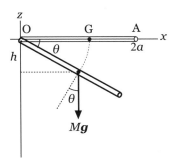

と書ける．整理して $\ddot{\theta} = \frac{5g}{7a}\cos\theta$ となる．
両辺に $\dot{\theta}$ をかけて

$$\frac{d}{dt}\left(\frac{\dot{\theta}^2}{2}\right) = \frac{d}{dt}\left(\frac{5g}{7a}\sin\theta\right)$$

と変形できる．ここで $\omega = \dot{\theta}$ である．

$$\int d\left(\frac{\omega^2}{2}\right) = \int d\left(\frac{5g}{7a}\sin\theta\right)$$

と積分すると $\omega = \sqrt{\frac{10g}{7a}\sin\theta}$ と得られる．

(3) 棒が z 軸に一致するのは $\theta = \frac{\pi}{2}$ のときであるから，角速度は $\omega_1 = \sqrt{\frac{10g}{7a}}$ となる．したがって，そのときの運動エネルギーは次のように得られる．

$$K_1 = \frac{1}{2} \cdot \frac{14}{9}Ma^2 \cdot \frac{10g}{7a} = \frac{10}{9}Mga$$

【記】原点 O において支点に働く力は，支点が原点と一致しているため力のモーメントを生じない．剛体の位置エネルギーの減少分が運動エネルギーの増加分に等しく $K = Mg \cdot \frac{10}{9}a\sin\theta$ であるので，

$$K_1 = \frac{10}{9}Mga$$

となる．
また，重心を通り棒に垂直な軸のまわりの慣性モーメントは

$$I_G = \frac{14}{9}Ma^2 - M\left(\frac{10}{9}a\right)^2 = \frac{26}{81}Ma^2$$

であるから，運動エネルギーの分離の公式を用いると

$$K_1 = K' + K_G = \frac{1}{2} \cdot \frac{26}{81}Ma^2 \cdot \omega^2 + \frac{1}{2}M\left(\frac{10}{9}a\omega\right)^2 = \frac{10}{9}Mga$$

と得られる．

7.22 (1) z 軸のまわりの円環の慣性モーメントは $I = M(h^2 + \frac{1}{2}a^2)$ である．OG が鉛直下方となす角を θ とする．

円環に働く重力の原点のまわりのモーメントは $\boldsymbol{N} = \boldsymbol{r}_G \times M\boldsymbol{g}$ なので，その z 成分は $N_z = -Mgh\sin\theta$ となる．円環の回転の運動方程式は $I\ddot{\theta} = -Mgh\sin\theta$ と書ける．平衡点近傍での微小振動のときは，$I\ddot{\theta} = -Mgh\theta$ により近似できる．これは θ が単振動することを表しており，その周期は

$$T = 2\pi\sqrt{\frac{I}{Mgh}} = \frac{2\pi}{\sqrt{g}}\sqrt{h + \frac{a^2}{2h}}$$

と得られる．
(2) 条件 $\dfrac{dT}{dh} = 0$ より，$h = \frac{1}{\sqrt{2}}a$ のとき周期が最小になる．
【記】$h = 0$ では振動させる力のモーメントが生じない．h の増加とともに I と N_z の大きさがともに増大していき，ちょうど距離 $h = \frac{1}{\sqrt{2}}a$ のところで振動周期が最小となる．

7.23 (1) 滑車の回転軸のまわりの慣性モーメントは $I = \frac{1}{2}Ma^2$ である．滑車に働く力の大きさを F とすると，中心のまわりのモーメントの大きさは $N = aF$ である．回転の運動方程式は $\frac{1}{2}Ma^2\dot{\omega} = aF$ と書ける．$\dot{\omega} = 2bt$ を代入すると $F = \frac{1}{2}Ma \cdot 2bt = Mabt$ と得られる．
(2) 紐を引く力が $F = f_0 e^{-\beta t}$ なので，運動方程式は $\frac{1}{2}Ma^2\dot{\omega} = af_0 e^{-\beta t}$ である．これより $d\omega = \dfrac{2f_0}{Ma}e^{-\beta t}dt$ となるので，これを

$$\int_0^\omega d\omega = \int_0^t \frac{2f_0}{Ma}e^{-\beta t}dt$$

と積分して $\omega = \dfrac{2f_0}{Ma\beta}(1 - e^{-\beta t})$ である．
【記】力を加えているので，どちらの場合も角速度は単調増加する．

7.31 (1) 質量面密度は $\sigma = \dfrac{M}{ab}$ である．
右図のように面積素片 $dS = dxdy$ をとっ
て，慣性テンソルの各成分を計算する．

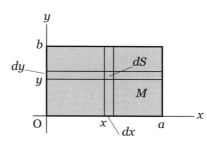

$$I_{11} = \int_S y^2 \cdot \sigma dS$$
$$= \sigma \int_0^a \left[\int_0^b y^2 dy\right] dx = \frac{1}{3}Mb^2$$

$$I_{22} = \int_S x^2 \cdot \sigma dS = \sigma \int_0^a \left[\int_0^b x^2 dy\right] dx = \frac{1}{3}Ma^2$$

$$I_{33} = I_{11} + I_{22} = \frac{1}{3}M(a^2 + b^2)$$

$$-I_{12} = I_{xy} = \int_S xy \cdot \sigma dS = \sigma \int_0^a \left[\int_0^b xy dy\right] dx = \frac{1}{4}Mab$$

これらより，求める慣性テンソルは

$$\boldsymbol{I} = \begin{pmatrix} \frac{1}{3}Mb^2 & -\frac{1}{4}Mab & 0 \\ -\frac{1}{4}Mab & \frac{1}{3}Ma^2 & 0 \\ 0 & 0 & \frac{1}{3}M(a^2+b^2) \end{pmatrix}$$

となる．

(2) 慣性テンソルが対角化されるとき

$$\tan 2\theta = \frac{2I_{12}}{I_{11} - I_{22}} = \frac{3ab}{2(a^2 - b^2)}$$

である．これより

$$\cos 2\theta = \frac{2(a^2 - b^2)}{\sqrt{4a^4 + a^2b^2 + 4b^4}}, \quad \sin 2\theta = \frac{3ab}{\sqrt{4a^4 + a^2b^2 + 4b^4}}$$

となる．主軸変換後の慣性テンソルは

$$\boldsymbol{I}' = \begin{pmatrix} I'_{11} & 0 & 0 \\ 0 & I'_{22} & 0 \\ 0 & 0 & I'_{33} \end{pmatrix}$$

となり，主慣性モーメントは次のように得られる．

$$I'_{11} = I_{11} \cdot \frac{1+\cos 2\theta}{2} + I_{22} \cdot \frac{1-\cos 2\theta}{2} + I_{12} \sin 2\theta$$
$$= \frac{1}{12} M \left[2(a^2+b^2) - \sqrt{4a^4 + a^2 b^2 + 4b^4} \right],$$
$$I'_{22} = I_{11} \cdot \frac{1-\cos 2\theta}{2} + I_{22} \cdot \frac{1+\cos 2\theta}{2} - I_{12} \sin 2\theta$$
$$= \frac{1}{12} M \left[2(a^2+b^2) + \sqrt{4a^4 + a^2 b^2 + 4b^4} \right],$$
$$I'_{33} = \frac{1}{3} M(a^2+b^2)$$

【記】辺の長さが $a=b$ の正方形の場合には，$\theta = \frac{\pi}{4}$ であり，主慣性モーメントは

$$I'_{11} = \frac{1}{12} Ma^2, \quad I'_{22} = \frac{7}{12} Ma^2, \quad I'_{33} = \frac{2}{3} Ma^2$$

となる．対角線が対称軸だから，直感的にもこの方向が主軸になるだろうと気づくことができる．$a>b$ の長方形では，x' 主軸の方向は回転角 θ が $0<\theta<\frac{\pi}{4}$ の方向である．

8.11 初速度が $v_0 = \sqrt{12ag}$ の場合には，方程式が $\dfrac{d\theta}{dt} = \sqrt{\dfrac{3g}{a}} \cos \dfrac{\theta}{2}$ となる．変数分離法により積分する．

$$\int_0^\theta \frac{d\theta}{\cos \frac{\theta}{2}} = \int_0^t \sqrt{\frac{3g}{a}} dt \quad \text{より} \quad t = \sqrt{\frac{a}{3g}} \int_0^\theta \frac{d\theta}{\cos \frac{\theta}{2}}$$

である．ここで

$$\int \frac{d\theta}{2\cos \frac{\theta}{2}} = \int \frac{d\theta}{2\sin \frac{\theta+\pi}{2}} = \int \frac{d\theta}{4\sin \frac{\theta+\pi}{4} \cos \frac{\theta+\pi}{4}} = \int \frac{d\theta}{4\tan \frac{\theta+\pi}{4} \cos^2 \frac{\theta+\pi}{4}}$$
$$= \int \frac{1}{\tan \frac{\theta+\pi}{4}} d\left(\tan \frac{\theta+\pi}{4} \right) = \ln \left(\tan \frac{\theta+\pi}{4} \right) + C$$

であるから (C は積分定数)，求める時刻は

$$t = 2\sqrt{\frac{a}{3g}} \ln \left(\tan \frac{\theta+\pi}{4} \right)$$

と得られる．

【記】上の結果から，$\theta \to \pi$ のとき $t \to \infty$ となる．棒は無限の時間をかけて倒

立に近づいていく．

8.21 中心軸Cのまわりの慣性モーメントをIとする．並進速度をv，前方回転の角速度をωとおく．運動方程式は

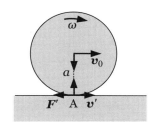

$$M\dot{v} = -\mu' M g, \quad I\dot{\omega} = a \cdot \mu' M g$$

と書ける．並進運動の方程式を積分して

$$\int_{v_0}^{v} dv = -\int_0^t \mu' g\, dt$$

より

$$v = v_0 - \mu' g t$$

と得られる．また，回転運動の方程式を積分して

$$\int_0^\omega d\omega = \int_0^t \frac{a\mu' M g}{I} dt$$

より

$$\omega = \frac{a\mu' M g}{I} t$$

となる．等速運動となる時刻は $v = a\omega$ が成り立つときなので

$$t = \frac{v_0}{\mu' g \left(1 + \frac{Ma^2}{I}\right)}$$

である．球と球殻の慣性モーメントは，それぞれ $I_1 = \frac{2}{5}Ma^2$ および $I_2 = \frac{2}{3}Ma^2$ なので，等速運動になるまでの時間の比は，次のように得られる．

$$\frac{t_1}{t_2} = \frac{1 + \frac{Ma^2}{\frac{2}{3}Ma^2}}{1 + \frac{Ma^2}{\frac{2}{5}Ma^2}} = \frac{1 + \frac{3}{2}}{1 + \frac{5}{2}} = \frac{5}{7}$$

【記】慣性モーメントの大きな球殻のほうが，等速運動になるまでに時間が多くかかる．等速運動になったときの並進速度の大きさにも違いがある．

8.22 (1) 球 1 が衝突する前にもっていた中心のまわりの前方回転の角速度 ω_0 は $v_0 = a\omega_0$ の関係より求めることができる．衝突したときに並進速度は 0 になるが，滑らかに衝突するので前方回転の角速度は ω_0 のままである．

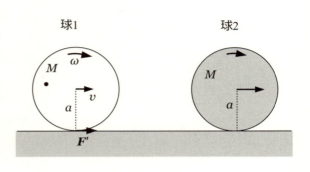

　接点の相対速度は後方を向いているので，接点に前方への動摩擦力 $F' = \mu' Mg$ が働く．以後の時刻（等速運動に移るまでの間）t における球 1 の並進速度を v，前方回転の角速度を ω とすると，運動方程式は

$$M\dot{v} = \mu' Mg, \quad \frac{2}{5}Ma^2\dot{\omega} = -a \cdot \mu' Mg$$

と書ける．これらを積分して $v(t)$, $\omega(t)$ を求める．並進運動の方程式を積分して

$$\int_0^v dv = \int_0^t \mu' g\, dt \quad \text{より} \quad v = \mu' g t$$

となる．また，回転運動の方程式を積分して

$$\int_{\omega_0}^{\omega} d\omega = -\int_0^t \frac{5\mu' g}{2a} dt \quad \text{より} \quad \omega = \omega_0 - \frac{5\mu' g}{2a} t$$

である．等速運動になるときは $v = a\omega$ が成り立つので $t_1 = \dfrac{2v_0}{7\mu' g}$ と得られる．
(2) $t = t_1$ のとき $v = \frac{2}{7}v_0$ となる．
【記】球どうしの接点に摩擦がないとして弾性衝突を考えているので，衝突された球（的球）には並進速度だけ伝達され，回転は伝達されない．よって，的球は時刻 $t = 0$ に並進速度 v_0，回転の角速度 0 で運動を始める．実際のビリヤードでは，衝突における 2 つの球の間の摩擦を利用して的球の回転をコントロールすることも行われる．

8.23 時刻 t における運動エネルギーは

$$K = \frac{7}{10}Ma^2\omega^2 = \frac{7}{10}Ma^2\left(\omega_0 + \frac{5g}{7a}t\sin\beta\right)^2$$

である．はじめの時刻では $K_0 = \frac{7}{10}Ma^2\omega_0^2$ なので，$K = nK_0$ となるのは

$$\left(\omega_0 + \frac{5g}{7a}t\sin\beta\right)^2 = n\omega_0^2$$

が成り立つ時刻である．これを解くと，求める時刻 t_1 は

$$t_1 = \frac{7a(\sqrt{n}-1)\omega_0}{5g\sin\beta}$$

と得られる．

【記】ちょうど 4 倍になる時刻は $n=4$ とおいて $t_1 = \dfrac{7a\omega_0}{5g\sin\beta}$ のときとなる．運動エネルギーは ω^2 に比例しているので，このときに角速度は初めの 2 倍になっている．

9.11 慣性系での箱の速度 $V = V_0 + at$ より，加速度が $\dot{V} = a$ なので，図のようにとった箱に固定した座標系 $O'x'y'$ での質点の運動方程式は

$$m\ddot{x}' = -ma, \quad m\ddot{y}' = -mg$$

と書ける．これらを積分して

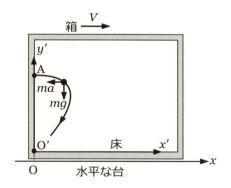

$$\dot{x}' = -at + v_0,$$
$$x' = -\frac{1}{2}at^2 + v_0 t,$$
$$\dot{y}' = -gt, \quad y' = -\frac{1}{2}gt^2 + h$$

と得られる．質点が床に到達する時刻 t_1 は，$y' = 0$ のときだから $t_1 = \sqrt{\dfrac{2h}{g}}$ である．このとき，質点の x' 座標は

$$x'_1 = -\frac{ah}{g} + v_0\sqrt{\frac{2h}{g}}$$

と得られる．点 O' に到達するのは $x'_1 = 0$ の場合であるから $v_0 = a\sqrt{\dfrac{h}{2g}}$ とすればよい．

【記】 v_0 が得られた値より小さいと $x_1' < 0$ となり，質点は左側の内壁にあたってしまう．箱に固定した座標系で見ると，重力と慣性力をベクトル的に合成した方向に一様な力 $m\bm{g}'$ を受ける場があるかのように質点が運動する．

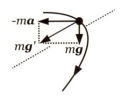

9.21 (1) 図のように，棒に沿った x' 軸正方向に $\bm{e}_r'$，運動面内で棒に垂直な向きに $\bm{e}_\varphi'$ の単位ベクトルをとって考える．x' 軸正方向への速度ベクトルを $\bm{v}'$ とすると，物体に働く力は，コリオリの力

$$\bm{F}_v = 2m\bm{v}' \times \bm{\omega} = -2mv'\omega\, \bm{e}_\varphi'$$

と遠心力 $\bm{F}_\omega = m\bm{\omega} \times (\bm{r}' \times \bm{\omega}) = m\omega^2 x'\, \bm{e}_r'$ と棒からの抗力 $\bm{R} = -\bm{F}_v$ がある．運動方程式の棒方向成分は $m\ddot{x}' = m\omega^2 x'$ である．$\ddot{x}' = \omega^2 x'$ の一般解を

$$x' = A\cosh\omega t + B\sinh\omega t \quad (A, B \text{ は定数})$$

とおくと

$$v' = A\omega \sinh\omega t + B\omega \cosh\omega t$$

である．初期条件「$t=0$ のとき $x' = a$, $v' = 0$」を適用すると $a = A$, $0 = B$ となるので $x' = a\cosh\omega t$ と得られる．
(2) (1) の結果から $v' = a\omega \sinh\omega t$ となる．したがって，抗力の大きさは

$$R = 2ma\omega^2 \sinh\omega t$$

と得られる．

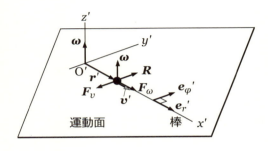

【記】 遠心力の大きさは $F_\omega = ma\omega^2 \cosh\omega t$ となる．同じ運動を慣性系で見たときの記述が **練習 3.62** に与えられている．

9.22 回転系での質点の位置ベクトルを r', 速度ベクトルを v', 加速度ベクトルを α' と書く.

回転系でみると, 質点に加えている力 F_0, コリオリの力 $F_v = 2mv' \times \omega$, 遠心力 $F_\omega = m(\omega \times r') \times \omega$ が働いている. 回転系での運動方程式は

$$m\alpha' = F_0 + 2mv' \times \omega + m(\omega \times r') \times \omega$$

である.

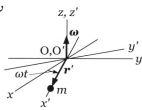

時刻 t のとき $r' = v_0 t\, i'$ だから, 回転系でみると質点は原点から遠ざかる向きに x' 軸上を等速運動している. 回転系での速度ベクトルは $v' = v_0\, i'$, 加速度ベクトルは $\alpha' = 0$ である. 回転の角速度ベクトルは $\omega = \omega\, k'$ である.

これらを運動方程式に代入すると

$$m \cdot 0 = F_0 + 2mv_0 i' \times \omega k' + m(\omega k' \times v_0 t\, i') \times \omega k'$$

となる. 変形すると

$$F_0 = -m\omega^2 v_0 t\, i' + 2mv_0\omega\, j'$$

と得られる. 右辺第 1 項は遠心力を打ち消すための力 $F_c (= -F_\omega)$ であり, 第 2 項はコリオリの力を打ち消すための力 $R (= -F_v)$ を表している.

【記】この問題が x' 軸とともに回転する棒に束縛された質点の運動であるとすると, コリオリの力を打ち消す力 R は, 束縛力としての垂直抗力である. 遠心力を打ち消すための力 F_c は原点に向かう力で, R と合わせた力が質点に加えられている.

この運動を慣性系 $Oxyz$ でみると, $i' = \cos\omega t\, i + \sin\omega t\, j$ だから, 慣性系での位置ベクトル r および速度ベクトル v が

$$r = v_0 t\, (\cos\omega t\, i + \sin\omega t\, j),$$

$$v = v_0(\cos\omega t - \omega t \sin\omega t)\, i + v_0(\sin\omega t + \omega t \cos\omega t)\, j$$

となる. これより, 慣性系でみた原点 O のまわりの角運動量ベクトルが

$$L = r \times mv = m\omega v_0^2 t^2\, k$$

と計算されるから，質点に加えられている力の原点のまわりのモーメント・ベクトルは

$$N = \frac{dL}{dt} = 2m\omega v_0^2 t\, \boldsymbol{k} = 2m\omega v_0 \cdot v_0 t\, \boldsymbol{k} = R \cdot x'\, \boldsymbol{k}$$

と得られる．これは，R の原点のまわりのモーメント・ベクトルに等しく，回転系ではコリオリの力の原点のまわりのモーメント・ベクトルを打ち消している．

9.23 慣性系 $Oxyz$ における質点の位置ベクトルが $\boldsymbol{r} = a\sin\omega t\, \boldsymbol{i}$ であるから，速度ベクトル $\boldsymbol{v}$ と加速度ベクトル $\boldsymbol{\alpha}$ は

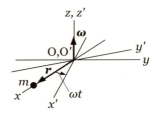

$$\boldsymbol{v} = a\omega \cos\omega t\, \boldsymbol{i},$$
$$\boldsymbol{\alpha} = -a\omega^2 \sin\omega t\, \boldsymbol{i} = -\omega^2 \boldsymbol{r}$$

と得られる．慣性系で質点に働いている力は $\boldsymbol{F}_0 = m\boldsymbol{\alpha} = -m\omega^2 \boldsymbol{r}$ である．$\boldsymbol{r}'$ を用いて表せば

$$\boldsymbol{F}_0 = -m\omega^2 \boldsymbol{r}'$$

となる．慣性系と回転系の基本ベクトルの間の関係式は

$$\boldsymbol{i} = \cos\omega t\, \boldsymbol{i}' - \sin\omega t\, \boldsymbol{j}', \quad \boldsymbol{j} = \sin\omega t\, \boldsymbol{i}' + \cos\omega t\, \boldsymbol{j}'$$

であるから

$$\boldsymbol{r}' = a\sin\omega t\, (\cos\omega t\, \boldsymbol{i}' - \sin\omega t\, \boldsymbol{j}')$$
$$= \frac{a}{2}\sin 2\omega t\, \boldsymbol{i}' - \frac{a}{2}(1 - \cos 2\omega t)\, \boldsymbol{j}'$$

と表される．$\boldsymbol{\omega} = \omega\, \boldsymbol{k}'$ を用いると，回転系における遠心力は

$$\boldsymbol{F}_\omega = m(\boldsymbol{\omega} \times \boldsymbol{r}') \times \boldsymbol{\omega}$$
$$= m\left[\omega\, \boldsymbol{k}' \times \frac{a}{2}\big\{\sin 2\omega t\, \boldsymbol{i}' - (1 - \cos 2\omega t)\, \boldsymbol{j}'\big\}\right] \times \omega\, \boldsymbol{k}'$$
$$= m\omega^2 \cdot \frac{a}{2}\left[\sin 2\omega t\, \boldsymbol{i}' - (1 - \cos 2\omega t)\, \boldsymbol{j}'\right]$$
$$= m\omega^2 \boldsymbol{r}'$$

と計算される．F_0 と F_ω は打ち消しあっている．

(2) 回転系での速度ベクトル v' および加速度ベクトル α' は，r' を時間微分して

$$v' = a\omega (\cos 2\omega t \, i' - \sin 2\omega t \, j'),$$
$$\alpha' = -2a\omega^2 (\sin 2\omega t \, i' + \cos 2\omega t \, j')$$

と得られる．これらを用いてコリオリの力 F_v を計算すると

$$\begin{aligned} F_v &= 2m v' \times \omega \\ &= 2ma\omega (\cos 2\omega t \, i' - \sin 2\omega t \, j') \times \omega \, k' \\ &= -2ma\omega^2 (\sin 2\omega t \, i' + \cos 2\omega t \, j') \end{aligned}$$

となる．α' を用いて表せば

$$F_v = m\alpha'$$

である．

(3) 回転系における質点の座標

$$x' = \frac{a}{2}\sin 2\omega t, \quad y' = -\frac{a}{2}(1 - \cos 2\omega t)$$

から t を消去して，回転系での軌道の式が

$$x'^2 + \left(y' + \frac{a}{2}\right)^2 = \left(\frac{a}{2}\right)^2$$

と得られる．軌道のグラフは右図のようになる．
時刻 t における力 F_0, F_v, F_ω のベクトルを，それぞれ矢印で図に示してある $\left(0 < t < \frac{\pi}{4\omega}\right)$．

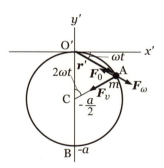

【記】質点は回転系において円軌道を描く．復元力と遠心力はつりあって消える．コリオリの力が常に円軌道の中心 C に向っていて，その大きさは $2ma\omega^2$ である．円軌道を回転する角速度は単振動の角速度の2倍となっているので，1回振動する間に，円軌道上を2回まわることになる．接弦定理より ∠O'BA=ωt だから，円周角と中心角の関係を使って ∠O'CA=$2\omega t$ となっていることが，図からもわかる．

9.31 (1) 赤道付近では角速度の成分は $\omega_x = -\omega$, $\omega_y = \omega_z = 0$ としてよいから，運動方程式は両辺を m で割った形で

$$\ddot{x} = 0 \cdots \text{(i)}, \quad \ddot{y} = -2\omega\dot{z} \cdots \text{(ii)}, \quad \ddot{z} = -g + 2\omega\dot{y} \cdots \text{(iii)}$$

と書ける．初期条件「$t=0$ のとき $x=y=0$, $z=h$, $\dot{x}=\dot{y}=0$, $\dot{z}=v_0$」のもとに積分する．式 (i) から

$$x(t)=0, \quad \dot{x}(t)=0$$

と得られる．

式 (iii) を積分して

$$\dot{z}=-gt+v_0+2\omega y$$

となるので，これを式 (ii) に代入して変形すると

$$\ddot{y}+4\omega^2 y=2\omega(gt-v_0)$$

が得られる．これは y についての 2 階線形微分方程式であり，その一般解は

$$y=A\sin(2\omega t+\phi)+\frac{gt-v_0}{2\omega} \quad (A, \phi は定数)$$

と書ける．微分すると

$$\dot{y}=2\omega A\cos(2\omega t+\phi)+\frac{g}{2\omega}$$

である．初期条件により

$$A\sin\phi=\frac{v_0}{2\omega}, \quad A\cos\phi=-\frac{g}{4\omega^2}$$

と決まるから，加法定理を用いて解 $y(t)$ は次のように得られる．

$$y(t)=\frac{g}{2\omega}\left(t-\frac{1}{2\omega}\sin 2\omega t\right)-\frac{v_0}{2\omega}(1-\cos 2\omega t)$$

次に，式 (ii) を積分して

$$\dot{y}=-2\omega(z-h)$$

となるので，これを式 (iii) に代入して変形すると

$$\ddot{z}+4\omega^2 z=4\omega^2 h-g$$

が得られる．これは z についての 2 階線形微分方程式であり，その一般解は

$$z=B\sin(2\omega t+\phi')+h-\frac{g}{4\omega^2} \quad (B, \phi' は定数)$$

と書ける．微分すると

$$\dot{z} = 2\omega B \cos(2\omega t + \phi')$$

である．初期条件により

$$B\sin\phi' = \frac{g}{4\omega^2}, \quad B\cos\phi' = \frac{v_0}{2\omega}$$

と決まるから，解 $z(t)$ は次のように得られる．

$$z(t) = h - \frac{g}{4\omega^2}(1 - \cos 2\omega t) + \frac{v_0}{2\omega}\sin 2\omega t$$

別法として，上で求められた $y(t)$ から $\dot{y}$ を計算し，それを式 (iii) に代入して積分しても $z(t)$ が得られる．

(2) $\omega t \ll 1$ としてテイラー展開して近似し，ω^1 を含む項まで残すと

$$y \simeq \frac{g\omega}{3}t^3 - v_0\omega t^2, \quad z \simeq -\frac{g}{2}t^2 + v_0 t + h$$

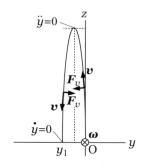

となる．原点から投射 ($h=0$) した場合には，再び地表にもどる時刻は $t_1 = \dfrac{2v_0}{g}$ である．このときの y 座標は

$$y_1 = \frac{8\omega v_0^3}{3g^2} - \frac{4\omega v_0^3}{g^2} = -\frac{4\omega v_0^3}{3g^2}$$

となる．これは，物体が投射地点より西側の地点に落下してくることを表している (図の y 軸の単位長さは z 軸の単位長さより拡大して描かれており同じではない).

【記】高さ $h\,(>0)$ の柱の頂点から初速度 0 で落下させた場合には，ナイルの放物線に沿って原点より東側の地点に落ちるが，原点から鉛直上方へ速さ $v_0\,(>0)$ で投げ上げた場合には，原点より西側の地点に落ちる．投射地点と落下地点で $\dot{y}=0$ となる．地表から離れて運動している間は $\dot{y}<0$ である．

9.32 (1) 地表に固定した座標系 $\mathrm{O}xyz$ で記述した運動方程式

$$m\ddot{x} = 2m\omega\dot{y}\sin\frac{\pi}{4},$$
$$m\ddot{y} = -2m\omega\left(\dot{x}\sin\frac{\pi}{4} + \dot{z}\cos\frac{\pi}{4}\right),$$
$$m\ddot{z} = -mg + 2m\omega\dot{y}\cos\frac{\pi}{4}$$

において, $\dot{y}$ の項を小さいものとして無視すると

$$\ddot{x} = 0, \quad \ddot{y} = -\sqrt{2}\omega(\dot{x}+\dot{z}), \quad \ddot{z} = -g$$

となる. これらを, 初期条件

$$t=0\text{ のとき}\quad x=y=z=0,\quad \dot{x}=\dot{z}=\frac{v_0}{\sqrt{2}},\quad \dot{y}=0$$

のもとに積分する. x 成分については $\dot{x} = \dfrac{v_0}{\sqrt{2}}, x = \dfrac{v_0}{\sqrt{2}}t$ となる. z 成分は

$$\dot{z} = -gt + \frac{v_0}{\sqrt{2}} \quad \text{より} \quad z = -\frac{1}{2}gt^2 + \frac{v_0}{\sqrt{2}}t$$

と積分できる. $\dot{x}, \dot{z}$ の表式を y 成分の方程式に代入すると

$$\ddot{y} = -\sqrt{2}\omega\left(\frac{v_0}{\sqrt{2}} - gt + \frac{v_0}{\sqrt{2}}\right) \quad \text{より} \quad \ddot{y} = \sqrt{2}\omega gt - 2\omega v_0$$

となる. これを積分して

$$\dot{y} = \frac{\sqrt{2}}{2}\omega gt^2 - 2\omega v_0 t \quad \text{より} \quad y = \frac{\sqrt{2}}{6}\omega gt^3 - \omega v_0 t^2$$

と得られる.

(2) $z=0$ となる時刻は $t_1 = \dfrac{\sqrt{2}v_0}{g}$ である. このとき y 座標は

$$y_1 = \frac{\sqrt{2}}{6}\omega g \cdot \frac{2\sqrt{2}v_0^3}{g^3} - \omega v_0 \cdot \frac{2v_0^2}{g^2} = -\frac{4\omega v_0^3}{3g^2}$$

となる.

【記】$y_1 < 0$ となるので, 物体はコリオリの力を受けて投射地点を通る子午線より西側に落ちることになる.

10.11 (1) 円板の回転の角速度ベクトル $\boldsymbol{\omega}$ が，空間に固定された角運動量ベクトル $\boldsymbol{L}$ のまわりを運動する角速度ベクトルは $\boldsymbol{\Omega}' = \dfrac{\boldsymbol{L}}{I_1}$ で与えられる．角速度ベクトルの成分は

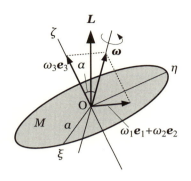

$$\omega_1 = \omega \sin\alpha \cos\varphi, \quad \omega_2 = \omega \sin\alpha \sin\varphi,$$
$$\omega_3 = \omega \cos\alpha$$

と書ける（φ は $\boldsymbol{\omega}$ の O$\xi\eta\zeta$ 系における方位角である）．角運動量ベクトルは

$$\boldsymbol{L} = \frac{1}{4}Ma^2\omega \left[\sin\alpha\,(\cos\varphi\,\boldsymbol{e}_1 + \sin\varphi\,\boldsymbol{e}_2) + 2\cos\alpha\,\boldsymbol{e}_3\right]$$

と表せる．これより

$$L = \frac{1}{4}Ma^2\omega\,\sqrt{1 + 3\cos^2\alpha}$$

となる．よって，$\boldsymbol{\omega}$ が $\boldsymbol{L}$ のまわりを運動する角速度ベクトルの大きさは

$$\Omega' = \frac{L}{I_1} = \omega\,\sqrt{1 + 3\cos^2\alpha}$$

となり，周期は

$$T_{\Omega'} = \frac{2\pi}{\omega\,\sqrt{1 + 3\cos^2\alpha}}$$

と得られる．

(2) 回転の運動エネルギーは

$$K = \frac{1}{2}\left[\frac{1}{4}Ma^2\omega^2\sin^2\alpha\,(\cos^2\varphi + \sin^2\varphi) + \frac{1}{2}Ma^2\omega^2\cos^2\alpha\right]$$
$$= \frac{1}{8}Ma^2\omega^2\,(1 + \cos^2\alpha)$$

となる．

【記】角運動量ベクトルは，角速度ベクトルと ζ 主軸でつくられる平面内にあるが，$I_3 \neq I_1$ なので角速度ベクトルとは違う方向を向いている．

10.12 (1) 円板の回転の角速度ベクトル ω が，ζ 軸となす角度を α としたとき

$$\tan\theta = \frac{I_1}{I_3}\tan\alpha$$

である．$\alpha = 30°$ と与えられているので

$$\tan\theta = \frac{1}{2\sqrt{3}}$$

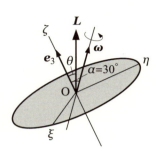

となる．これより $\theta \fallingdotseq 16.1°$ と計算される．角速度ベクトル ω が角運動量ベクトル L となす角度は

$$\alpha - \theta \fallingdotseq (30.00 - 16.10...)° \fallingdotseq 13.9°$$

となる．

(2) 角速度ベクトル ω が ζ 軸のまわりを歳差運動する角速度は

$$\Omega = \frac{I_3 - I_1}{I_1}\omega_3 = \frac{2I_1 - I_1}{I_1}\omega\cos 30° = \frac{\sqrt{3}}{2}\omega$$

で与えられる．歳差運動の周期は

$$T_\Omega = \frac{4\pi}{\sqrt{3}\omega}$$

と得られる．

【記】解答例のまとめをしていて思いついたことを追記してきました．

参　考

　力学の問題をもっと解いてみたいと思う読者のために，参考にさせていただいた文献をあげておきます．それぞれの文献には興味深い多彩な問題が取り上げられているので，この本と合わせて読むと自分の力学の世界がどんどん広がっていくでしょう．

1. 山内恭彦・末岡清市編：大学演習　力学，裳華房（1957）
2. 原島鮮：力学，裳華房（1958）
3. ゴールドスタイン著　野間進・瀬川富士訳：古典力学，吉岡書店（1959）
4. ランダウ・リフシッツ共著　広重徹・水戸巌訳：力学，東京図書（1967）
5. 後藤憲一・山本邦夫・神吉健共著：詳解力学演習，共立出版（1971）
6. 喜多秀次・宮武義郎・徳岡善助・山崎和夫・幡野茂明共著：力学，学術図書出版社（1974）
7. 阿部龍蔵：力学，サイエンス社（1975）
8. 荒川泰二：力学，朝倉書店（1979）
9. 今井功・高見頴郎・高木隆司・吉澤徴共著：演習力学，サイエンス社（1981）
10. 戸田盛和：力学，岩波書店（1982）
11. A.P. フレンチ著　橘高知義監訳：MIT 物理　力学，培風館（1983）
12. 大島隆義：自然は方程式で語る，名古屋大学出版会（2012）

　また，力学を学ぶ上で有用な数学公式が，次の文献にたくさん集められています．

13. 森口繁一・宇田川　久・一松信共著：岩波全書　数学公式 (I, II, III)，岩波書店 (1957)

索 引

★あ★

- 位相 6
- 位置エネルギー 75
- 一般解 45
- 引力 87
- 運動 15
- 運動エネルギー 75
- 運動可能領域 40, 78
- 運動の三法則 35
- 運動方程式 35
- 運動量ベクトル 35
- 運動量保存の法則 112
- エネルギー保存の法則 75
- 演算 72
- 遠心力 164
- 遠心力項 101
- 円錐曲線 95
- オイラーの運動方程式 .. 175
- オイラーの公式 11

★か★

- 外積 18
- 回転系 162
- 回転座標系 157
- 外部角振動数 64
- 外力 111
- 外力項 57
- 角運動量ベクトル 93
- 角運動量保存の法則 ... 93, 116
- 角速度 5
- 角速度ベクトル 27, 122
- 加速度ベクトル 22
- 慣性系 35
- 慣性主軸 137
- 慣性乗積 137
- 慣性テンソル 137
- 慣性モーメント 121
- 慣性力 158
- 基準座標系 35
- 基準振動 66
- 基準振動モード 67
- 基礎方程式 35
- 軌道の式 39
- 基本ベクトル 16
- 強制振動 62
- 行列式 60
- 極軸 28
- 曲率半径 32
- 近似 10
- グラディエント 73
- 撃力 143
- 剛体 121
- 固有角振動数 56
- コリオリの力 164
- 転がり摩擦 151

★さ★

- サイクロイド曲線 145
- 歳差運動 177
- 最大静止摩擦力 154
- ３次元極座標 28
- 実数 40
- 質点 16
- 質点系 106
- 斜面 42
- 自由回転運動 176
- 周期運動 50
- 重心 107
- 重心座標系 117
- 自由度 67
- 重力 171
- 重力加速度 36
- 重力場 39
- 主慣性モーメント 137
- 主軸座標系 137
- 瞬時回転中心 144
- 焦点 97
- 章動 181
- 初期条件 38
- 振動 50
- 振動子 56
- 真の力 157
- 垂直抗力 69
- 静止摩擦力 153
- 正則歳差運動 183
- 斥力 87
- 接線加速度 33

- 線形微分方程式 47
- 全微分 71
- 双曲線 87
- 双曲線関数 13
- 速度ベクトル 22
- 束縛運動 68
- 束縛力 69

★た★

- ダイバージェンス 73
- 楕円運動 26
- 縦振動 64
- ダミー変数 39
- 単位ベクトル 16
- 単振動 50
- 力 35
- 力の中心 82
- 力のモーメント 93
- 中心力 82
- 張力 69
- 抵抗力 44
- テイラー展開 9
- デカルト座標系 16
- 等加速度運動 69
- 同次方程式 45
- 等速円運動 24
- 動摩擦力 70
- 独立変数 69
- 特解 45
- ドット記号 29

★な★

- 内積 17
- 内力 111
- ナイルの放物線 173
- ナブラ 71

★は★

- 場 39
- ばね 54
- 万有引力 88
- 非慣性系 157
- 微小振動 78
- 微分演算子 72
- 平行軸の定理 148
- 並進加速系 157
- 平面運動 141
- 平面極座標 29
- 変数分離形 45
- 偏導関数 71
- 偏微分 71
- 法線加速度 33
- 放物線 39
- 保存力 74
- ポテンシャル・エネルギー 75

★ま★

- 摩擦力 69
- 面積速度 83

★や★

- 有効ポテンシャル 101
- 横振動 80

★ら★

- 力学的エネルギー 75
- 臨界制動 63
- 連成振動 64
- ローテーション 73
- ロピタルの定理 4

著者紹介：

竹内秀夫（たけうち・ひでお）

埼玉県出身．
名古屋大学大学院理学研究科物理学専攻修士・博士課程を経て，
1977年より名古屋大学助手・講師・助教授を歴任．
現在，豊田工業大学教授．理学博士．
専攻は物性物理学．

物理学の扉
セミナーで学ぶ力学入門

2015年1月29日	初版1刷発行

著　者　　竹内秀夫
発行者　　富田　淳
発行所　　株式会社　現代数学社
〒606-8425 京都市左京区鹿ヶ谷西寺ノ前町1
TEL 075 (751) 0727　FAX 075 (744) 0906
http://www.gensu.co.jp/

印刷・製本　　亜細亜印刷株式会社
装　丁　Espace／espace3@me.com

検印省略

ⓒ Hideo Takeuchi, 2015
Printed in Japan

落丁・乱丁はお取替え致します．

ISBN 978-4-7687-0441-7

しっかり身につく
基礎から学ぶ力学

竹内秀夫 著

A5判／262頁　　定価（本体2,700円＋税）

ISBN978-4-7687-0428-8

力学を制する者，物理学を制する

　幹となる重要な力学法則の間の関係を明確にし，全体の流れを筋をおって読めるように記述すると同時に，初年次に修得しておくべき様々な数学的手法をできるだけ取り入れ，「力学」を学びながら数学的解析力も身につけることができるように解説した．高校レベルの数学力を前提としてそれを発展させていくことにより，無理なく読めるように工夫してある．さあ，高い頂きにむけて力学三昧の日々を満喫よう！

●概要

運動学◆運動の法則◆振動◆運動とエネルギー◆中心力◆質点系の運動◆剛体の運動◆剛体の平面運動◆非慣性系における運動◆地球表面に固定した座標系◆固定点のまわりの剛体の運動

現代数学社